周期表

10	11	12	13	14	15	16	17	18
								2 He 4.003 ヘリウム
			5 B 10.81 ホウ素	6 C 12.01 炭素	7 N 14.01 窒素	8 O 16.00 酸素	9 F 19.00 フッ素	10 Ne 20.18 ネオン
			13 Al 26.98 アルミニウム	14 Si 28.09 ケイ素	15 P 30.97 リン	16 S 32.07 硫黄	17 Cl 35.45 塩素	18 Ar 39.95 アルゴン
28 Ni 58.69 ニッケル	29 Cu 63.55 銅	30 Zn 65.41 亜鉛	31 Ga 69.72 ガリウム	32 Ge 72.64 ゲルマニウム	33 As 74.92 ヒ素	34 Se 78.96 セレン	35 Br 79.90 臭素	36 Kr 83.80 クリプトン
46 Pd 106.4 パラジウム	47 Ag 107.9 銀	48 Cd 112.4 カドミウム	49 In 114.8 インジウム	50 Sn 118.7 スズ	51 Sb 121.8 アンチモン	52 Te 127.6 テルル	53 I 126.9 ヨウ素	54 Xe 131.3 キセノン
78 Pt 195.1 白金	79 Au 197.0 金	80 Hg 200.6 水銀	81 Tl 204.4 タリウム	82 Pb 207.2 鉛	83 Bi 209.0 ビスマス	84 Po (210) ポロニウム	85 At (210) アスタチン	86 Rn (222) ラドン
110 Ds (269) ダームスタチウム	111 Rg (272) レントゲニウム	112 (277)	113 (278)					

63 Eu 152.0 ユウロピウム	64 Gd 157.3 ガドリニウム	65 Tb 158.9 テルビウム	66 Dy 162.5 ジスプロシウム	67 Ho 164.9 ホルミウム	68 Er 167.3 エルビウム	69 Tm 168.9 ツリウム	70 Yb 173.0 イッテルビウム	71 Lu 175.0 ルテチウム
95 Am (243) アメリシウム	96 Cm (247) キュリウム	97 Bk (247) バークリウム	98 Cf (252) カリホルニウム	99 Es (252) アインスタイニウム	100 Fm (257) フェルミウム	101 Md (258) メンデレビウム	102 No (259) ノーベリウム	103 Lr (262) ローレンシウム

図解
放射性同位元素等
取扱者必携

放射線取扱者教育研究会 編著

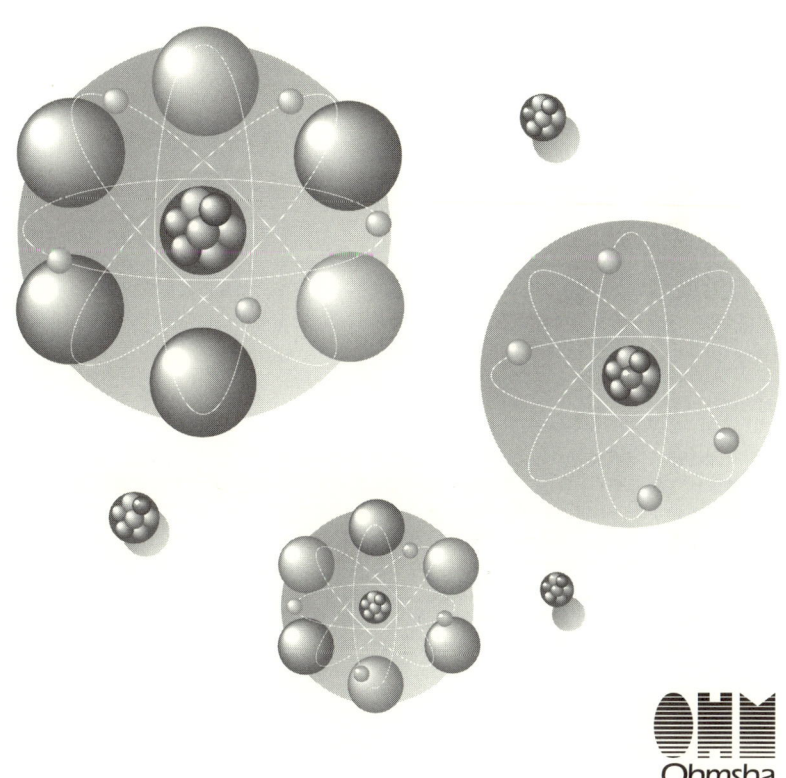

Ohmsha

■ 執筆者一覧

佐治　英郎	(京都大学放射性同位元素総合センター長／大学院薬学研究科)	
倉橋　和義	(京都大学放射性同位元素総合センター)	
戸﨑　充男	(京都大学放射性同位元素総合センター)	
角山　雄一	(京都大学放射性同位元素総合センター)	
大澤　大輔	(京都大学放射性同位元素総合センター)	
髙屋　成利	(京都大学放射性同位元素総合センター)	
宮武　秀男	(京都大学放射性同位元素総合センター)	
石塚　史彦	(京都大学放射性同位元素総合センター)	

本書を発行するにあたって，内容に誤りのないようできる限りの注意を払いましたが，本書の内容を適用した結果生じたこと，また，適用できなかった結果について，著者，出版社とも一切の責任を負いませんのでご了承ください．

本書は，「著作権法」によって，著作権等の権利が保護されている著作物です．本書の複製権・翻訳権・上映権・譲渡権・公衆送信権（送信可能化権を含む）は著作権者が保有しています．本書の全部または一部につき，無断で転載，複写複製，電子的装置への入力等をされると，著作権等の権利侵害となる場合があります．また，代行業者等の第三者によるスキャンやデジタル化は，たとえ個人や家庭内での利用であっても著作権法上認められておりませんので，ご注意ください．

本書の無断複写は，著作権法上の制限事項を除き，禁じられています．本書の複写複製を希望される場合は，そのつど事前に下記へ連絡して許諾を得てください．

(社)出版者著作権管理機構
(電話 03-3513-6969，FAX 03-3513-6979，e-mail: info@jcopy.or.jp)

JCOPY ＜(社)出版者著作権管理機構　委託出版物＞

はしがき

　放射線，放射性同位元素の利用は自然科学の広範な分野に及んでおり，その発展に大きく貢献し，欠くことのできないものになっている．しかし一方で，使用を誤れば周囲の人たちや環境に影響を及ぼすこともある．したがって，放射線，放射性同位元素の利用においては，その利便性とリスクを正しく理解し，放射線をうまく利用することが必要である．放射線を取り扱う者は，必要な知識や技能を正確に身につけるとともに，その利用に良識ある判断ができる能力を持つことが基本的に求められる．そのため，放射線取扱いにおける教育訓練の重要性が強調され，法令的にも義務づけられているのである．

　このような背景のもと，本書は，大学やその他の研究・教育機関において，放射線（X線を含む），放射性同位元素をこれから取り扱う人たちを主な対象として，放射線，放射性同位元素を取り扱ううえでの必要な基礎的知識と取扱いの技術などを解説したものであり，放射線，放射性同位元素を取り扱う人たちの教育訓練のテキストとして役だつように編集している．

　特に，平成16年には，わが国の放射線の安全取扱い・障害防止に関する基本法である「放射性同位元素による放射線障害の防止に関する法律」（障害防止法）が大きく改正されたが，本書は，これに対応した，充実した教育訓練ができる内容となっている．また，編集においては，図表をできる限り多く取り入れることによって，基本的事項の整理や理解の助けとなるようにするとともに，トピックスなども適宜記述することによって，さらに詳しく学ぼうとする人たちのための情報の提供にも配慮した．

　執筆者はすべて，京都大学で放射性同位元素等を取り扱う人たちに対する新規および再教育訓練に長年携わり，また他大学，研究所，企業などでの放射線取扱者に対する教育訓練にも豊富な経験を持つ，『京都大学放射性同位元素総合センター』のスタッフであり，これまでの経験を生かして編集内容の充実を図っている．本書が，放射性同位元素等を取り扱う人たちの教育訓練，安全取扱いに広く役だち，その向上に少しでも貢献できれば幸いである．

　このように，本書は，放射性同位元素等を取り扱う人たちに対する教育への情

熱から生まれたものであるが，科学が急速に進歩し，取り巻く環境が変化している現状から，すべてが適切なものであるとは言い難い点もあろう．読者諸氏からのご批判・ご意見をいただければ幸いである．そして，それらを参考にして，今後さらに充実したものにしたいと願っている．

　最後に，本書の執筆にあたり，貴重な資料の提供を快諾していただいた方々のご厚意に心から感謝の意を申しあげたい．さらに，本書の出版に多大なるご努力をいただいたオーム社出版局の方々に心よりお礼申しあげる．

2007年4月

編者委員代表
佐治　英郎

目次

1章 放射線の取扱いにあたって ……………………………………… 1

2章 放射線に関する物理学 ……………………………………… 5
2・1 原子，原子核の構造 ……………………………………… 5
2・2 原子核崩壊および放射線 ……………………………………… 8
2・3 半減期および崩壊形式図 ……………………………………… 13
2・4 放射線と物質の相互作用 ……………………………………… 14
2・5 放射能および放射線の単位 ……………………………………… 22
2・6 放射線計測の基礎 ……………………………………… 24

3章 放射線発生装置 ……………………………………… 27
3・1 加速器 ……………………………………… 27
3・2 放射光 ……………………………………… 34
3・3 X線発生装置 ……………………………………… 37

4章 放射線に関する化学 ……………………………………… 43
4・1 自然環境に存在する放射性物質 ……………………………………… 43
4・2 化学における崩壊と放射平衡 ……………………………………… 49
4・3 ホットアトム化学および放射線化学 ……………………………………… 51
4・4 放射性物質の化学操作 ……………………………………… 56
4・5 放射性同位元素を用いた化学と化学分析 ……………………………………… 61

5章 放射線の測定機器と測定法 ……………………………………… 69
5・1 気体検出器 ……………………………………… 71
5・2 シンチレーション検出器 ……………………………………… 76
5・3 半導体検出器 ……………………………………… 78

vi ◆ 目次

- 5・4 液体シンチレーション計測法 …………………………… 81
- 5・5 その他の検出法 …………………………………………… 86
- 5・6 計数値の取扱い …………………………………………… 90
- 5・7 個人被ばくの線量の測定 ………………………………… 92
- 5・8 サーベイメータ類 ………………………………………… 97
- 5・9 モニタ装置類 ……………………………………………… 100

6章 放射線に関する生物学 ………………………………… 103
- 6・1 生体内での放射線の作用機序 …………………………… 104
- 6・2 分子レベルでの放射線影響 ……………………………… 106
- 6・3 細胞レベルでの放射線影響 ……………………………… 111
- 6・4 低線量放射線の影響 ……………………………………… 117

7章 放射線の人体に対する影響と放射線防護 …………… 119
- 7・1 放射線の人体に対する影響 ……………………………… 120
- 7・2 放射線防護 ………………………………………………… 135

8章 放射性同位元素等の安全取扱い ……………………… 145
- 8・1 安全取扱いの考え方 ……………………………………… 145
- 8・2 非密封放射性同位元素の購入から後始末まで ………… 149
- 8・3 非密封放射性同位元素の汚染対策 ……………………… 157
- 8・4 被ばく線量を低減化する方法 …………………………… 169
- 8・5 非密封放射性同位元素による汚染例 …………………… 173
- 8・6 密封放射性同位元素の安全取扱い ……………………… 175

9章 放射線発生装置の安全取扱い ………………………… 181
- 9・1 加速器施設 ………………………………………………… 181
- 9・2 X線発生装置の安全取扱い ……………………………… 186

10章 放射線障害の発生を防止するために制定された法令 ……………………………………………………… 193
- 10・1 主な法令とその組立て …………………………………… 193

10・2	定義と数値	196
10・3	放射線施設と放射線取扱主任者	203
10・4	取扱いの基準	204
10・5	測定の義務	210
10・6	放射線障害予防規程	212
10・7	教育訓練	213
10・8	健康診断および放射線障害を受けた者等に対する措置	214
10・9	記帳・記録の義務	216
10・10	施設検査・定期検査・定期確認・立入検査	217
10・11	事故届・危険時の措置・報告の徴収	218
10・12	管理区域外における密封されていない放射性同位元素の利用	219
10・13	X線装置の安全取扱いに関する法令——電離放射線障害防止規則	220

11章 放射線の応用 ……………………………… 223

11・1	イネ種子中元素分布	223
11・2	実現した半導体検出器によるPET画像	224
11・3	粒子線（炭素イオン線）治療後のPET装置による照射範囲の画像化	225
11・4	脚部ファントムの10倍拡大撮像	226
11・5	n/γカラー同時ラジオグラフィ	227
11・6	環境放射線ミュオンによる火山帯・溶鉱炉のレントゲン写真	228

付録1	密封線源の種類と構造（α, β, γ）	231
付録2	RI利用機器と放射線源	232
付録3	ライフサイエンスで使用される主なRI	233
付録4	^{32}P, ^{33}P, ^{35}Sの減衰表	234
付録5	主なRIの比放射能	235
付録6	X線の透過率	236
付録7	高エネルギー加速器施設で生成する主要放射性核種	237

索引 ……………………………………………………… 239

章　放射線の取扱いにあたって

　放射線・放射性同位元素の発見は，アインシュタインが「人類が火を発見して以来の最も大きな発見である」と述べているように，多くの学術分野をはじめ，産業，医療，文化などの原動力となって，新しい学問，技術を社会に生み出している．

　放射性同位元素は地球が誕生したときから地球に存在しており，その放射性同位元素から，さらに宇宙線などによって宇宙からも常に放射線を浴びながら，人類を含めて地球上のあらゆる生命体は誕生し，進化してきた．放射線・放射能が実体として存在することに人類が気づいたのは，1895年にドイツの物理学者レントゲン（W. C. Röntgen）（**図1·1**）が **X線**を発見したことに端を発する．レントゲンは，真空放電管の中で金属片を当てたところ，不透明な物質をも通り抜けるほど透過力のきわめて高い光線が発生していることを見いだし，この光線はこれまでにはない正体不明の性質を持つものであるとして，X線と名づけたのである．

　このX線の発見は，ウラン鉱石は光を与えなくても写真乾板を感光させるこ

図1·1　レントゲン（Röntgen）
（写真提供：ノーベル財団）

図1·2　ベクレル（Becquerel）
（写真提供：ノーベル財団）

とを偶然見いだしたフランスの学者ベクレル（H. Bequerel）（図 1・2）の実験にヒントを与えることとなり、ベクレルはウラン鉱石から X 線と同様な性質を持つ光線（当時ベクレル線と呼んだ）が出ていることを発見した。これが放射線・放射能の実体を初めて発見したときである。放射能の単位である**ベクレル**（Bq）は、彼の名前に由来している。

その当時、このベクレルの発見の重要性を認識する者は少なかったが、ベクレルの実験結果に興味を持ち、ウラン鉱石の中の放射線を放出するものを求めて実験をしたのが、ピエル・キュリー（P. Curie）とマリー・キュリー（M. S. Curie）（図 1・3）の夫妻である。彼らは、ピエル・キュリーが開発した、微小電流を迅速かつ高精度で測定できる電位計（ピエゾ電位計）を用いて、ウランを含む鉱物（ピッチブレンド）が金属ウランよりも強い放射能を持つことを見いだし、それが新しい元素の存在を示唆するものと考えた。実験の結果、1898 年、二つの元素、ポロニウム（キュリー夫人の祖国ポーランドにちなんで命名）、ラジウム（放射線を放出することから命名）を発見した。この成果を発表したキュリー夫人の論文で、彼女が初めて**放射能**（radioactivity）という言葉を用いた。その後、キュリー夫妻はラジウムの実体を明らかにするため、4 年の歳月をかけて、塩化ラジウムを精製することに成功し、ラジウムの原子量を報告した。この精製は非常に苦難に満ちたものであり、その研究のようすは今でも多くの研究者に深い感動を与えている。その後もキュリー夫人はさらに大量のラジウムの分離・精製を行い、ラジウムの正確な分子量を決定することに成功した。キュリー夫妻のこれらの研究が多くの元素の発見と放射線・放射能の組織的な研究へと発

図 1・3　マリー・キュリー（Marie Curie）
（写真提供：ノーベル財団）

展していった．放射能の公式な単位として最近まで用いられ，現在でも慣用的に用いられている**キュリー**（Ci）は彼女の名前に由来している．

一方，1898年にラザフォード（E. Rutherford）により，α 線，β^- 線，さらに1900年にはヴィラール（P. Villard）によって透過性のより強い γ 線が見いだされた．また，1902年には，ラザフォードとソディー（F. Soddy）が，放射能の現象は放射性物質が物質粒子である放射線を放出して別の物質に変化することであるという，放射性壊変の現象の理論を確立した．さらに，ラザフォードは放射性壊変の時間的変化を測定して放射性同位元素の半減期も発見した．なお，同位元素（isotope）（iso は"同じ"，tope は"場所"を表し，周期律表の同じ位置にあるものという意味）という言葉は，ソディーが1913年に雑誌 Nature で提案したものである．

これらの発見に深く関連して，原子の構造が明らかにされ，原子・分子に関する物理・化学の基礎が完成されてきた．また，原子核の人工的な変換，それに基づく放射性同位元素の人工的な製造にも成功し，テクネチウム（Tc）をはじめとする新しい元素の発見にもつながっていった．このような人工的な核変換の発見は，放射性同位元素として，それまで天然放射性同位元素に限られていた枠を越えることができ，利用できる放射性同位元素の幅が大きく広がることとなった．さらに，1938～1939年には核分裂の現象が発見され，それが連鎖的に起こる連鎖反応により発生する巨大なエネルギーを制御しながら取り出す原子炉の開発へと発展した．しかし，この核分裂の連鎖反応による巨大なエネルギーの発生は原子爆弾の開発にも結び付き，広島・長崎での悲惨な事態を生むことにもなってしまい，放射線には危険性があることを世の中に強く知らしめることとなった．さらに，1986年のチェルノブイリ原子力発電所の事故，そして1999年の東海村での事故は，放射線の危険性をあらためて認識させることとなった．

放射性同位元素や放射線の利用は，新しい多くの化学や医療の分野を開いてきた．1913年に，ヘベシー（G. von Hevesy）（**図1・4**）は，現在これらの分野で最も広く用いられているトレーサ法を考案した．この方法は生物学・生化学の分野の発展にも大きく貢献し，1952年にはハーシー（Hershy）とチェイス

図1・4 ヘベシー（Hevesy）
（写真提供：ノーベル財団）

(Chase)が^{32}Pを利用して，遺伝子の本質がDNAという化学物質であることを明らかにした．さらに，1959年にはバーソン（S. A. Berson）とヤロー（R. S. Yalow）により，生理活性物質の微量測定法として，ラジオイムノアッサイが開発され，それが内分泌学という新しい学問分野の確立に大きく貢献した．また医学の分野でも，放射線を利用して，X線撮像をはじめX線CT，ポジトロンCT（PET）などの画像診断，さらには放射線治療などの分野が開かれている．もちろん，これらのライフサイエンスや医学の分野のみならず，工業，農林水産，環境など，広範な分野で放射線・放射能は広く利用されている．このように，人類は自然放射能のもとに生活しているだけでなく，放射線・放射能を広く有効に利用しており，その利用は現代社会を維持するために必要不可欠なものとなっている．

　このような便益性を持つ一方で，前述したように，放射線，放射性同位元素は危険性も持ち合わせている．したがって，放射線，放射性同位元素の利用においては，この二面性を十分に正しく理解することが重要である．放射線被ばくの防止に関しては，放射線防護の専門家からなる国際放射線防護委員会（International Commission of Radiological Protection：ICRP）が，現在までに得られている知識と経験に基づいて勧告を出しており，わが国を含め多くの国で，その勧告をもとに法的規制が定められ実施されている．もっとも，ICRPの勧告はその時代における知識と経験に基づいているため，考え方を含めて，その内容は時代とともに変遷している．また，基本的に使用する場合の利益（benefit）とリスク（risk）の両者のバランスの上に最適な使用条件を求めるという考えが反映されているが，利益とリスクの評価はそもそも次元の異なる尺度でなされるものであり，さらにバランスが適切であると判断するのは誰かということもある．例えば，大学などでの研究においては学問上の利益を前提としていることは明白であるが，それが社会的利益につながるかは未知数の部分も多い．このような背景があることを考慮して，利点を生かしてうまく放射線を利用するとともに，社会的リスクに対する配慮は慎重でなければならない．そのため，放射線を取り扱う者は，必要な知識や技能を正確に身につけるとともに，上述の基本的な理念を理解して，その利用に良識ある判断能力を持つことが基本的に求められる．これが，放射線取扱いにおける教育訓練の重要性が強調される理由でもある．

2章　放射線に関する物理学

〈理解のポイント〉
- 放射性同位元素（放射性核種）は α 線，β 線，γ 線などの放射線を放出して崩壊（壊変）し，最終的には安定な核種に変換する．
- 放射線のエネルギーは物質にさまざまな物理的・化学的・生物学的影響を与えるが，最初に起こる相互作用は，原子・分子の電離，励起作用である．
- γ 線や X 線は物質を通過する際に，光電効果，コンプトン散乱および電子対生成などの相互作用により吸収され，またはエネルギーを減少する．
- 生物学的効果比を考慮した放射線防護で用いられる基本的な量として，等価線量，実効線量がある．

2・1　原子，原子核の構造

　原子（atom）には中心に正の電荷を持った**原子核**（nucleus）が存在し，原子核のまわりを**電子**（軌道電子，orbital electron）が運動している（図2・1）．原子核の半径は非常に小さくおよそ $10^{-15} \sim 10^{-14}$ m であり，原子核のまわりの電子の広がりはおよそ 10^{-10} m（$=1$ Å）である．

　原子核は，**陽子**（proton）と**中性子**（neutron）から構成される．陽子および中性子を総称して**核子**という．陽子と中性子の質量はほぼ等しく，電子の質量はその約 1/1 800 であることから，原子の重さはほとんど原子核の重さに等しい（表2・1）．中性原子に含まれる軌道電子の数は原子核内に存在する陽子の数と等しく，その数を**原子番号**（atomic number）と呼ぶ．元素の化学的性質はその原子番号によって決まる．陽子数を Z，中性子数を N とすると，両者の和を**質量数** A といい，$A=Z+N$ である．陽子数および中性子数で指定される原子を**核**

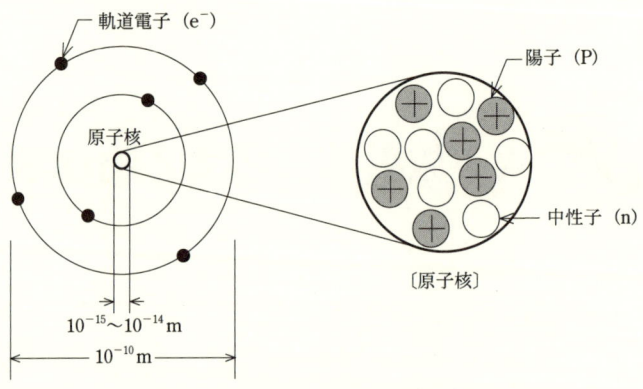

図 2・1 炭素原子（$^{12}_{6}C$）の原子構造

表 2・1 電子，陽子，中性子の比較

	電子	陽子	中性子
電荷	$-e$ ($=-1.602\times10^{-19}$ C)	$+e$	0
相対質量	0.000545	1.0000	1.0014

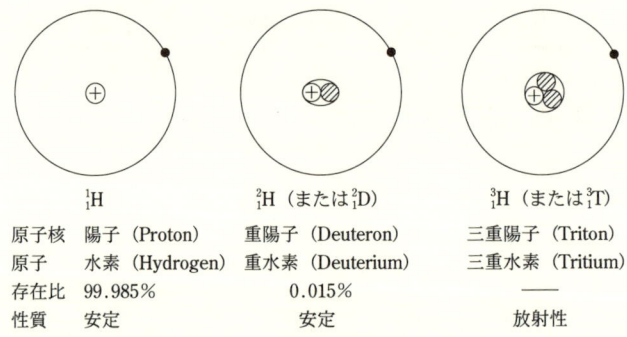

	$^{1}_{1}H$	$^{2}_{1}H$（または $^{2}_{1}D$）	$^{3}_{1}H$（または $^{3}_{1}T$）
原子核	陽子（Proton）	重陽子（Deuteron）	三重陽子（Triton）
原子	水素（Hydrogen）	重水素（Deuterium）	三重水素（Tritium）
存在比	99.985%	0.015%	―
性質	安定	安定	放射性

図 2・2 水素の3種類の同位体

種（nuclide）という．同じ陽子数で異なる中性子数を持つ核種を**同位体**（同位元素，isotope）という（**図2・2**）．同位体は同じ電子数を持ち，物質の化学的性質は最外周の電子で決まるので，その化学的性質はほぼ同じである．

　天然の元素にはいくつかの同位体が存在している．その多くは安定であり**安定同位体**（安定同位元素，stable isotope）と呼ばれる．これらの存在比を**同位体比**（abundance ratio）といい，各元素について地球上においてほとんど不変で

ある．これに対して原子炉やサイクロトロンで作られる同位元素は不安定で，放射線を放出して変換する．その際，原子核に含まれる陽子や中性子の数の変化を伴い，また原子核のエネルギー状態が変化する．このように放射線を放出する元素を**放射性同位体**（放射性同位元素，radioisotope：RI）という．天然にもウラン，トリウムやカリウムの同位元素 ^{40}K などがある．

中性子数が同じで陽子数の異なる核種を**同中性子体**（isotone）といい，陽子数と中性子数が異なり，同じ質量数を持つ核種を**同重体**（isobar）という．原子核の表記は元素記号 X を用いて $^A_Z X_N$ と表す．

◻ 原子核の発見

1909 年，ラザフォード（Rutherford）の弟子のガイガー（Geiger）とマースデン（Marsden）は，ラジウム線源からの α 線を薄い金箔に当てると大部分は素通りか小角度で散乱されるが，ごくわずかではあるが，大きく後方に散乱されるものもあることを発見した．1911 年，ラザフォードはこの現象を説明するために，原子にはその中心に正電荷と質量のほとんどを有する原子核が存在し，そのまわりを負電荷の電子が回っているとする有核原子模型を発表した．

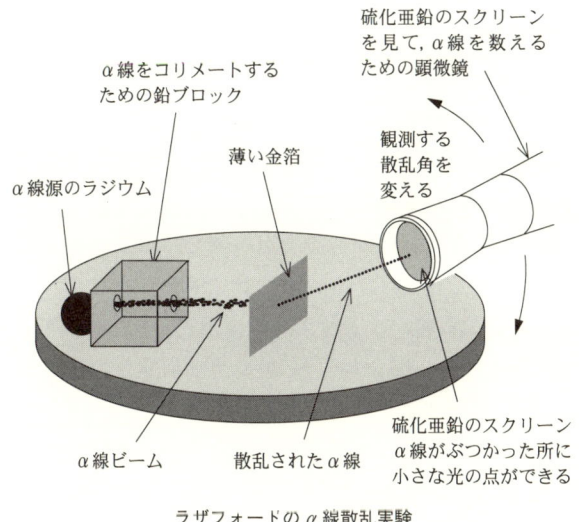

ラザフォードの α 線散乱実験

2·2 原子核崩壊および放射線

放射性同位元素（放射性核種）はα（アルファ）線，β（ベータ）線，γ（ガンマ）線などの放射線を放出して**崩壊**（decay）（**壊変**，disintegration）し，最終的には安定な核種に変換する．壊変によって生じた核種を**娘核種**といい，壊変する前の核種を**親核種**という（図2·3）．この際，軌道電子が遷移してX線やオージェ電子の放出を伴うことが多い．

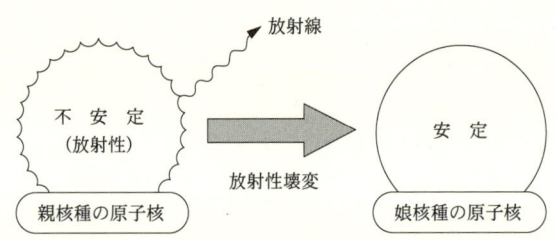

図2·3 放射線壊変

2·2·1 α崩壊

^{226}Raのような質量数の大きな原子核が，α粒子（正体はヘリウム$^4_2$He原子核）を放出して，親核種よりも原子番号が2小さく，質量数が4少ない娘核種（^{222}Rn）に変わる現象を**α崩壊**（α壊変）という．α崩壊は質量数が210以上であり，中性子が少ない原子核で起こりやすい．α線の運動エネルギーは約4〜9 MeVであり，放射性同位元素に固有な一定の値を持っている（図2·4）．その半減期は自然放射性核種では^{232}Thの$1.41×10^{10}$年から^{212}Poの0.304 msにまで及んでいる．さらに，娘核種がエネルギー的に不安定な励起状態に残れば，γ線を放出して基底状態になる（図2·5）．核種Xがα崩壊して核種Yになると

$$^A_Z X \longrightarrow ^{A-4}_{Z-2} Y + ^4_2 He^{2+} \tag{2·1}$$

と表される．

(例)　$^{235}U \longrightarrow ^{231}Th + ^4_2He^{2+}$

2·2·2 β崩壊

原子核の中で，電子や陽電子の関与のもとで陽子と中性子が互いに変換する現象を総称して**β崩壊**（β壊変）という．β崩壊には，β$^-$（ベータマイナス）崩

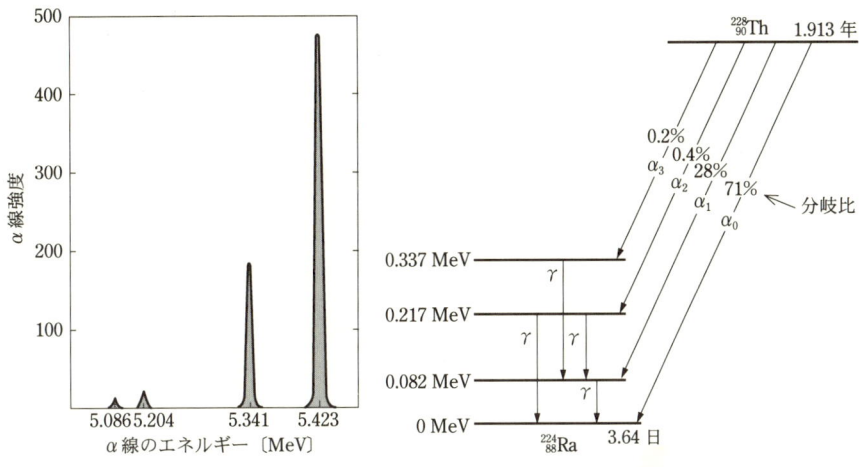

図 2・4　^{228}Th の α 線エネルギースペクトル　　図 2・5　^{228}Th の α 崩壊図

壊，β^+（ベータプラス）崩壊，（軌道）電子捕獲（electron capture：EC）の三つの形式がある．

〔1〕　β^- 崩壊

原子核の中で，中性子が陽子に変換し，そのとき原子核内から β 線（電子線）と反ニュートリノ（$\bar{\nu}$）が放出される現象である．生じた娘核種は，親核種と同じ質量数であるが，原子番号が一つ増加したものになる．図 2・6 のように，β 線

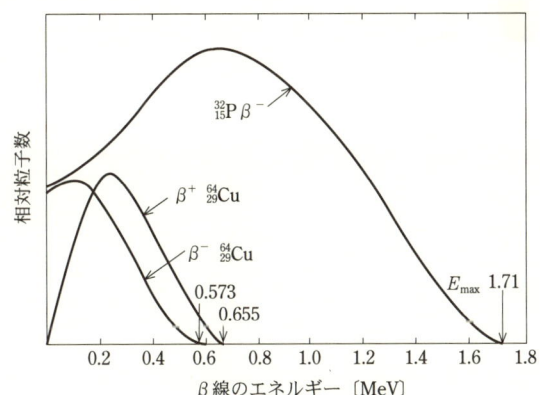

図 2・6　^{32}P の β^- 線および ^{64}Cu の β^-，β^+ 線エネルギースペクトル：^{64}Cu は β^- 崩壊あるいは β^+ 崩壊のどちらへも崩壊する．β 線は連続エネルギー分布を示し，その平均エネルギー $\bar{E}$ は最大エネルギー E_{max} の約 1/3 である．

の運動エネルギーは0から最大値（E_{max}）まで連続的に分布する．核種Xがβ^-崩壊して核種Yになると

$$^A_ZX \longrightarrow ^A_{Z+1}Y + \beta^- + \tilde{\nu} \tag{2・2}$$

と表される．

　　（例）　$^3H \longrightarrow ^3He + \beta^- + \tilde{\nu}$　　$^{32}P \longrightarrow ^{32}S + \beta^- + \tilde{\nu}$

〔2〕 **β^+崩壊**

原子核の中で，陽子が中性子に変換し，そのとき原子核内からβ^+線（陽電子線）とニュートリノ（ν）が放出される現象である．生じた娘核種は，親核種と質量数は変わらないが，原子番号が一つ減少したものになる．核種Xがβ^-崩壊して核種Yになると

$$^A_ZX \longrightarrow ^A_{Z-1}Y + \beta^+ + \nu \tag{2・3}$$

と表される．

　　（例）　$^{15}O \longrightarrow ^{15}N + \beta^+ + \nu$　　$^{18}F \longrightarrow ^{18}O + \beta^+ + \nu$

〔3〕 **電子捕獲**

原子内の軌道電子を原子核内に取り込んで陽子が中性子に変換し，そのとき原子核内からニュートリノのみが放出される現象である．生じた娘核種は，親核種と質量数は変わらないが，原子番号が一つ減少したものになる．

電子捕獲によって生じた空位の電子軌道は，より外殻の軌道電子の移動によって埋められる．そのとき，両軌道間の結合エネルギー差に相当する余剰エネルギーを受けて**特性X線**あるいは**オージェ電子**（Auger electron）が放出される．核種Xが電子捕獲して核種Yになると

$$^A_ZX + ^{\ 0}_{-1}e^- \longrightarrow ^A_{Z-1}Y + \nu \tag{2・4}$$

と表される．

　　（例）　$^{67}Ga \longrightarrow ^{67}Zn + \nu$　　$^{125}I \longrightarrow ^{125}Te + \nu$

2・2・3　γ線放出

α崩壊やβ崩壊によって生じた娘核種は，励起状態に残る場合が多い．通常，この励起状態は，非常に短い時間内に特有のエネルギーを持つγ線を1個または若干個放出して基底状態に移る．γ線は本質的には光と同じもので**光子**（photon）と呼ばれる．原子核によっては，励起状態に長い間とどまることもあり，これを**核異性体**（nuclear isomer）といい，励起状態の原子核を区別して質量数の後ろにmを付けて表す．例えば，^{137m}Baと^{137}Baは互いに核異性体である．^{137m}Ba

が ^{137}Ba になることを**核異性体転移**（isometric transfer：IT）といい，そのとき γ 線が放出される．

（例） ^{99}Mo ⟶ ^{99m}Tc + β$^-$　　^{99m}Tc ⟶ ^{99}Tc + γ

核異性体が遷移する際に γ 線のエネルギーが小さい場合には，γ 線の代わりに軌道電子が放出されることがあり，これを**内部転換**（internal conversion）と呼ぶ．内部転換電子のエネルギーは β 線の場合と異なり，特定なエネルギーを示す．

2·2·4　X 線の発生

X 線と γ 線はともに波長の短い電磁波（光子）で，本質的に同じであるが，発生原因によって区別される．原子核が α 崩壊や β 崩壊したとき，それに付随して発生する電磁波が γ 線と呼ばれ，電子線を物質（主として固体の金属）に衝突させる際に発生する電磁波を X 線と呼ぶ．

高速の電子が物質に衝突したり，電子が制動を受けたり，原子を励起や電離したときに X 線が発生する．X 線管では，フィラメントで熱電子を発生させフィラメントとターゲットの間にかけた高電圧で加速し，高速の電子をターゲットに当てて X 線を発生させる（**図 2·7**）．**図 2·8** にタングステン，モリブテン，クロムをターゲットとして 35 kV の電圧を印加したときの X 線スペクトルを示す．発生 X 線は連続 X 線と特性 X 線の二つに分類される．

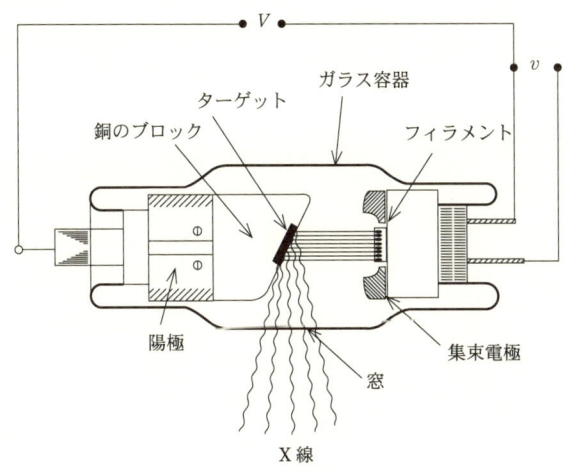

図 2·7　X 線管の構造

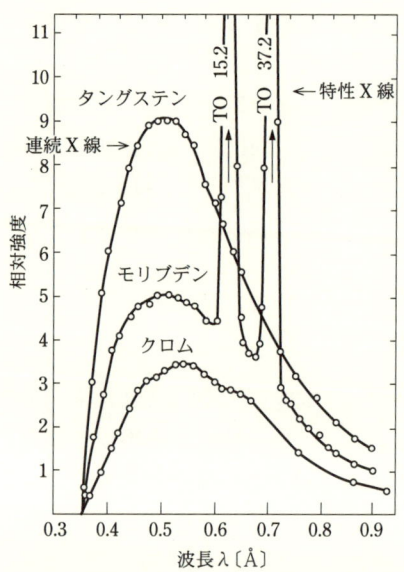

図 2・8 タングステン，モリブデン，クロムをターゲットとして 35 kV の電圧を印加したときの X 線スペクトル

[1] 連続 X 線

β 線や高速の電子が物質に入射し，原子核の電場によって減速すると，波長の連続的分布を持った**制動放射**（Bremsstrahlung）による X 線発生が起こる（**図 2・9**）．この X 線は**連続 X 線**または**白色 X 線**と呼ばれる．X 線を取り扱う場合は，通常はエネルギーの代わりに波長を用いることが多い．エネルギー E〔eV〕と波長 λ〔nm〕の関係は次式で与えられる．

$$\lambda = \frac{1.24 \times 10^3}{E} \qquad (2・5)$$

[2] 特性 X 線

β 線や高速電子，または X 線や γ 線が物質に入射し，原子核のまわりの電子軌道（比較的内部）から電子がはじき出されて孔があき，外部の軌道の電子がその孔に落ち込む．その際，この二つの軌道のエネルギー差に相当する一定波長の X 線を発生する（図2・9）．この X 線は**特性 X 線**（示性 X 線, characteristic X rays）と呼ばれ，元素の種類によって固有の波長を持っている．電子の落込み先の軌道に応じて K 系列，L 系列などと呼ばれる．また，X 線や γ 線によって発生した特性 X 線を**蛍光 X 線**（fluorescent X rays）と呼ぶことがある．

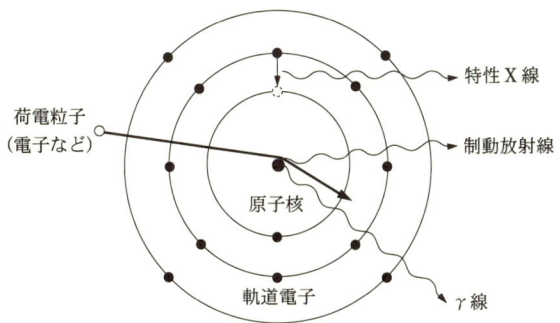

図 2・9 特性 X 線, 制動放射線, γ 線の発生: X 線は原子核外で, γ 線は原子核内で発生する電磁波である.

2・3 半減期および崩壊形式図

放射性同位元素の 1 個の原子核が一定の時間内に崩壊する確率は, 温度や化学状態などの原子の外的条件には無関係で一定である. いま, N 個の原子核があるときに, 時間 t から $t+dt$ の間に dN 個が崩壊したとすると

$$-dN = \lambda N dt \tag{2・6}$$

という関係が成立する. λ は単位時間当りに原子が崩壊する確率で, 核種に固有な量であり**崩壊定数** (decay constant) といわれる. $t=0$ における放射性同位元素の原子の数を N_0 とすると, 次式が成り立つ.

$$N = N_0 \exp(-\lambda t) \tag{2・7}$$

N_0 が半分に減少するまでの時間を**半減期** (half life) といい $T_{1/2}$ で表す. 式 (2・7) より, $T_{1/2}$ は

$$T_{1/2} = \frac{\log_e 2}{\lambda} = \frac{0.693}{\lambda} \tag{2・8}$$

で与えられる. N を縦軸にとり, t を横軸にとったグラフを**崩壊曲線** (decay curve) という. 放射性同位元素が 1 種類しかないときに縦軸を対数目盛にすると**図 2・10** のように直線になる.

放射性同位元素のエネルギー状態や放出される放射線の種類, エネルギー強度, 半減期などを図式化したものが**崩壊形式図**である (**図 2・11**). 横線の位置は原子核の励起状態と基底状態のエネルギーに対応している.

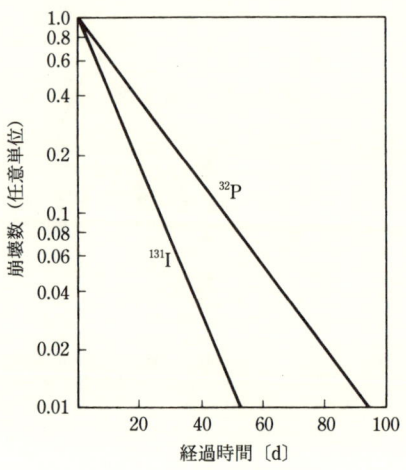

図 2・10 ^{32}P と ^{131}I の崩壊曲線

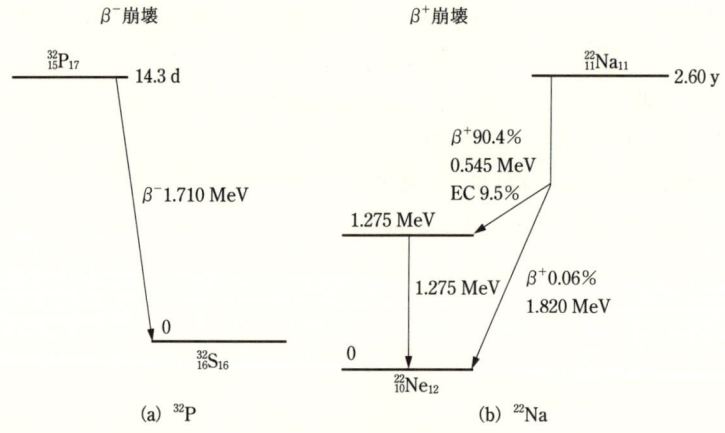

図 2・11 崩壊形式図

2・4 放射線と物質の相互作用

2・4・1 電離と励起

　放射線のエネルギーは物質にさまざまな物理学的・化学的・生物学的影響を与えるが，最初に起こる相互作用は，原子・分子の電離，励起作用である．電子が

エネルギーの低い軌道から順に詰まった状態を**基底状態**（ground state）という．通常原子は基底状態にあるが，散乱や光子の吸収などで軌道電子がエネルギーを得ると高いエネルギーの状態へ**遷移**（**励起**，excite）したり，原子外に飛び出したりする（**電離**，ionization）．なお，内殻（特に K 殻）の電子が電離されたときには，軌道電子の遷移に伴って電磁波が特性 X 線の形で放出されるか，あるいはより外側の軌道電子がオージェ電子として放出される．

2・4・2　α 線

α線は物質を通過する際に分子や原子を電離や励起することによってエネルギーを失う．α線の軌道は物質中でほぼ直線である（**図 2・12**）．α線が止まるまでの進行距離を**飛程**という．α線のエネルギー分布は核種により固有な一定の値を示す．同一エネルギーの α 線の飛程はほぼ等しく，エネルギー E〔MeV〕の α 線の空気中の飛程 R_{air}〔cm〕は

$$R_{air} = 0.318 E^{3/2} \quad (4\,\mathrm{MeV} < E < 7\,\mathrm{MeV}) \tag{2・9}$$

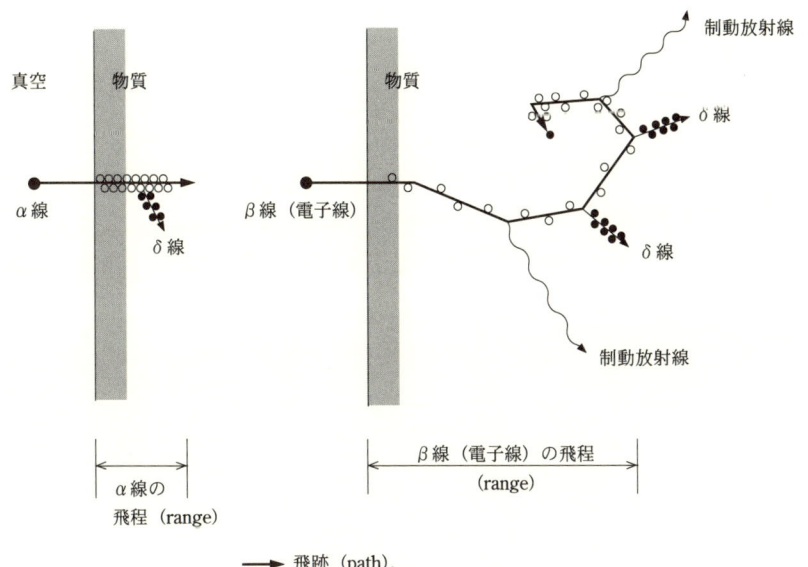

図 2・12　α 線および β 線（電子線）と物質との相互作用およびエネルギー付与

の関係で与えられ，一般の物質中の飛程 R〔cm〕は A を質量数，ρ〔g/cm³〕を密度とすると次式で与えられる．

$$R = \frac{3.2 \times 10^{-4} \sqrt{A} R_{air}}{\rho} \tag{2・10}$$

2・4・3　β 線

β線は物質中を通過する際に分子や原子の電離や励起を行ってエネルギーを失っていくが，低いエネルギーの β線では，α線の場合と異なって飛跡は直線ではなく，ジグザグな径路を取る（図 2・12）．進路に沿って単位長さ当りに失うエネルギーは α線に比べてはるかに小さい．β線のエネルギーが高い場合には制動放射によるエネルギー損失の割合が増えてくる．

吸収体を厚くして透過する β線の数がほとんど 0 になったときの厚さを β線の**最大飛程**という．最大エネルギーが E〔MeV〕のときの最大の質量飛程 R_{max}〔g/cm²〕（＝飛程〔cm〕×物質密度〔g/cm³〕）は

$$R_{max} = 0.542E - 0.133 \quad (E > 0.8 \text{ MeV}) \tag{2・11}$$
$$R_{max} = 0.407E^{1.38} \quad (0.15 \text{ MeV} < E < 0.8 \text{ MeV}) \tag{2・12}$$

で与えられる．

図 2・13 に最近の計算による水中およびアルミニウム中での電子の質量飛程を，それぞれ $R(H_2O)$，$R(Al)$ で示す．アクリル，ポリエチレンなどのプラスチック板中の飛程は $R(H_2O)$，ガラス板中の飛程は $R(Al)$ と考えて大きな違いはない．β^+ 線の物質中における電離や励起については，β^- 線とほとんど差異はないが，エネルギーを失って停止すると，電子と結合して消滅する（**陽電子消滅**，

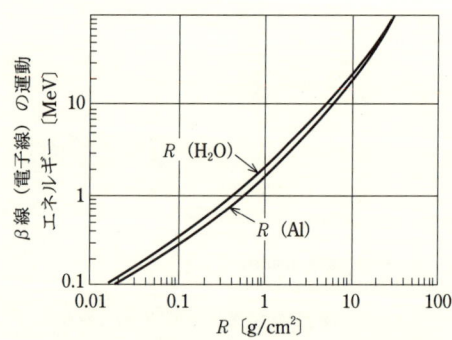

図 2・13　水中およびアルミニウム中の高速電子の質量飛程 R

positron annihilation）．このとき 0.51 MeV のエネルギーの γ 線 2 個（消滅 γ 線）が互いに正反対の方向に放出される．

2・4・4　γ 線と X 線

γ 線や X 線は物質を通過する際に，**光電効果**（photoelectric effect），**コンプトン散乱**（Compton scattering）および**電子対生成**（pair production）などの相互作用により吸収され，またはエネルギーを減少する．

〔1〕 **光電効果**

γ 線が原子に吸収されて電子を放出する現象で，一般に K 殻電子や L 殻電子など原子核に強く束縛されている電子が放出される確率が大きい（図 2・14）．光

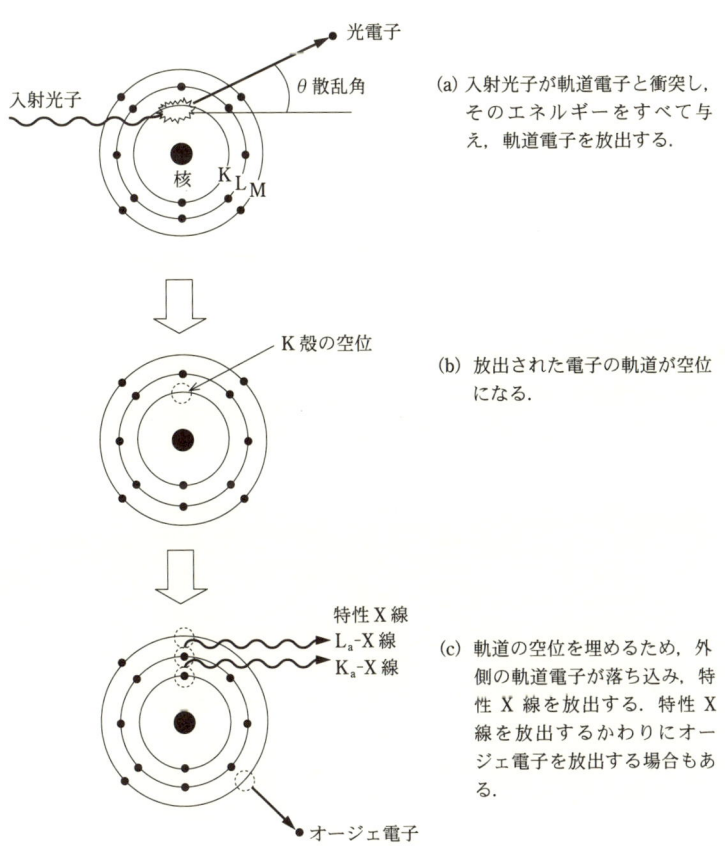

図 2・14　光電効果とオージェ効果，特性 X 線放出

電効果を起こす確率は物質の原子番号 Z については Z^5 に比例し，γ 線のエネルギーに対しては $E^{7/2}$ に反比例する．放出される電子のエネルギーは γ 線のエネルギーから電子の束縛エネルギーを引いた値になる．γ 線や X 線のエネルギーが K 殻電子のエネルギーよりも低くなると K 殻電子の放出が不可能になり，光電効果を起こす確率が急激に低下する．これを **K 吸収端**（absorption edge）という．同じように L 吸収端，M 吸収端などが観測される．光電効果により電子が放出されると，その空孔を外殻電子が埋めるために特性 X 線やオージェ電子が放出される．

〔2〕 **コンプトン散乱**

コンプトン散乱は，γ 線が**図 2・15** に示されるように物質中の電子によって散乱され，エネルギーと方向が変えられる現象である．γ 線のエネルギーが高いときには前方に散乱される確率が増えてくる．エネルギーが $h\nu$ 〔MeV〕の γ 線が角度 ϕ の方向に散乱された場合，散乱後の γ 線のエネルギー $h\nu'$ 〔MeV〕は

$$h\nu' = \frac{h\nu}{1+\alpha(1-\cos\phi)} \tag{2・13}$$

$$\alpha = \frac{h\nu}{m_e c^2} \tag{2・14}$$

となる．$m_e c^2$ は電子の静止エネルギーで 0.51 MeV である．コンプトン効果を

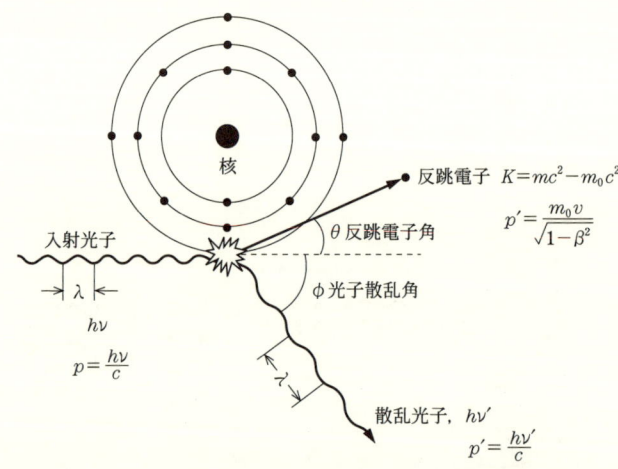

図 2・15 コンプトン散乱：光子と自由電子との相互作用であると考えることができ，相互作用前後のエネルギーおよび運動量保存により，その散乱角とエネルギーを求めることができる．

起こす確率は物質中の電子密度に比例する．

〔3〕 電子対生成

1.02 MeV 以上の γ 線が原子核の近くを通過する際に電子と陽電子を生成して消滅する現象である（**図 2·16**）．γ 線のエネルギーから 1.02 MeV（電子の静止エネルギーの 2 倍）を引いたエネルギーが，運動エネルギーとして電子と陽電子に分配される．電子対生成を起こす確率は物質の $Z(Z+1)$ に比例し，γ 線のエネルギーが増加すると急激に増加する．

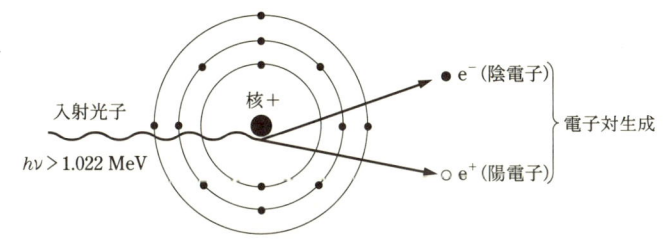

図 2·16　電子対生成

〔4〕 γ 線および X 線の物質通過

γ 線および一定の波長の X 線が物質を通過する場合において，**図 2·17** のように**コリメート**（collimate）された場合は次式が成立する．

$$I = I_0 \exp(-\mu x) \tag{2·15}$$

I は通過後の γ 線の強度，I_0 は入射前の強度である．物質の厚さを x〔cm〕で表したときの μ〔cm^{-1}〕を**線減弱係数**（linear attenuation coefficient）という．x の代わりに厚さとして $t = \rho x$〔g/cm^2〕を用いるときは，μ の代わりに**質量減弱係数**（mass attenuation coefficient）$\mu_m = \mu/\rho$ を用いる．ρ は物質の密度である．γ 線の質量減弱係数 μ_m は光電効果による質量減弱係数 $\mu_{m\tau}$，コンプトン効果

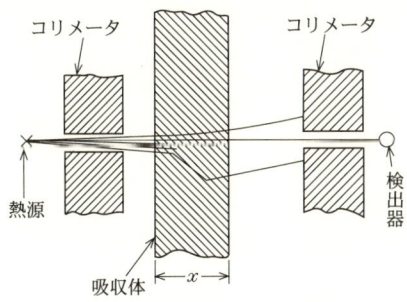

図 2·17　細い γ 線ビームの減弱

による質量減弱係数 $\mu_{m\sigma}$, 電子対生成による質量減弱係数 $\mu_{m\pi}$ の和で表される.

$$\mu_m = \mu_{m\tau} + \mu_{m\sigma} + \mu_{m\pi} \tag{2・16}$$

（ここで, $\mu_m = \mu/\rho$, $\mu_{m\tau} = \tau/\rho$, $\mu_{m\sigma} = \sigma/\rho$, $\mu_{m\pi} = \pi/\rho$）

図2・18, 図2・19に水と鉛に対する質量減弱係数を示す.

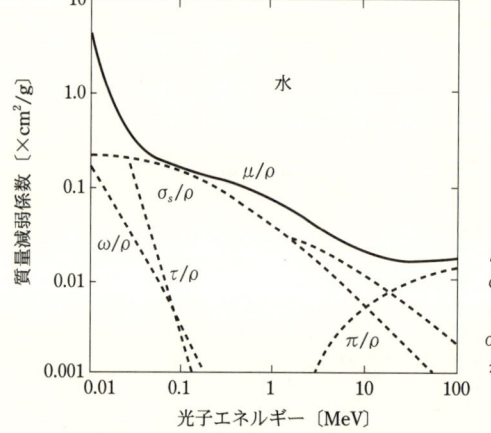

μ/ρ：全質量減弱係数
ω/ρ：質量トムソン減弱係数
τ/ρ：質量光電減弱係数
σ_s/ρ：質量コンプトン散乱減弱係数
π/ρ：質量電子対減弱係数

図 2・18 水に対する質量減弱係数

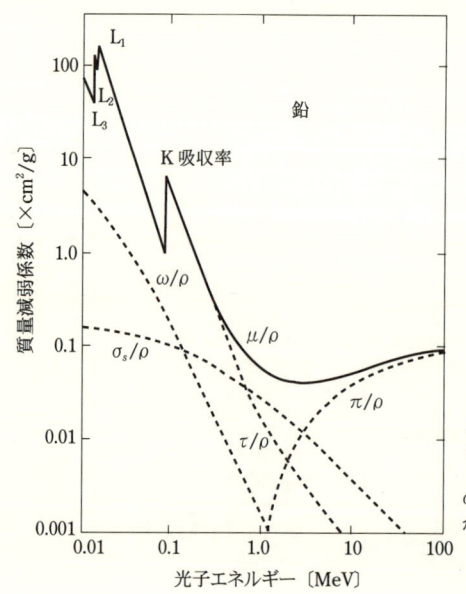

μ/ρ：全質量減弱係数
ω/ρ：質量トムソン減弱係数
τ/ρ：質量光電減弱係数
σ_s/ρ：質量コンプトン散乱減弱係数
π/ρ：質量電子対減弱係数

図 2・19 鉛に対する質量減弱係数

γ線のエネルギーが違うものが混在したり，連続X線の物質通過について考える場合は，それぞれのエネルギーのγ線やX線の通過を計算してそれらの和をとればよい．また，物質が多種類の元素から構成されている場合の質量減弱係数 μ_m は

$$\mu_m = f_1\mu_{m1} + f_2\mu_{m2} + f_3\mu_{m3} + \cdots \tag{2・17}$$
$$(ここで，f_1 + f_2 + f_3 + \cdots = 1)$$

で表される．ここに $\mu_{m1}, \mu_{m2}, \cdots$ はそれぞれの元素の質量減弱係数で，$f_1, f_2, \cdots$ はそれぞれの元素の物質を構成する割合（原子数の比）である．

一般には物質に入射するγ線やX線はコリメートされていない．また，検出器の前にもコリメータがない．このため，物質によって散乱された散乱γ線や，発生された二次X線の寄与を考えなければならない．このときは**再生係数** (build-up factor) B を用いて式 (2・15) を

$$I = BI_0 \exp(-\mu x) \tag{2・18}$$

と書き換える．再生係数はγ線のエネルギー，線源および吸収体の形状，材質により異なった値となる．適当な数値のないときは，$\mu \gg 1$ に対し次式を用いる．

$$B \fallingdotseq 1 + \mu x \tag{2・19}$$

図 2・20，図 2・21 に通常よく使用されるγ線の鉛とコンクリート中での**減衰曲線**を示す．

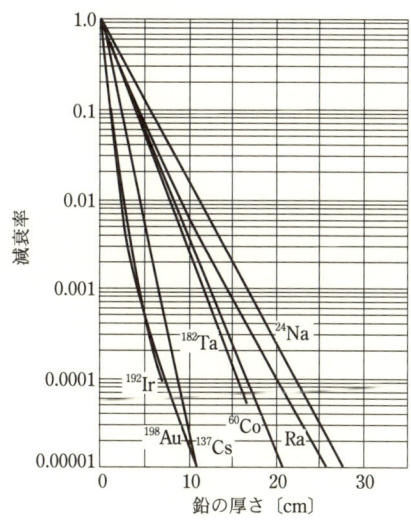

図 2・20　鉛に対するγ線の減衰曲線

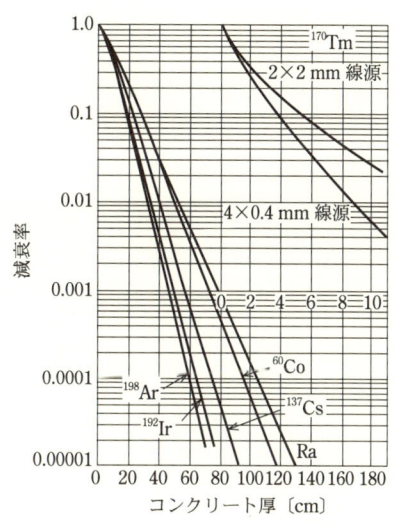

図 2・21　コンクリートに対するγ線の減衰曲線

2・4・5 中性子

中性子は電荷を持たないので，物質原子と電気的な相互作用を及ぼし合うことなく原子核と衝突を繰り返すことによってエネルギーを失っていく．中性子のエネルギーが高いときには，原子核を励起する非弾性散乱と核の状態を変化させない弾性散乱が起こるが，エネルギーが減少するにつれて弾性散乱のみとなる．一部の中性子は減速されていく途中で原子核によって共鳴吸収される．減速作用は，中性子のエネルギーがまわりの分子の熱エネルギーと平衡に達したときに止まる．このときのエネルギーは室温では 0.025 eV に相当し，この状態の中性子を**熱中性子**（thermal neutron）という．

熱中性子は速度が遅いので物質中を拡散していく途中で原子核によって容易に捕獲される．捕獲のされやすさ（**捕獲断面積**，capture cross-section）は元素によって大きく異なっている．捕獲に伴って原子核が励起される場合には γ 線が放出される．これを**捕獲 γ 線**（capture γ-ray）といい，中性子に対する遮へいを考える際に考慮しなければならない．また，^{235}U のような原子核は熱中性子を吸収することによって核分裂を起こす．

2・5 放射能および放射線の単位

本書によく出てくる放射能および放射線の単位は，次のとおりである．

〔1〕 **放射能**（radioactivity）

放射能とは，不安定な原子核が放射線としてエネルギーを放出しながら安定な原子核に変わっていく性質を示す．その強さは，単位時間に崩壊する原子の数（disintegration per second：dps）で示され，その単位 1 Bq（ベクレル）は毎秒1個の壊変を表す．Ra（ラジウム）1 g の放射能はおよそ 3.7×10^{10} Bq＝1 Ci（キュリー）に相当する．

　　　単位：dps，Bq，Ci
　　　　1 Bq＝1 dps＝27.03 pCi
　　　　1 Ci＝3.7×10^{10} Bq＝37 GBq
　　　　1 MBq＝27 μCi
　　　　37 TBq＝1 kCi

〔2〕 **吸収線量**（absorbed dose）

吸収線量とは，放射線照射を受けた物質の単位質量当りに吸収されたエネルギーで表し，放射線の種類や吸収物質の種類に無関係に定義される量である．その単位 1 Gy（グレイ）は，物質 1 kg が 1 J（ジュール）のエネルギーを吸収したときの線量である．

  単位：Gy，rad（ラド）

    $1\,\text{Gy} = 1\,\text{J/kg}$, $1\,\text{rad} = 10^{-2}\,\text{Gy} = 100\,\text{erg/g}$

〔3〕 **照射線量**（exposure dose）

照射線量とは，3 MeV 以下のエネルギーの X 線，γ 線においてのみ定義され（原則として，空気以外の物質には用いない），その単位 1 C/kg（クーロン/キログラム）とは，標準状態の空気 1 kg 当り，X 線，γ 線照射によって生じた電荷の一方の符号の総和が 1 C（クーロン）となるような照射線量をいう．従来から R（レントゲン）という単位がよく用いられている．

  単位：C/kg，R

    $1\,\text{R} = 2.58 \times 10^{-4}\,\text{C/kg}$

もし，人体が X 線，γ 線の 1 R の照射を受けると，約 0.94 rad の吸収線量に相当し，線量当量は 0.94 rem（9.4 mSv）となる．

〔4〕 **エネルギーフルエンス**（energy fluence）

エネルギーフルエンスとは照射線量と異なり，あらゆる放射線に適用できるもので，単位面積当りに通過したエネルギー量と定義される．その単位は 1 J/m²（ジュール/平方メートル）で，1 m² の大円断面積を有する球につき入射するあらゆる放射線のエネルギーの和が，1 J であるときのエネルギーフルエンスである．

〔5〕 **粒子フルエンス**（particle fluence）

エネルギーフルエンスと同様な定義がされており，単位面積当りに通過した粒子数と定義される．その単位の 1 particle/m²（粒子/平方メートル）とは，粒子が 1 m² の大円断面積を有する球につき 1 個の割合で入射するときの粒子フルエンスである．

〔6〕 **放射線防護に用いる線量**

放射線の生体に及ぼす効果は吸収線量だけでは評価できない．これは，放射線の種類やエネルギーが異なると，**線エネルギー付与**（linear energy transfer：LET）が異なるためである．X 線，γ 線によって生じる特定の生物学的効果を

基準にして，種々の放射線について比較した値を**生物学的効果比**（relative biological effectiveness：RBE）と呼ぶ．このRBEを考慮した放射線防護で用いられる基本的な量（Sv：シーベルト）として，**等価線量**，**実効線量**がある（7・2・3項を参照）．

2・6 放射線計測の基礎

α線やβ線のような荷電粒子が物質を通過する際に，物質中に電離や種々の励起が起こる．この現象を利用して荷電粒子の検出が行われる．中性子やγ線やX線のように電荷のない放射線の場合は，物質との相互作用によって二次的に発生した荷電粒子を測定することによって検出が行われる．

個々の測定器と測定法の詳細は，5章を参照されたい．

2・6・1 個々の放射線のエネルギーや線質の測定

気体中を荷電粒子が通過する際に電離が起こりイオン対ができる．1個のイオン対を作るのに要する平均エネルギーは荷電粒子の種類，エネルギーや気体の種類などによってあまり違わず約30 eVである．したがって，イオン対の数を測定すれば荷電粒子が気体中で失ったエネルギーがわかる．例えば，300 keVのα線は気体中で約10^4個のイオン対を発生し，これは$1.602\times10^{-19}\times10^4$ Cの電荷に相当する．ここで注意しなければならないことは，イオン対の発生は確率現象であり，その発生数は$n\pm\sqrt{n}$のようにふらつく（nは平均値）．したがって，エネルギーの分解能は$\sqrt{n}/n$で与えられ，前述の例では$\sqrt{10^4}/10^4=10^{-2}=1\%$になる．電離箱や比例計数管はこの原理を利用したものである．

シリコンやゲルマニウム単結晶中を放射線が通過すると電子-正孔対が発生する．1個の電子-正孔対を発生するのに要する平均エネルギーはそれぞれ3.6 eVと2.8 eVである．したがって，気体検出器に比べて約10倍の電荷が得られる．前記の300 keVの放射線は10^5個の電子-正孔対を発生し，エネルギー分解能は$\sqrt{10^5}/10^5\fallingdotseq3\times10^{-3}=0.3\%$になる．半導体検出器はこの原理を利用している．

放射線がシンチレータ（蛍光体）を通過する際に放出される蛍光を光電子増倍管で測定するのがシンチレーションカウンタである．蛍光の発生量は，入射荷電粒子のシンチレータ中でのエネルギー損失に比例する．したがって，光電子増倍管により光を光電子に変換し，光電子数を測定すればエネルギーを知ることがで

きる．シンチレーションカウンタでは，光電子増倍管の量子効率（光子が入射した際の光電子の発生効率で5～20%）が低いので光電子数のふらつきが大きい．NaI（Tl）結晶のシンチレータを使用する場合では 300 keV の放射線に対して約10% の分解能しか得られない．

液体やプラスチックのシンチレータは発光効率が低いのでエネルギー分解能が低く，エネルギーを測定するよりは，エネルギーを大まかに分け荷電粒子の線質を選別し放射線の数の測定に利用される（5・4・3 項参照）．GM 計数管は気体検出器で，放射線が検出器内でイオン対を1個以上発生したときに必ず1回放電が起こる条件で使用している．この放電の回数を計数し，放射線の測定を行う．構造が簡単なので広く使用されているが，放射線のエネルギーについてはわからない．

そのほか，透明媒質中のチェレンコフ発光を光電子増倍管で検出するチェレンコフ検出器は高速荷電粒子（光速に近い）のエネルギー測定に使用される．

2・6・2　吸収線量，照射線量の測定

照射線量や吸収線量を求めるには放射線が発生するイオン対の総和を測定する必要がある．2・6・1 項に述べた測定法により個々の放射線によって発生したイオン対を測定し，その数を総計することは可能であるがめんどうである．したがって，次のような測定が行われる．

前述の電離箱において個々のイオン対による電荷を検出器の電極間容量に蓄えた後に直流として電流計で測定することが行われる．モニタ類に多く使われている．そのほか，ガラスの着色（カラーセンタ発生）の度合いから線量を調べる蛍光ガラス線量計や，照射された試料の熱ルミネセンス現象を利用する TLD（thermoluminescence dosimeter）や写真フィルムの黒化度より線量を求めるフィルムバッジなどもよく使われる．大線量の放射線の照射によって起こる化学変化や発熱作用を利用して線量の測定を行うものとしては，フリッケ線量計，セリウム線量計，カロリメータなどがあり，これらはしばしば線量の絶対測定に利用される．

2・6・3　放射線の飛跡の測定

放射線が物質を通過する際に，放射線の経路に沿って構成分子や原子を跳ね飛ばしたり，電離や種々の励起を引き起こす．これらによって残された物質の化学

的・物理学的な変化を直接観測して放射線の飛跡を調べる．

　水蒸気が過飽和した空気中において，放射線の経路に沿って生じた霧を観測するウィルソン霧箱は有名である．また，液体の発泡を観測する泡箱，固体中の放射線損傷を電子顕微鏡で調べるトラック（飛跡）ディテクタ，写真乳剤中の感光像を光学顕微鏡で調べる原子核乾板，放射線の経路に沿って放電を発生させるスパークチェンバなどがある．

3章　放射線発生装置

〈理解のポイント〉
- 放射線発生装置として，加速器，放射光および X 線装置について，それぞれの原理と構成およびその利用・応用について解説する．
- 加速器は，電子，陽子，He（重イオンなど）の荷電粒子を電場で加速し一次放射線として利用するための装置である．
- 加速器は，その加速方式から静電加速器および高周波電圧加速器に，また形状から直線型と円形型に分かれる．
- 使用されている放射線発生装置の 7 割が医療機関にある．加速器の種類は，直線加速器が大半（74%）を占める．
- 高エネルギーの電子シンクロトロン加速器を用い，高輝度で赤外線から X 線にわたる電磁波（放射光）を発生させる放射光専用の施設がある．
- X 線管により発生する X 線は，制動放射の連続スペクトルと特性 X 線の線スペクトルからなる．

3·1　加速器

3·1·1　加速器の構成

　電子やイオンの荷電粒子を電場や交流磁場で加速し，高エネルギーの粒子（一次放射線）を発生させる装置を**加速器**（accelerator）という．

　加速器は，主に**イオン源**，**粒子加速**，ビームの**照射**またはビーム取出しの三部で構成される（**図 3·1**）．加速器の全体の内部構造は真空装置である．エネルギー，粒子選別およびビームトランスポートの制御用に電磁石が用いられ，加速器本体室から離れた制御室で加速器は運転される．

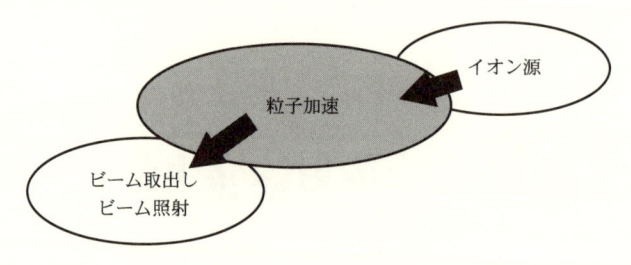

図 3・1　加速器の構成

〔1〕 **イオン源**

　イオンを発生し加速器に送り込む装置を**イオン源**といい，加速器の出力電流，加速される粒子の種類（一次放射線）を決める．イオンの発生方法として，放電による方法，**プラズマ**を利用する方法，**スパッタリング**（Cs イオンを金属面に衝撃させ，表面から金属原子をたたき出す）方法などがある．電子のイオン源は，加熱したタングステン線が利用される．

〔2〕 **加速方法**

　加速器は，粒子の加速方法により，**静電場**（直流電圧）を用いて加速するものと**高周波電場**（交流電圧）を用いる方法に二分される．さらに，高周波電場を利用するものは，形状から2種類に分けられ，粒子をまっすぐ走らせて加速する**線形加速器**と，磁場を用いて軌道を曲げ周回させる**円形加速器**がある．

〔3〕 **ビーム照射**

　加速された粒子（ビーム）は，エネルギーや強度を設定し，試料（標的）に照射する．原子核や素粒子の基礎研究に用いられるほか**食品照射**や**がん治療**などにも応用される．また，大型加速器の**入射器**（**前段加速**）として異なる種類の加速器を組み合わせて使用する場合もある．

3・1・2　加速器の原理

　粒子の加速には電場を用いる．荷電粒子は，電場の中でエネルギーをもらい速度が高くなる．**図 3・2** で示すように，電位差のある二つの電極板に，負の電荷 q を持った荷電粒子を入射させると，正の電極板に向かって引き寄せられる．このとき，荷電粒子は加速され，速度を上げて正の電極に向かう．電極間の電圧が1ボルトのとき，電子（電荷＝1）の得るエネルギーを **1電子ボルト**（$1\,\text{eV}=1.602\times10^{-19}\,\text{J}$）という．このように，荷電粒子は，電場からエネルギーをもらい，速度を上げる．これが**粒子加速の原理**で，そのエネルギーは電子ボルト

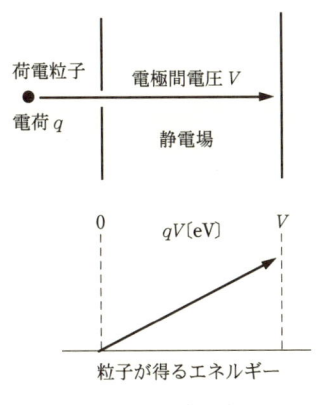

図 3・2 加速の原理

〔eV〕で表す．

3・1・3 加速器の種類とその特性

代表的な加速器の加速電圧のかけ方およびその特性を**表 3・1**に示す．

〔1〕 **加速器の種類**

加速器は，その加速方式により，静電加速器と高周波加速器に分類される．

（a） **静電加速器**　　高電圧発生の方式により，**バンデグラーフ加速器**（図 3・3），**コッククロフト・ワルトン加速器**および**変圧器型加速器**の 3 種類がある．

（b） **高周波加速器**　　粒子を高電圧で一度に加速するのでなく，電極に加える高周波の周期と粒子の運動の関係を保ち共鳴的に繰り返し加速する．さらにこのタイプは，装置の形状（ビーム軌道）により線形および円形のタイプに分かれ

表 3・1 加速器の種類とその特性

加速器	加速粒子	電場	軌道	エネルギー	ビーム電流
コッククロフト・ワルトン加速器	陽子，イオン	静電場	直線	1 MeV	1 mA
バンデグラーフ加速器	陽子，イオン	静電場	直線	10 MeV	100 μA
直線加速器	電子，陽子	高周波	直線	10 GeV	100 μA
サイクロトロン	陽子，イオン	高周波	らせん	10 MeV	50 μA
シンクロトロン	電子，陽子，イオン	高周波	円形	100 GeV	1 μA
ベータトロン	電子	高周波	円形	300 MeV	1 μA

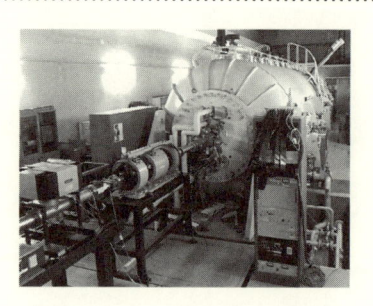

図3・3　バンデグラーフ加速器

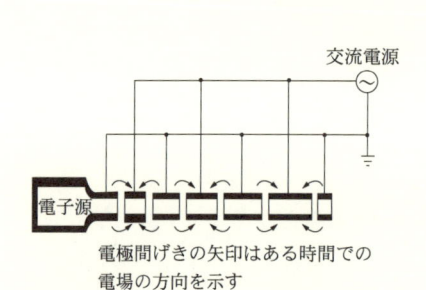

図3・4　ドリフト管の電場のようす

電極間げきの矢印はある時間での電場の方向を示す

図3・5　直線加速器のドリフト管

る．直線状に繰り返し加速する**直線加速器**（図3・4，図3・5），円形軌道で繰り返し加速する**ベータトロン，シンクロトロン，マイクロトロン，サイクロトロン**がある．

〔2〕　**加速される粒子の種類とエネルギー**

静電加速器は，電子にもイオンにも使われ，10 MeV以下の**低エネルギーの加速器**である．大電流のビームの加速ができるコッククロフト・ワルトン加速器は，大型加速器の入射器として用いられる．タンデム型のバンデグラーフ加速器については数十 MeV のものもある．

数十 MeV から 1 GeV までの中エネルギーでは，サイクロトロンが代表のイオン加速器である（図3・6）．線形加速器は電子・イオンともに使われ，ビーム量（電流）の大きい加速器にしたいときには線形加速器を採用することが多い．電子専用の加速器として，ベータトロン，マイクロトロンがあるが，線形加速器ほど多くは使われない．

1 GeV 以上の**高エネルギー**の加速器は電子・イオンともにシンクロトロンに

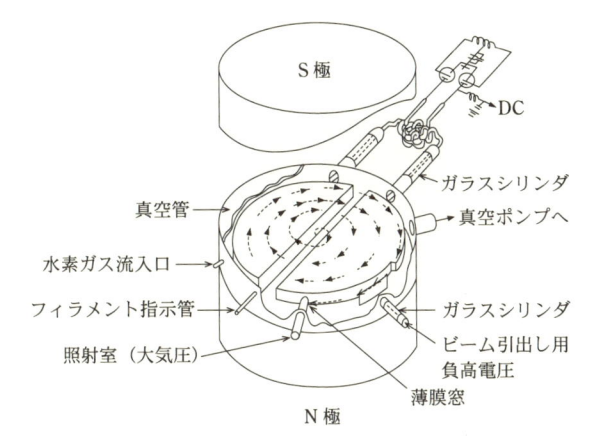

図 3・6　サイクロトロンの構造

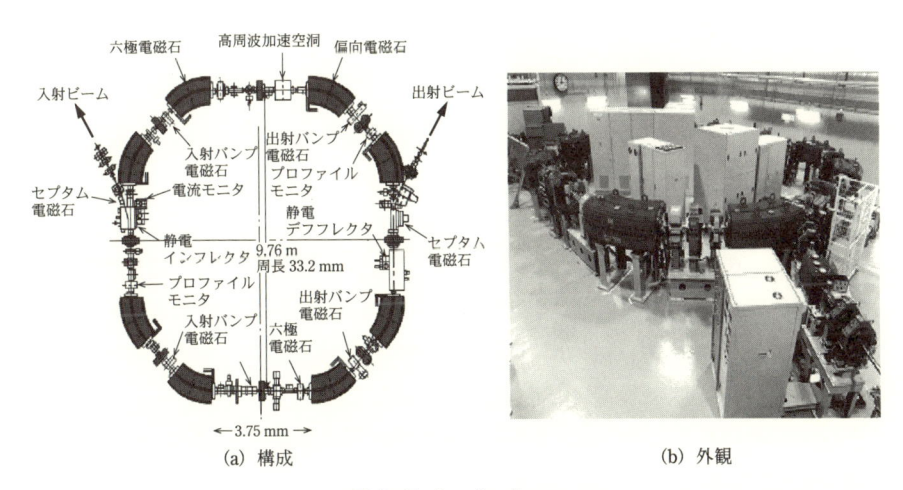

図 3・7　シンクロトロン

なる（**図3・7**）．なおシンクロトロンは単独では低エネルギーから粒子を加速できないので**前段加速器**として線形加速器がよく使われる．

3・1・4　加速器の利用・応用

加速器は1930年代に始まり，原子核・素粒子研究に不可欠な装置として発展してきた．その後，装置の性能向上とともに，基礎から応用に及ぶ各分野で使用されるようになってきた．現在，日本にある放射線発生装置の許可使用台数は，約1300台ある．また，その約7割は医療機関に設置されている（**図3・8**）．使用

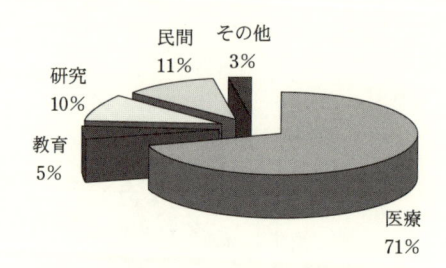

図 3・8 機関別の加速器使用台数（2005 年）

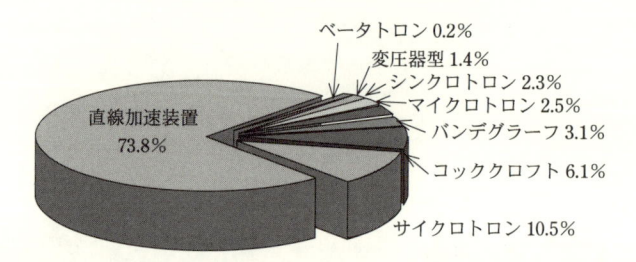

図 3・9 加速器の種類（2005 年）

されている加速器の種類は，**電子線形加速器**（法律では直線加速装置という）が大半（74％）を占め，サイクロトロン（10％），コッククロフト（6％）の順で使用されている（**図 3・9**）．

加速器の最近の利用法として注目されているのは，**がんの粒子線治療**である（**図 3・10**）．イオンを用いた治療は電子加速器からの光子による治療に比べ，がん細胞に集中的に照射効果（**図 3・11**）を与えることができ，外科手術をしないで治療できる．最近各地で，より小型の**陽子線治療用加速器**の建設が進んでいる．

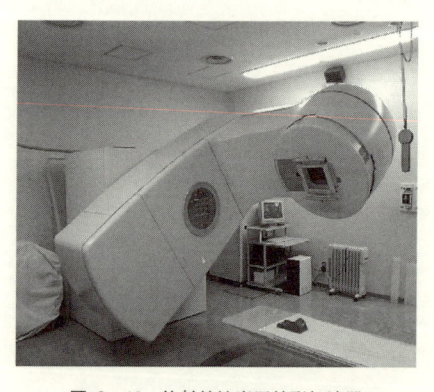

図 3・10 放射線治療用線形加速器

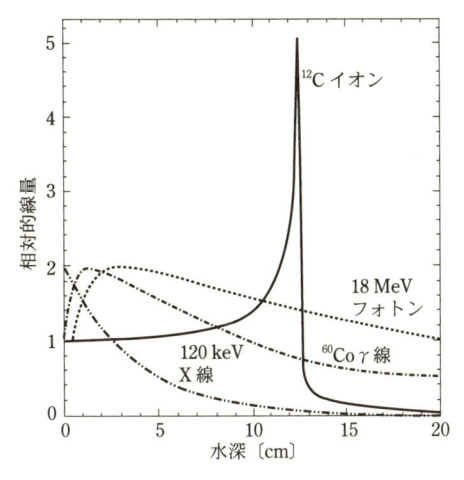

図 3・11　ブラッグ曲線

重粒子線は，図 3・11 に示すように，身体組織の中に入ってから，そのエネルギーの大きさに応じた深さに達したところで，最大のエネルギーを組織に与えて止まる性質がある．正常細胞には少ない線量しか与えずに任意の深さにあるがん細胞に集中的に線量を与えてがんを殺し，かつ，副作用としての正常細胞への障害を低く抑えることができる．

一方，基礎研究に用いられる加速器は大型化し，リングの中で電子ビームを蓄積して出てくる光を実験に使う**放射光実験用加速器**とか，π，K 中間子，ミュオンなどの二次粒子を利用するための加速器や，加速した粒子どうしを正面衝突させる**衝突ビーム型加速器**（コライダ）などがある．日本には高エネルギー加速器研究機構にトリスタンと呼ばれる衝突型加速器がある．このほか，大電流の陽子加速器で中性子を発生させ研究用原子炉に代わる中性子源とすることや，使用済み核燃料を処理すること，さらに核燃料と組み合わせて安全なエネルギー発生装置とすることなどが進められている．また，従来の小型加速器は，イオン注入，元素分析，RI の製造など広い分野で使用されている．

加速器の発明でノーベル賞を受賞

アーネスト・オーランド・ローレンス（Ernest Orlando Lawrence）は，アメリカの物理学者である（1901年8月8日～1958年4月27日）．1939年「サイクロトロンの開発および人工放射性元素の研究」により，ノーベル物理学賞を受賞した．

原子物理学や素粒子物理学で標準的に使用される加速器であるサイクロトロンを発明した．さらに，門下の物理学者たちによるサイクロトロンを用いた多くの人工放射性元素の発見を指導した．ネプツニウムを筆頭に1950年代までに発見された超ウラン元素のほとんどは，彼が所長を務めていたバークレー放射線研究所（現在のローレンス・バークレー国立研究所）で合成されている．第103番元素ローレンシウムの名はローレンスの名にちなんでいる．

アーネスト・オーランド・ローレンス
(Ernest Orlando Lawrence)

初期のサイクロトロン

3・2 放射光

3・2・1 放射光の原理

高エネルギーの電子が磁場の中を運動するとき，電子はフレミングの左手の法則に従って，円運動の中心に向かって力を受け，軌道が曲げられる．このとき，図3・12のように電磁波が円軌道の接線方向に放射され（**シンクロトロン放射**），この電磁波を**放射光**（synchrotron radiation）という．加速電子そのものを使

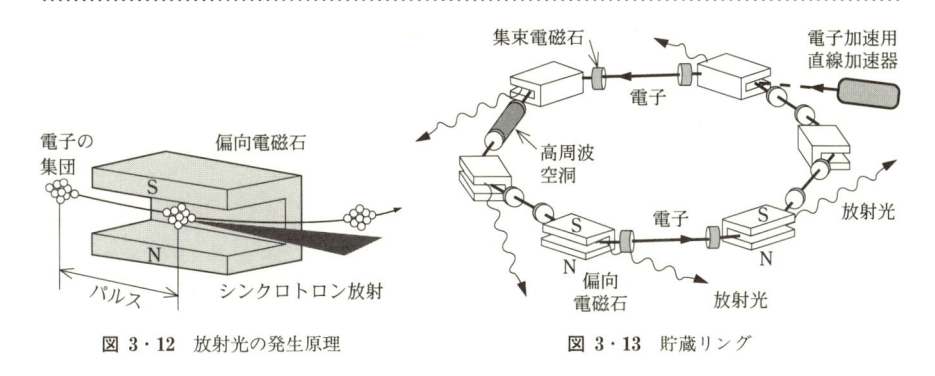

図 3・12　放射光の発生原理　　　　図 3・13　貯蔵リング

用するのではなく，発生させた放射光を利用するための加速器が**電子シンクロトロン加速器**で，加速された電子は**貯蔵リング**（storage ring，**図 3・13**）にためられ，その軌道の接線方向に放射光を発生させながらリングの中を回り続ける．

3・2・2　放射光施設

　高エネルギーの電子シンクロトロンは，非常に高輝度な赤外線からX線に至る電磁波を放射できる．したがって，この高輝度光源を利用するため，放射光専用の加速器が作られるようになった．これが**放射光施設**（synchrotron radiation facility）と呼ばれる施設である．日本には世界最大級の放射光施設，高輝度光科学研究センター（**SPring-8**：Super Photon ring-8 GeV）がある（**図 3・14**）．この施設では，電子のエネルギー 8 GeV，ビームライン 62 本，リング周長 1 436 m，軟X線（光子エネルギー 300 eV）から硬X線（300 keV）までの広いエネルギー範囲の放射光を発生でき，高エネルギー γ 線（1.5〜2.9 GeV）や赤外線も利用できる．

図 3・14　大型放射光施設「SPring-8」

3・2・3　放射光の利用・応用

　放射光が従来のX線に比べけた違いに輝度が高く広範囲の波長領域を持つことや偏向していることなどの特徴を利用し，材料科学・物質科学・分析科学・考古学・地球科学・宇宙科学・生命科学・医学・核物理学など広範な分野において，基礎研究から応用研究，さらに産業利用研究に役だっている（**図 3・15**）．

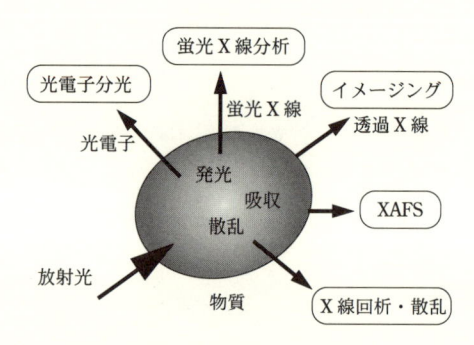

図 3・15　放射光の利用

〔1〕　X線吸収微細構造

　XAFS（X-ray Absorption Fine Structure）物質中の特定元素の電子構造，測定対象原子（元素）の周囲の構造に関する情報が得られる．

〔2〕　蛍光X線分析

　物質にX線を照射すると，励起された原子が**蛍光X線（特性X線）**を放出する．蛍光X線のエネルギーは元素に固有であるので，試料の**微量元素分析**を行うことができる．その応用分野は，材料科学・環境科学・医学・生物学・考古学・科学鑑定などきわめて多岐にわたっている．

〔3〕　光電子分光

　光電子分光は，試料に真空紫外線や軟X線を照射し，試料から放出される光電子の運動エネルギー分布や放出角度分布などを測定し，物質表面および内部の電子状態や化学結合状態などを直接調べることができる．

〔4〕　X線回折

　X線を結晶に照射すると，X線の回折が起こる．得られた回折線の位置や強度を解析することによって，結晶構造に関する情報が得られる．X線回折法は，新物質創製，タンパク質結晶構造解析などの先端科学分野における重要な手法と

なっている．

[5] **イメージング**

　放射光の光源は，通常のレントゲン撮影用 X 線と異なりきわめて平行性が良いため，放射光を利用した X 線撮影は，レントゲン撮影に比べ，格段に解像度の高い画像が得られる．

3・3　X 線発生装置

3・3・1　X 線の発生機構

　X 線は 1895 年レントゲン（W. C. Röentgen）によって発見された．X 線の本質は電磁波である．X 線は，通常**図 3・16** に示すような **X 線管**で発生させられる．X 線管は，熱電子二極管の構造を持つ高真空の真空管の一種である．クーリッジ（W. D. Coolidge）により実用化されたことから**クーリッジ管**とも呼ばれている．高温に熱したフィラメントから**熱電子**を発生させ，$10 \sim 300 \ \mathrm{keV}$ の高電圧で加速して，金属ターゲット（陽極）に衝突させることにより X 線を発生させる．発生する X 線のエネルギースペクトルは電子の**制動放射**による連続スペクトルと，ターゲット金属（元素）に特有の線スペクトル（特性 X 線）がある．

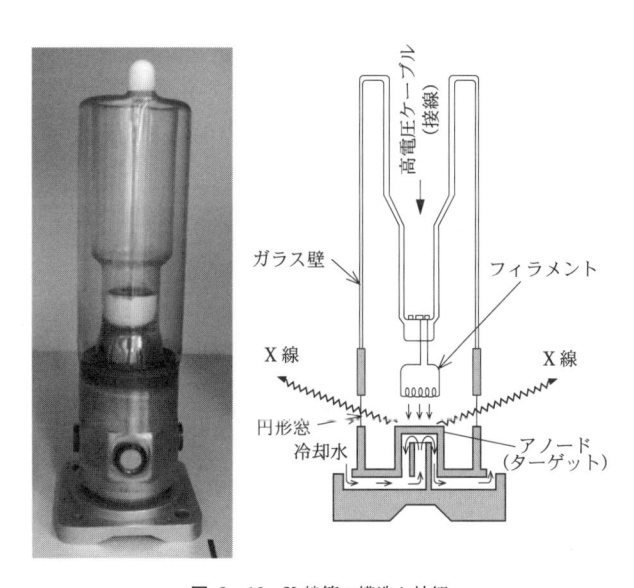

図 3・16　X 線管の構造と外観

X線の発生機構については，2章2·2·4項を参照のこと．

3·3·2 X線発生装置の概要

一般のX線発生装置（図3·17）は
① X線管
② 高圧電流電源
③ 冷却装置（自冷式・水冷式・油冷式がある）
④ コリメータ（照射野の設定）
⑤ フィルタ（線質を変えるため）
⑥ 制御盤（X線のスイッチ，冷却，電圧，電流，タイマ）

から構成される．

発生するX線のエネルギースペクトルは，X線管のターゲット材料（W，Mo，Cuなど），管電圧（ピーク管電圧 kVp），フィルタ（Cu，Cu＋Al，Al）などによって決まる（図3·18）．使用にあたってはX線管保護のうえからウォーミングアップする必要がある．

一般的なX線装置の特性は，以下のとおりである．
① 照射線量，吸収線量は管電圧のほぼ2乗に比例して増大する．
② X線の波長 λ〔nm〕は，管電圧を V〔kV〕とすると $\lambda=1.24/V$ と表せる．
③ 管電流は波長には関係しないが，線量に比例する．
④ X線の強度は，X線管からの距離の2乗に反比例する．
⑤ 発生するX線のエネルギースペクトルは，連続X線（制動放射）と特性X線が混ざった状態になっている．

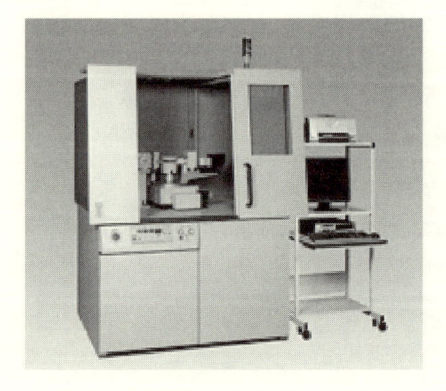

図3·17 X線発生装置（回折装置）（RINT 2000/PC）

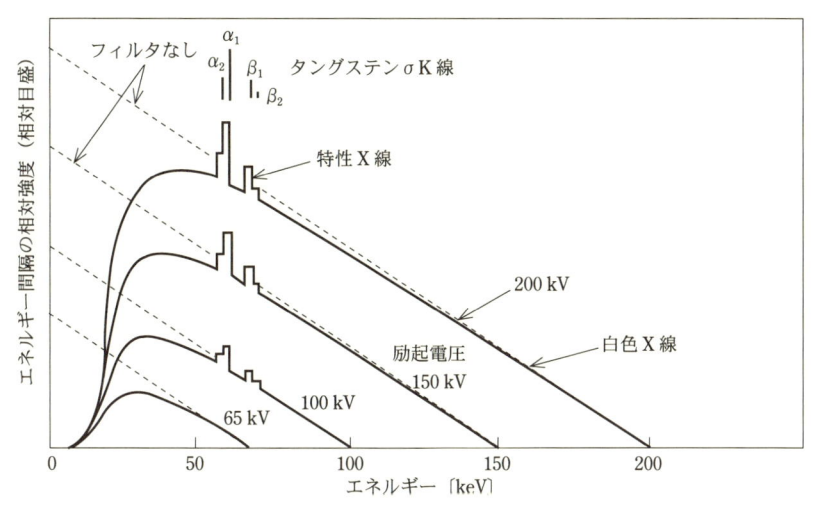

図 3・18　X線エネルギースペクトル

⑥　**単色X線**の場合は，フィルタなどによって，一定の**減衰係数**で減衰する．連続X線の場合は，定性的な線質の変化で記述され，表示の方法として**半価層**が使われる．

⑦　このX線の半価層と同じ半価層を持つ単色X線のエネルギーのことを**実効エネルギー**と呼び，Al，Cu，Pbの半価層から求めることができる．

⑧　半価層の大きいものは**硬X線**，小さいものを**軟X線**と呼ぶ．

⑨　フィルタを入れると低エネルギーの成分が除去され，硬X線のみになる．ただし，全体としてのX線量は減少する．

3・3・3　各種のX線発生装置

以下に，使用されている主なX線発生装置について述べる．

〔1〕　**X線照射装置**

生物の放射線障害や工業材料の放射線による変化を調べる目的で，電圧 100～300 kV，電流が数十 mA に及ぶ強力なものが使われている．普通，X線管も試料も**図 3・19** のような密閉容器に収められ，散乱X線が漏れない構造になっている．

〔2〕　**X線透過試験装置**

被検体の内部における不均一性をX線透過度の差から見いだすのに使われ，

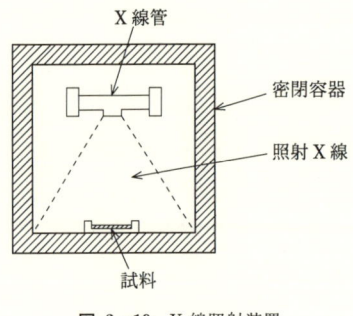

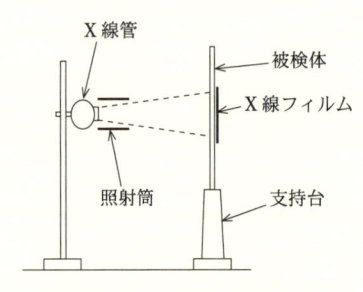

図 3・19　X線照射装置　　　図 3・20　X線透過試験装置

ラジオグラフィとも呼ばれる（図3・20）．医学検査におけるレントゲン撮影もこのタイプの一つである．密閉容器に装置全体を収めず，広い室内を間仕切りやついたてで囲う程度で使用する場合が多い．

〔3〕 **軟X線発生装置（ソフテックス）**

ソフテックスは，生体試料の透過試験（上記ラジオグラフィの一種）に用いる軟X線発生装置の商品名である．一般にX線管，試料ともに図3・19のような密閉容器に収められ，扉を閉じないとX線管に高電圧がかからない構造になっている．

〔4〕 **回折用X線装置**

この装置は，主としてCu, Fe, Moの特性X線を使い，細い線束にした入射X線が試料によってどの方向にどんな強さで散乱されるかを，X線フィルムまたは計数管を用いて測定する．

〔5〕 **蛍光X線装置**

試料に連続X線を入射し，発生する蛍光X線（特性X線）を測定し，試料の構成元素の分析に用いられる．

3・3・4　X線の利用・応用

X線発生装置は物性物理学分野および医療分野で広く活用されているが，その応用原理は，X線と物質との相互作用により，吸収，発光および散乱に基づく現象を利用するものである．

〔1〕 **X線吸収法**

物質に照射したX線の透過量を測定し，物質の組成構造を分析するもので，例えば**元素分析**，**非破壊検査**および**診断X線写真**などがある．材料の非破壊検

査や医学利用の場合には，Wで発生したX線が直接（線および連続スペクトルが混在）利用される．

〔2〕 **X線発光法**

物質にX線を照射した場合，物質から**蛍光X線**（特性X線）を放射する現象を利用した分析法である．X線発光法には**蛍光X線分析法**および**X線マイクロアナライザ**がある．

〔3〕 **散乱法**

軌道電子によるX線の散乱現象を利用した分析法で，**散乱X線**の干渉性を利用した**X線回折分析法**などがある．回折分析などに使用されるX線は，ターゲットにCu，Moなどの金属を使用し，発生したX線の線スペクトル部分を利用する．X線の線スペクトルを利用するためには，線および連続スペクトルの混在したスペクトルから，フィルタや回折格子を使用してターゲット金属に固有な線スペクトル部分のみを取り出す．

非破壊検査および医学治療などのエネルギーが高いX線を必要とする場合は，**電子リニアック**などの加速器が多く利用されている．加速した電子をターゲットに衝突させてX線を発生させる．

ところで，X線管を利用したX線発生装置では，加速電圧（管電圧）と電子流による電流（管電流）からくる消費電力の1%程度だけがX線に転換される．つまり電子線の電力の99%が対陰極の金属塊を熱することになる．したがって，X線管（陽極）の冷却が重要な問題となる．これに対して放射光の発生は，X線管とは発生原理が異なるため，効率良くかつ大強度のX線が得られる．

■ **参考文献**
- 中村尚司：放射線物理と加速器安全の工学，地人書館（1995）
- 放射線利用統計，日本アイソトープ協会（2005）
- 日本物理学会編：加速器とその応用，丸善（1981）
- 日本アイソトープ協会編：放射線管理の実際，日本アイソトープ協会（2006）

◻ 炭素14による年代測定——壊れるものを測るのか，壊れないものを測るのか？

^{14}C は β 崩壊をし，その半減期は 5 730 年である．β 線の放出量は ^{14}C の量に比例するので，この β 線放出の割合を測ることにより ^{14}C 濃度を算出することができる（β 線計数法）．

現在，生命活動を行っている動物の 1 g に含まれる ^{14}C の数は約 600 億個（^{14}C の濃度 % ＝ 1.2×10^{-10}）あるが，これが 1 分当り崩壊する数はわずかに約 14 個である．このため正確に β 線の放出の割合を測定するのは困難（大量の試料と崩壊を待つための長い測定時間が必要）である．これに対して崩壊しないで残っている ^{14}C は，3 万年前のものでも炭素 1 g 中に 16 億個も残っている．そこで，残っている ^{14}C を直接数えようというのが，**加速器質量分析**（Accelerator Mass Spectrometry：AMS）法である．

この方法は，加速器を使う大がかりなもので，1977 年に提案され，極微量の試料（炭素が 5 mg あれば測定可能）で年代測定ができる．イオン源に試料を仕込み，加速器自身を質量分析装置として利用し，試料中の微量元素分析を行う．従来の放射能分析による方法（β 線計数法）と比べると，1 万倍以上も測定精度が向上し，試料をイオン源とするため，その試料も従来と比べてわずかな量で分析できる．

亜麻布で，縦 4.36 m，横 1.1 m

イエスが死んだとき，頭を布の中央にして二つ折りに遺体を包んだもの．写真はその半分（正面部分）．1988 年，聖骸布の一部を切り取り，^{14}C 年代測定が三つの別々の研究所で行われた．その結果，聖骸布は 1260〜1390 年に作られた布と断定された．しかし，現在でも聖骸布の真贋を巡り議論は絶えない．

トリノの聖骸布

4章 放射線に関する化学

〈理解のポイント〉
- 放射性核種には壊変系列を作るものがあり，親娘の半減期に基づく平衡状態を形成する．
- 放射壊変に伴う大きなエネルギーが化学反応に及ぼす影響は，研究・利用に注目されている．
- 放射性化合物も一般的な化学操作による取扱いができ，微量（トレーサ量）の放射性化合物を加えた分析法が広く利用されている．
- トレーサ量の物質は，特有の化学現象を引き起こす．それによる特有の分析法が利用できる．
- 放射性化合物を使う化学操作は汚染を引き起こしやすいので，取扱いには十分な配慮が必要である．

4・1 自然環境に存在する放射性物質

　我々が住んでいる自然環境を構成しているのは100余の元素である．それぞれの元素には中性子数の異なる同位体が一定の割合で存在し，その中でも原子核が安定状態にないものや，いずれ崩壊して異なる核に変化していくものが，いわゆる放射性同位体である．自然環境には多くの種類の放射性物質が存在し，宇宙からは常に宇宙線が降りそそいでいて，放射能のない環境というものではないのである．

　自然環境に存在する放射能に対して最も大きい割合を占めているものは地殻に含まれるトリウム，ウランなどの放射能である．^{232}Th（半減期141億年），^{238}U（半減期44.7億年），^{235}U（半減期7.0億年）と半減期が地球の年齢約45億年に匹敵しているため，現在でも減衰消滅せずに有意に存在している．これらの核種

が α 崩壊, β^- 崩壊あるいは電子捕獲で壊変すると，壊変後に生成される娘核種もまた放射性を示して，自身の半減期で次々と崩壊していく．最終的に安定な核種に至るまで崩壊が続き，一連の**壊変系列**を形成する．これをまとめると**図4・1**に示すように質量数 $4n$ の**トリウム系列**，$4n+2$ の**ウラン系列**，$4n+3$ の**アクチニウム系列**が形成される．ここに多数の放射性核種が含まれており，著名な核種

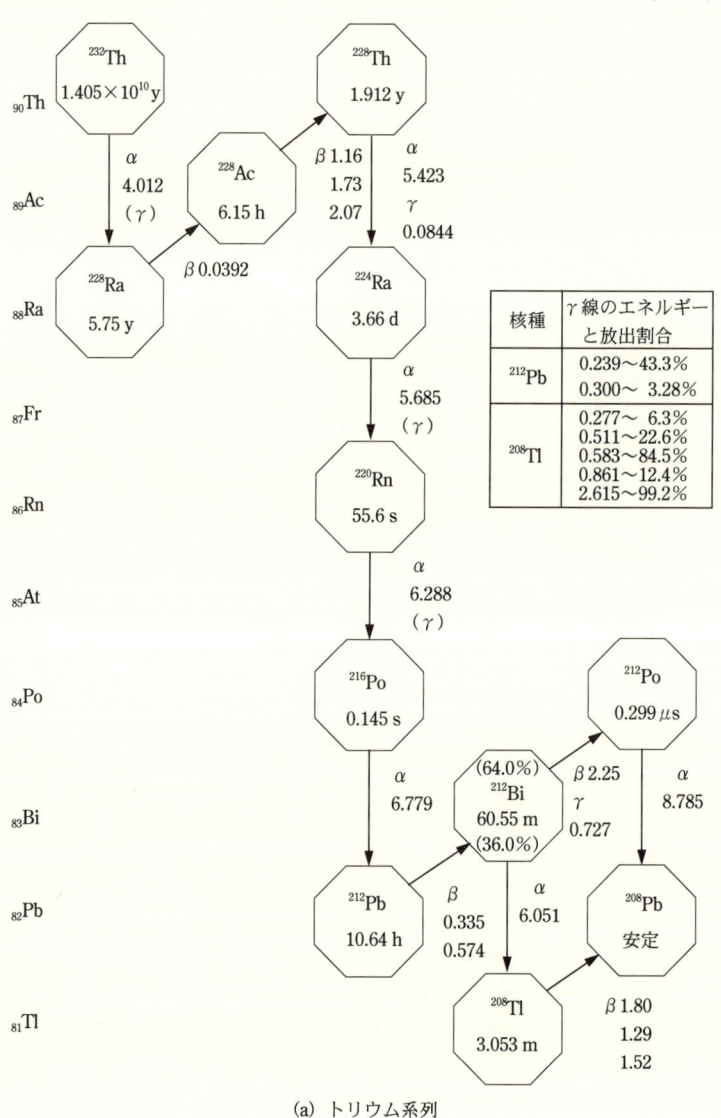

核種	γ 線のエネルギーと放出割合
^{212}Pb	0.239～43.3% 0.300～ 3.28%
^{208}Tl	0.277～ 6.3% 0.511～22.6% 0.583～84.5% 0.861～12.4% 2.615～99.2%

(a) トリウム系列

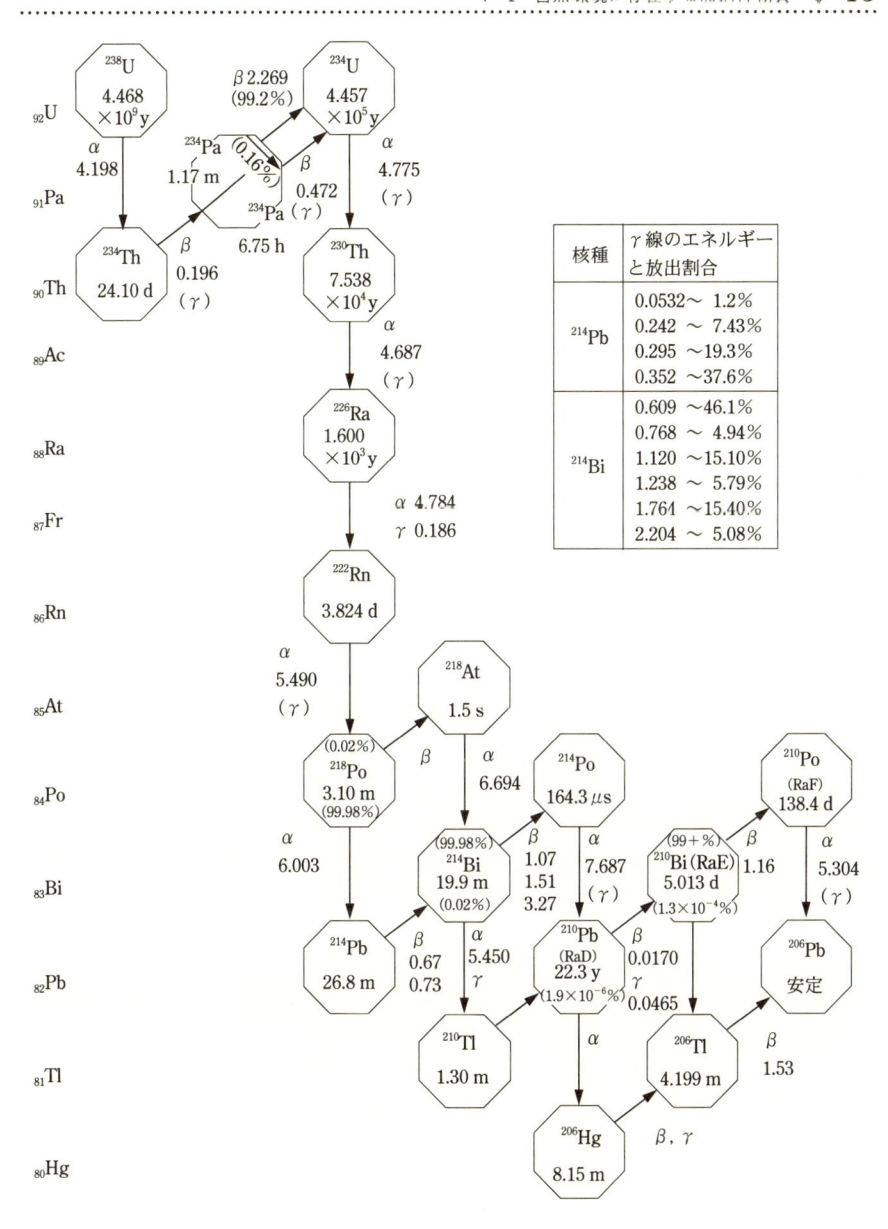

1・1 自然環境に存在する放射性物質 ◆ **45**

核種	γ線のエネルギーと放出割合
^{214}Pb	0.0532〜 1.2% 0.242 〜 7.43% 0.295 〜19.3% 0.352 〜37.6%
^{214}Bi	0.609 〜46.1% 0.768 〜 4.94% 1.120 〜15.10% 1.238 〜 5.79% 1.764 〜15.40% 2.204 〜 5.08%

(b) ウラン系列

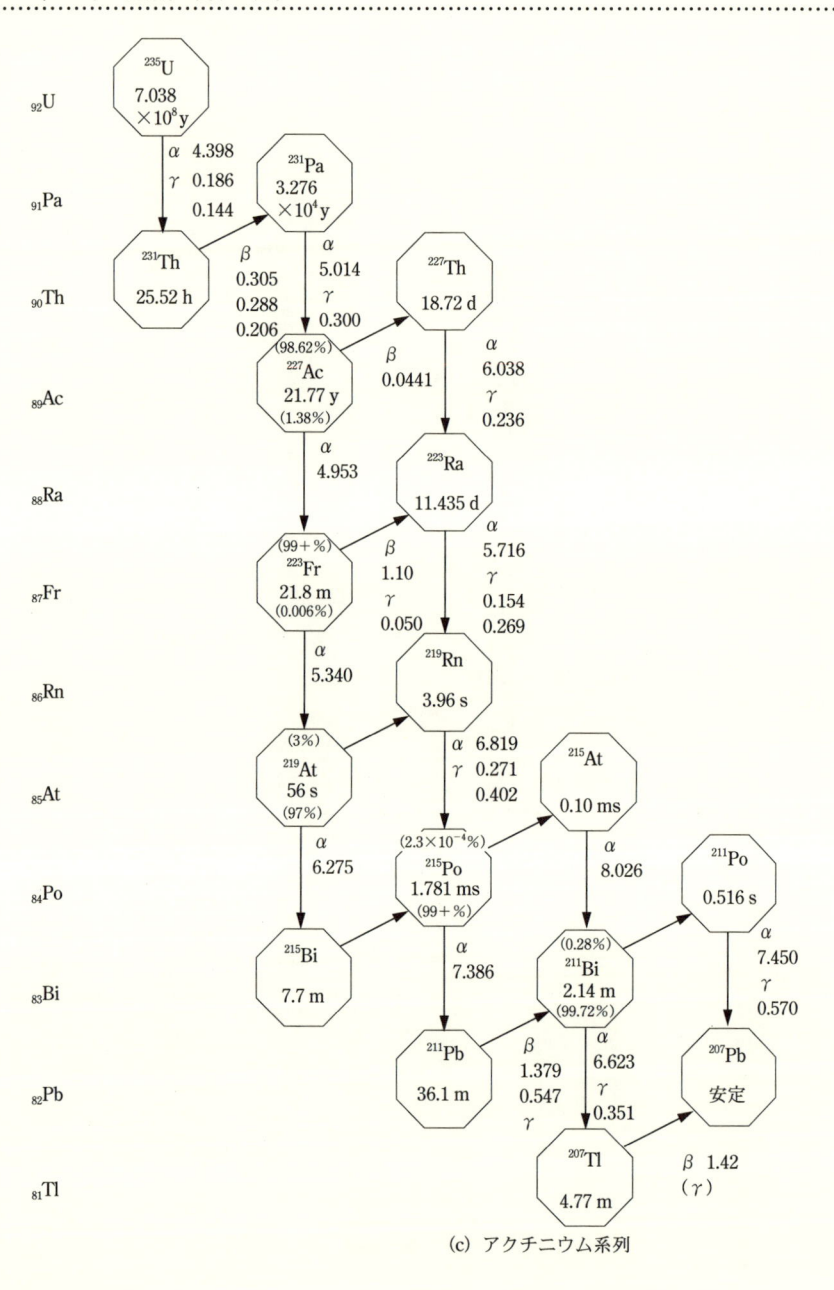

4章 放射線に関する化学

$_{92}$U ^{235}U 7.038×10^8 y

α 4.398
γ 0.186
   0.144

$_{91}$Pa ^{231}Pa 3.276×10^4 y

$_{90}$Th ^{231}Th 25.52 h

β 0.305
  0.288
  0.206

α 5.014
γ 0.300

^{227}Th 18.72 d

(98.62%)

$_{89}$Ac ^{227}Ac 21.77 y (1.38%)

β 0.0441

α 6.038
γ 0.236

α 4.953

$_{88}$Ra ^{223}Ra 11.435 d

(99+%)

$_{87}$Fr ^{223}Fr 21.8 m (0.006%)

β 1.10
γ 0.050

α 5.716
γ 0.154
  0.269

α 5.340

$_{86}$Rn ^{219}Rn 3.96 s

(3%)

$_{85}$At ^{219}At 56 s (97%)

α 6.819
γ 0.271
  0.402

^{215}At 0.10 ms

α 6.275

$(2.3\times10^{-4}\%)$

$_{84}$Po ^{215}Po 1.781 ms (99+%)

α 8.026

^{211}Po 0.516 s

$_{83}$Bi ^{215}Bi 7.7 m

α 7.386

(0.28%)
^{211}Bi 2.14 m (99.72%)

α 7.450
γ 0.570

$_{82}$Pb ^{211}Pb 36.1 m

β 1.379
γ 0.547

α 6.623
γ 0.351

^{207}Pb 安定

$_{81}$Tl ^{207}Tl 4.77 m

β 1.42
(γ)

(c) アクチニウム系列

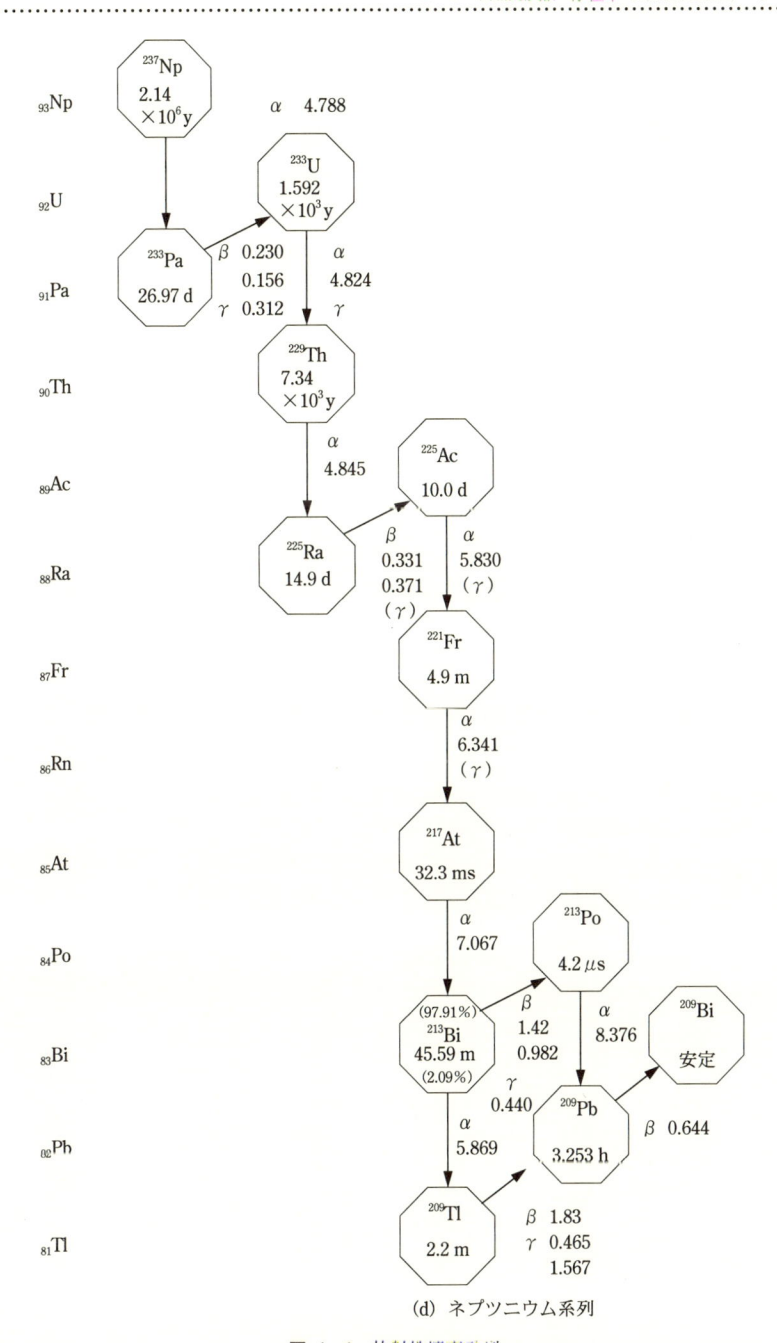

4・1 自然環境に存在する放射性物質 ◆ **47**

$_{93}$Np 　^{237}Np 2.14 ×10^6 y

α 4.788

$_{92}$U 　^{233}U 1.592 ×10^3 y

$_{91}$Pa 　^{233}Pa 26.97 d

β 0.230 / 0.156
γ 0.312

α 4.824
γ

$_{90}$Th 　^{229}Th 7.34 ×10^3 y

α 4.845

$_{89}$Ac 　^{225}Ac 10.0 d

$_{88}$Ra 　^{225}Ra 14.9 d

β 0.331 / 0.371 (γ)
α 5.830 (γ)

$_{87}$Fr 　^{221}Fr 4.9 m

α 6.341 (γ)

$_{86}$Rn

$_{85}$At 　^{217}At 32.3 ms

α 7.067

$_{84}$Po 　^{213}Po 4.2 μs

$_{83}$Bi 　^{213}Bi 45.59 m　(97.91 %) / (2.09 %)

β 1.42 / 0.982
γ 0.440

α 8.376

^{209}Bi 安定

$_{82}$Pb 　^{209}Pb 3.253 h

α 5.869

β 0.644

$_{81}$Tl 　^{209}Tl 2.2 m

β 1.83
γ 0.465 / 1.567

(d) ネプツニウム系列

図 4・1 放射性壊変系列

としてラジウム ^{226}Ra, 放射性気体のラドン ^{222}Rn, ラドン ^{220}Rn (トロン, Tn) などをあげることができる．これら三つの系列はそれぞれ安定な鉛の同位体 ^{206}Pb, ^{207}Pb, ^{208}Pb に至って終わっている．^{238}U と ^{232}Th は地殻に含まれている量が多いので，ウラン，トリウムの系列からの放射能が自然環境で占める割合が最も大きい．アクチニウム系列は，^{235}U が天然ウランには 0.72% しか含まれていないので，その寄与は小さいが，現在の原子力利用のもとはすべてこの核種に基づいているので重要である．

こうして見てくると $4n+1$ 系列はどうなっているかという疑問が当然出てくるが，この系列は自然界には存在しない．それは ^{232}Th, ^{238}U, ^{235}U ほどの長寿命核種がこの系列に含まれていないからであるが，人工的に作られた物質では ^{237}Np (214万年) に始まり ^{209}Bi に終わる**ネプツニウム系列**と呼ばれる放射性壊変系列がある．

このように 83 番 Bi より原子番号の大きい元素はすべて放射性であるが，それより原子番号の小さい元素でも長寿命の放射性同位体が存在する場合がある．それらの主な例を**表 4·1** に示す．これらの中で特に我々の身近に存在するのは ^{40}K で，天然のカリウムには 0.0117% の割合で含まれている．カリウムは土壌や岩石，植物などに多量に含まれているために，しばしばその放射能の寄与を考慮に入れる必要が起こる．

自然環境には以上の放射性核種以外に宇宙線と高層の空気との核反応によって生成する ^{3}H, ^{14}C などの比較的寿命の短い放射性核種が存在する．それらの主な

表 4·1 天然に存在して系列を作らない放射性核種

放射性核種	崩壊形式	半減期 [y]	天然における同位体存在比 [%]	安定な崩壊生成物
^{40}K	β^-, EC, β^+	1.28×10^9	0.0117	^{40}Ca, ^{40}Ar
^{87}Rb	β^-	4.8×10^{10}	27.83	^{87}Sr
^{113}Cd	β^-	9×10^{15}	12.2	^{113}In
^{115}In	β^-	5.1×10^{14}	95.7	^{115}Sn
^{138}La	EC, β^-	1.1×10^{11}	0.089	^{138}Ba, ^{138}Ce
^{144}Nd	α	2.1×10^{15}	23.8	^{140}Ce
^{147}Sm	α	1.06×10^{11}	15.1	^{143}Nd
^{148}Sm	α	8×10^{15}	11.3	^{144}Nd
^{152}Gd	α	1.1×10^{14}	0.20	^{148}Sm
^{176}Lu	β^-	3.6×10^{10}	2.61	^{176}Hf
^{174}Hf	α	2.0×10^{15}	0.16	^{170}Yb
^{187}Re	β^-	4×10^{10}	62.60	^{187}Os
^{190}Pt	α	6×10^{11}	0.013	^{186}Os

表 4・2 宇宙線起源の放射性核種

核種	半減期	生成核反応
^{3}H	12.346 y	宇宙線による破砕反応 (^{14}N(n, t)^{12}C)
^{7}Be	53.3 d	⎫ 大気中の N あるいは O の宇宙線による破砕反応
^{10}Be	1.6×10^6 y	⎭
^{14}C	5 736 y	宇宙線による ^{14}N (n, p) ^{14}C
^{22}Na	2.60 y	⎫
^{32}Si	280 y	⎬ 大気中の Ar の宇宙線による破砕反応
^{39}Ar	269 y	⎭

例を表 4・2 に示す．これらは自然環境の放射能の中で占める割合は小さいが無視することはできない．

このほかに自然に発生したものではないが，核爆発によって生成された放射性核種も存在する．大気中に舞い上げられた核分裂片は放射性降下物となって地球表面を 30 年以上にわたって汚染し，近い時点での核爆発がなくても ^{90}Sr（半減期 28.8 年）や ^{137}Cs（30.2 年），^{239}Pu（2.41 万年）などはその存在を考慮に入れなければならない場合が多い．

4・2 化学における崩壊と放射平衡

放射性物質を化学的に扱う場合，崩壊後の生成物が問題になる場合がある．表 4・3 のように，よく用いられる放射性核種では娘核種が安定であることも多いが，全体から見れば娘核種が放射性である場合のほうが多いわけである．

表 4・3 崩壊生成物の例

^{3}H $\longrightarrow$ ^{3}He + β^-

^{14}C $\longrightarrow$ ^{14}N + β^-

^{32}P $\longrightarrow$ ^{35}S + β^-

^{40}K $\underset{(11\%)}{\overset{(89\%)}{\underset{\text{EC}}{\longrightarrow}}}$ ^{40}Ca + β^- / ^{40}Ar

^{125}I $\overset{\text{EC}}{\longrightarrow}$ ^{125m}Te $\overset{\text{IT}}{\longrightarrow}$ ^{125}Te + γ

^{131}I $\longrightarrow$ ^{131m}Xe + β^-

^{131m}Xe $\overset{\text{IT}}{\longrightarrow}$ ^{131}Xe + γ

^{140}Ba $\longrightarrow$ ^{140}La + β^-

^{140}La $\longrightarrow$ ^{140}Ce + β^-

〔注〕 α 崩壊の例は図 4・1 参照
IT：Isomeric Transition，EC：Electron Capture

4・2・1 連続壊変と放射平衡

親核種 A が崩壊して生成する娘核種 B がまた放射性である場合，それぞれの核種の原子の数を N_A, N_B，また崩壊定数を λ_A, λ_B とすれば

$$\left. \begin{aligned} \frac{dN_A}{dt} &= -\lambda_A N_A \\ \frac{dN_B}{dt} &= -\lambda_B N_B + \lambda_A N_A \end{aligned} \right\} \quad (4\cdot1)$$

であり，それぞれ積分すると

$$N_A = N_A{}^0 e^{-\lambda_A t} \quad (4\cdot2)$$

$$N_B = \frac{\lambda_A}{\lambda_B - \lambda_A} N_A{}^0 (e^{-\lambda_A t} - e^{-\lambda_B t}) + N_B{}^0 e^{-\lambda_B t} \quad (4\cdot3)$$

となる．ただし，$N_A{}^0$, $N_B{}^0$ はそれぞれ $t=0$ のときの N_A, N_B の値である．初期状態において，核種 A のみが存在する場合を考えると，娘核種 B の放射能が時間とともに成長することになり，さらに娘核種 B の半減期が親核種 A のものより短い場合，B 核種の放射能は時間の経過とともに見かけ上親核種の半減期で減衰するようになる．これを **放射平衡** と呼び，$\lambda_A < \lambda_B$ であるとき

$$N_B \fallingdotseq \frac{\lambda_A}{\lambda_B - \lambda_A} N_A{}^0 e^{-\lambda_A t} = \frac{\lambda_A}{\lambda_B - \lambda_A} N_A \quad (4\cdot4)$$

となり **過渡平衡** と呼ばれる．その例を図 4・2(a) に示す．親核種の半減期が娘核

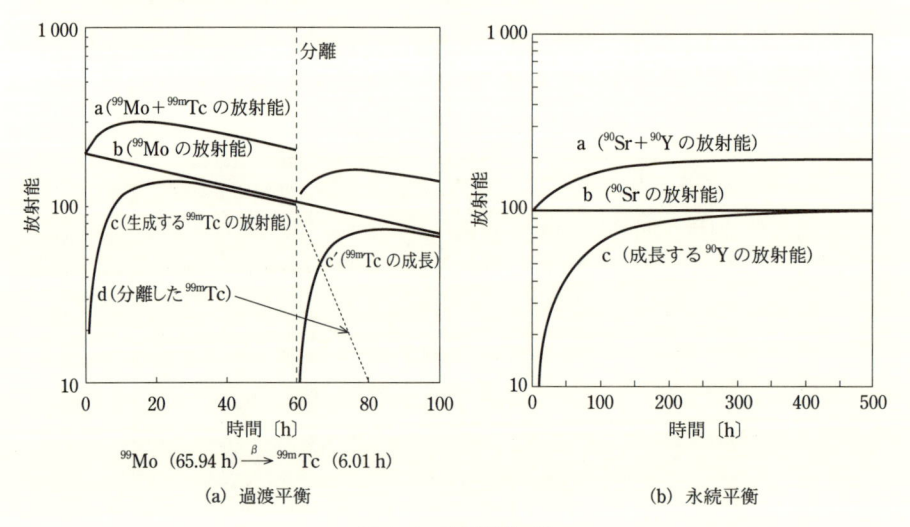

(a) 過渡平衡

$^{99}\text{Mo} \ (65.94\ \text{h}) \xrightarrow{\beta} {}^{99m}\text{Tc} \ (6.01\ \text{h})$

a (^{99}Mo+^{99m}Tc の放射能)
b (^{99}Mo の放射能)
c (生成する ^{99m}Tc の放射能)
c' (^{99m}Tc の成長)
d (分離した ^{99m}Tc)
分離

(b) 永続平衡

a (^{90}Sr+^{90}Y の放射能)
b (^{90}Sr の放射能)
c (成長する ^{90}Y の放射能)

図 4・2 放射平衡の例

種より著しく長いとき，$\lambda_A \ll \lambda_B$ であるので，式 (4・3) は式 (4・5) のように単純化される．

$$N_B \fallingdotseq \frac{\lambda_A}{\lambda_B} N_A, \qquad \lambda_A N_A = \lambda_B N_B \tag{4・5}$$

これを**永続平衡**と呼ぶ．その例を図 4・2(b) に示す．$\lambda_A > \lambda_B$ つまり親核種の半減期が娘核種より短いと，放射平衡は見られない．

4・2・2 ミルキング

放射平衡に近づいたとき親核種から娘核種を分離し，再び放射平衡に近づけて繰り返し娘核種を分離する方法を，牝牛から牛乳を搾ることになぞらえて**ミルキング**（milking）と呼ぶ．ミルキングを容易にした装置はジェネレータ（generator, radioactive cow または単に cow）と呼ばれる．

放射性物質は時間経過に伴って，初めはほとんど問題にならなかった長寿命成分や長寿命の崩壊生成物の割合が増加して，放射化学的純度が著しく低下することがある．

4・3 ホットアトム化学および放射線化学

放射性であることにより，放射性物質特有の化学反応を行うことがある．これは放射線を放出して異常に励起された原子あるいはイオンが行う化学反応で，**ホットアトム化学反応**と呼ばれるものである．また，放出された放射線は外部の物質と相互作用を行うので，その物質中で放射線化学反応が起こることもある．入手した標識化合物の純度が一般の試薬より劣ることはよく経験する事例であるが，これは自己の放射線によって分解が誘起されるからである．本節ではホットアトム化学および放射線化学について概説する．

4・3・1 ホットアトム化学

ホットアトムとは，異常に励起された原子あるいはイオンのことであり，原子核の変換ばかりでなく，種々の方法で生成できる．このホットアトムは物質中でさまざまな過程を経て失活するが，この間に通常の条件下では起こらないような活性化エネルギーの高い化学反応を起こす．

放射線の放出に伴う反跳エネルギーはホットアトム化学反応の大きな要因であ

表 4・4 原子核の変換に伴う反跳エネルギー

原子核の変換	反跳エネルギー 〔eV〕
α 崩壊	$\sim 10^5$
β 崩壊	$10^{-1} \sim 10^2$
核異性体転移	$10^{-1} \sim 1$
軌道電子捕獲	$10^{-1} \sim 10$
熱中性子捕獲	$\sim 10^2$
n, p 反応	$\sim 10^5$
核分裂	$\sim 10^8$

〔注〕化学反応は通常 10 eV 程度以下である.

る.Szilard と Chalmers は中性子を照射したヨウ化エチルを水とともに振り混ぜると,核反応で生成した ^{128}I の大部分が水相に移ることを発見した(**Szilard-Chalmers 効果**).^{128}I の化学結合が切断されたことを示しているが,これは核反応で生成した ^{128}I が,過剰のエネルギーを γ 線として放出するとき,高い反跳エネルギーを獲得するからである.^{128}I 以外の安定同位体は水相に移らないので,水相に分離された ^{128}I の比放射能(単位質量当りの放射能)は分離前の比放射能よりはるかに高い.このように,ホットアトム化学反応は放射性同位体の濃縮に利用できることもあってよく研究されている.**表 4・4** は原子核の変換に伴う反跳エネルギーの例である.

もう一つの大きな要因は,原子核の変換に伴って達成される高電荷である.例えば,γ 線の内部転換により達成される高電荷(ときに +10 価以上になる)は,クーロン反発などにより容易に化学結合を破壊する.β 崩壊や核異性体転移(IT)など反跳エネルギーの低い場合には,高電荷の果たす役割が重要である.

気相のホットアトム化学反応は比較的単純である.反跳エネルギーなどを持つホットアトムは,周囲の分子との衝突によりエネルギーを失い,反応領域($E_2 > E_1$)に達し,そこで衝突により反応する.したがって,全反応収率 Y は次式で表される.

$$Y = \sum_i \int_{E_2}^{E_1} f_i p_i(E) n(E) dE \tag{4・6}$$

ここに,f_i:成分 i との衝突確率,$p_i(E)$:$E \sim E + dE$ にあるホットアトムが成分 i との衝突により反応する確率,$n(E) dE$:$E \sim E + dE$ での全衝突数である.

反応確率 $p_i(E)$ は,反応によって異なるので,ホットアトム化学反応はさま

表 4・5 気相の炭化水素系におけるトリチウム (T) のホットアトム化学反応

ホットアトム 化学反応	例	特徴
引抜き反応	·T + CH$_4$ ⟶ HT + ·CH$_3$	反応領域は比較的低エネルギー
置換反応	·T + CH$_4$ ⟶ CH$_3$T + ·H	高エネルギーの反応領域では生成物の断片化が起こる
付加反応	·T + RC=CR′ ⟶ RCT − CR′	

〔注〕 ホットアトムとしての T は,^{3}He (n, p) T 反応などにより生成する.

ざまな様相（捕集剤の効果や減速剤の効果）を示すことになる．気相のホットアトム化学反応は，トリチウム，炭素およびハロゲンなどについてよく研究されている．**表 4・5** にトリチウムの例を示す．

気相と異なり，液相および固相などの凝縮相におけるホットアトム化学反応は複雑であり，解明されていないことも多い．凝縮相ではホットアトムの持つ反跳エネルギーや高電荷が隣接した原子やイオンによって急速に緩和されてしまうが，これが気相と本質的に異なる点である．このため「局在化した高熱領域における熱化学反応」を考えることもある．

なお，ホットアトム化学反応の応用については，さまざまな系が研究されており，放射性同位体の分離・濃縮ばかりでなく，標識化合物の合成なども行われている．ホットアトム化学反応を利用すれば，複雑な化合物でも直接標識することが可能であるので，重要な合成法の一つである．

4・3・2 放射線化学

放射線のエネルギーが物質に吸収されるとさまざまな化学反応が起こる．ホットアトム化学が放射体自身の化学であるのに対し，放射線化学は放射線が物質中

表 4・6 いくつかの放射線の水中における LET

放射線	エネルギー〔MeV〕	LET〔keV/μm〕
X 線	0.03	2.0
γ 線	1.3	0.3
β 線	0.01	2.3
β 線	1	0.2
陽子線	1	28
陽子線	10	4.7
α 線	1	264
α 線	10	56
核分裂片	100	~5 000

に誘起する化学反応を対象とする．

　放射線エネルギーの物質への吸収のされ方は，放射線化学にとって重要である．放射線がある物質を通過するとき，その飛跡の単位長当りに与えるエネルギーの大きさ，つまり線エネルギー付与（LET）は，物質の種類および放射線の種類とエネルギーによって異なったものとなる．**表4·6**にいくつかの放射線の水中におけるLETを示す．一般に，放射線の電荷が高く，またエネルギーの低いものほどLETが高くなる．

　さて，分子ABからなる物質に放射線のエネルギーが吸収されると，**表4·7**に示すような素反応が起こる．一般の放射線化学反応は，これらの素反応の組合

表 4·7　放射線が誘起する素反応

素 反 応	内 容
AB ⟶ $AB^+ + e^-$	電離
AB ⟶ AB^*	励起
$AB^+ + e^-$ ⟶ AB	中和
$AB^+ + C$ ⟶ $AB + C^+$	電荷移動
$AB^+ + CD$ ⟶ $E^+ + F$	イオン分子反応
$e^- + CD$ ⟶ CD^-	電子捕捉
AB^* ⟶ $A\cdot + B\cdot$	ラジカル生成
AB^* ⟶ $C + D$	分子生成
AB^* ⟶ $AB + h\nu$	蛍光放出
$AB^* + CD$ ⟶ $AB + CD^*$	エネルギー移動

表 4·8　各種化合物の放射線化学収率（G値）

化合物	生成物あるいは変化	G値
脂肪族炭化水素	H_2, ラジカル	6〜9
芳香族炭化水素	重合	〜1
アルコール	H_2, ラジカル	4〜12
エーテル	H_2, ラジカル	〜7
カルボン酸	H_2, CO_2	〜1
炭化水素	分解	〜1
アミノ酸	NH_3, CO_2	1〜3
ペプチド	NH_3	0.1〜1.0
タンパク質	不活性化	0.01〜5.0
核酸成分	分解	0.1〜5.0
高分子	架橋	0.01〜5.0
水	e^-_{aq}	2.65
	·H	0.55
	·OH	2.72
	H_2	0.45
	H_2O_2	0.68

せであるが，LET の効果もあって，関与する化学種の空間的・時間的分布が異なるため複雑なものとなる．これらの反応の収率を**放射線化学収率**（いわゆる G 値）というが，これは放射線のエネルギー 100 eV の吸収によって変化する原子，分子あるいはイオンの数である．表 4·8 に G 値の例を示す．通常の放射線化学反応の G 値はたかだか 10 であるが，連鎖反応では 10^3 以上にも達することがある．

一般に，水溶液の場合には溶質の直接分解よりもむしろ多量の水分子の放射線分解が重要である．水の放射線分解は表 4·8 により酸素のないときには

$$H_2O \longrightarrow H_2O^+ + e^-, \ H_2O^* \longrightarrow e_{aq}^-, \cdot H, \cdot OH, H_2, H_2O_2$$

となり酸素のあるときには還元性の e_{aq}^- および $\cdot H$ が酸素と反応して酸化性の $HO_2\cdot$ が生成する．こうして生成したラジカルや分子などが溶質と二次的に反応することになる．例えば，酸素飽和の鉄線量計（フリック線量計）では，次式が成立するので，生成した Fe^{3+} を定量すれば吸収線量がわかるのである．

$$Fe^{2+} + \cdot OH \longrightarrow Fe^{3+} + OH^-$$
$$Fe^{2+} + H_2O_2 \longrightarrow Fe^{3+} + \cdot OH + OH^-$$
$$Fe^{2+} + HO_2\cdot + H^+ \longrightarrow Fe^{3+} + H_2O_2$$
$$G(Fe^{3+}) = G(\cdot OH) + 2G(H_2O_2) + 3G(HO_2\cdot)$$

放射線が生体に及ぼす効果を考える場合も同様であり，生体構成分子の直接分解とともに生体に含まれている多量の水分子の放射線分解が重要である．

初めにも述べたように，標識化合物を入手あるいは調整して保存するときには，自己の放射線による分解に注意を払う必要がある．放射線分解は純度の低下を招くからであり，一般に比放射能が高いときほど純度の低下が著しい．表 4·8 の G 値などをもとにすれば，分解率の推算も可能であるが，溶媒や不純物の効果，温度の効果に留意しなければならない．放射線分解を抑制するためには，ラジカル捕捉剤の添加，低温での保存などが有効である．

なお，放射線が物質中で誘起する反応は，電離箱（電離），熱ルミネセンス線量計（電子捕捉），シンチレーション線量計およびシンチレーション計数装置（蛍光放出），化学線量計（溶質の化学反応）などに利用されているばかりでなく，各種材料の合成・改質・分解および医療品の滅菌など工業的にも利用されている．

4・4 放射性物質の化学操作

化学実験操作に放射性物質を用いる場合,通常では起こりにくい現象がしばしば観察される.これは,実験で扱う物質量がきわめて微量であるために起こる現象であり,そのことを十分考慮して実験操作を行わなければならない.また,時間とともに減少していくものであるので,操作に要する時間も重要である.さらに,放射性物質からの放射線が溶媒や試薬類に及ぼす影響や,人体に与える被ばくについての考慮も怠ってはいけない.

4・4・1 化学操作における放射性物質の特性

〔1〕 トレーサ量

通常扱う放射性物質の質量はきわめて微量である.いま質量数 A で半減期 T 時間の放射性物質 37 MBq が存在するとき,その質量は $3.19\times10^{-13}\times T\times A$ 〔g〕で表される.例えば,^{131}I(半減期 8.1 日)37 MBq の場合の質量は 8.1×10^{-9} g である.したがって,トレーサ実験に汎用されているような放射性物質で非常に高い比放射能を持つものは,その質量は重量分析・比色分析などの通常の分析手段では検出不可能な量である.このような微量は**トレーサ量**といわれているが,このような極低濃度になると,原子はしばしばマクロ量の場合と全く異なる化学的挙動を示すことがある.

(a) 吸着 一般に無機物質は,10^{-5} M 以下の濃度になるとガラス器壁への吸着損失が著しくなる.したがって,水溶液中の放射性無機物質を用いる実験に,ガラス容器を使用するのは好ましくない.もちろん,吸着のされやすさは,濃度のほかに溶質の化学状態,溶媒の種類と状態,特に pH,共存物質などにも関係がある.一般に,酸性溶液中のほうが中性や弱アルカリ性溶液中よりも吸着されにくく,また電荷状態が低いほど吸着されにくい傾向がある.しかし,可溶性錯塩を作るような錯化剤を加えれば,吸着を防止することができる.例えば,Fe^{3+} は中性やアルカリ性溶液からは顕著に吸着されるが,錯化剤として EDTA を加えると可溶性錯化合物となり,吸着されない.なお,EDTA のような強力な錯化剤は,次に化学操作を施そうとする場合には不都合に作用することも多いので,錯化剤の使用には注意を要する.また,一般にはガラス器具よりもポリエチレン器具のほうが吸着されにくいが,疎水性の高い有機化合物の放射性

標識体では逆の傾向を示すことが多い．吸着に関する知見は放射性物質を保存したり，放射性物質の溶液をほかの器具へ移したり，ろ過したりする際に重要である．

（b）共沈 沈殿反応を行う場合に，溶解度積を超えないようなトレーサ濃度の放射性同位体イオンで，本来沈殿を生成しないが，ある沈殿剤を加えるとこれが沈殿のほうへ移るという共沈現象を起こすことがある．放射性同位体イオンが沈殿剤のイオン形と同形の結晶化合物を作る場合や，大きな表面積を有する沈殿結晶が生成するとき，それに放射性同位体イオンが吸着する場合などに起こる現象である．例えば，^{140}Ba とそれの壊変系列中の ^{140}La を含む溶液に，10～20 mg の Ba^{2+} を加え，硫酸塩で沈殿させるとき，^{140}Ba は当然共沈するが，^{140}La も少しではあるが共沈してくる．もっとも，あらかじめ非放射性の La^{3+} を加えてから沈殿を作ると ^{140}La は共沈しなくなる．また，$Fe(OH)_3$ や $Al(OH)_3$ が生成する系では，しばしばこのような共沈現象が起こるので注意が必要である．

📖 キャリヤとスカベンジャー

　トレーサ濃度の放射性物質は，しばしばマクロ量のものとは異なる化学的挙動を示すことがある．そこで，そのような溶液に問題としている放射性物質と同一もしくは類似の挙動をとるような物質または化合物を加えると，化学操作が容易となる．このような目的で加える非放射性物質は，目的とする放射性物質を担いで運ぶ役割をするので**キャリヤ**（carrier）あるいは担体と呼ばれる．また，担体を含まない放射性同位元素の状態を**キャリヤフリー**（carrier free）あるいは無担体，無担体状態という．

　担体が目的とする放射性物質の安定同位体であるときは**同位体担体**，そうでないときは**非同位体担体**と呼ばれる．さらに沈殿反応においては単に沈殿となる放射性物質に対して加えられるだけでなく，目的とする放射性物質を溶液中にとどめておきたいときにも用いられ，このために加えられる担体は保持担体と呼ばれる．除染や排水・排気の放出の際に，同じ化学形のものを加えたり，それで表面を濡らすと有効であるのは，この保持担体の応用である．

　一方，目的とする放射性物質を溶液中に残し，他の放射性物質を除去したい場合に用いられる担体は，清掃の役割をするので**スカベンジャー**（scavenger）と呼ばれる．

（c） **ラジオコロイド**　その物質の溶解度よりはるかに低い濃度で放射性物質を水に溶かした場合，真の溶液の性質を示さず，しばしばコロイド的な行動をとることがある．このような現象をラジオコロイドという．それ自身がコロイドである場合も，また溶液中のコロイド状粒子に放射性物質が吸着されている場合もある．ラジオコロイドを生成すると，ろ紙や器壁などに吸着されやすくなり，その性質は分離法にも利用されるほどであるが，真の溶液として行動しないために，イオン交換，透析，拡散，吸着などの際に，化学挙動の異常性となって現れる．このようなことを防ぐためには，非放射性同位体や錯化剤を加えたり，溶液の酸性度を上げたり，また痕跡不純物の混入などに注意することが必要である．

その他，トレーサ濃度の放射性化合物は，異常に加水分解しやすい傾向もある．

〔2〕　**時間の重要性**

非放射性物質を取り扱うときは，試料が変質分解する以外には時間の因子はさほど重要ではないが，放射性物質の場合には時間は重要な因子である．特に短半減期の放射性核種を取り扱うときには十分に考慮する必要があり，どんなに優れた操作法でも長時間を要するものは無用である．例えば，20分の半減期を持つ ^{11}C を20分程度で50%の収率で分離・調整できる方法は，1時間かけて100%近くの収率をあげる方法よりも優れている．なお，放射性物質の取扱い時間の短縮は，放射線防護の立場からもきわめて有効である．また，目的の放射性核種から崩壊して生成する核種についての考慮も必要である．

〔3〕　**放射線の影響**

多量の放射性物質を取り扱う場合には，放射線による化学作用の影響，例えば水の分解，試薬の分解なども考慮する必要がある．特に高比放射能の標識化合物の溶液中での安定性は溶媒により大きく変わりうるので，用いようとする化合物について適当な溶媒をあらかじめ調べておくとよい．

また，放射性物質を用いる化学操作は，非密封の放射性同位元素を取り扱うため，放射性同位元素による汚染が必ず起こるものと考えて，放射線防護，放射線障害の予防には常に気を配り，必要に応じ特殊な装置を用いる工夫も必要である．基本的には放射性物質をできるだけ分散させず，狭い範囲に封じ込めるように考えることが必要である．

4・4・2 放射性物質の分離・精製

放射性物質の分離・精製には,一般の化学分離に用いられるような共沈法,溶媒抽出法,クロマトグラフ法,蒸留法および揮発法,電気化学的方法などに加えて,放射性物質に特有な現象を利用したラジオコロイド法,ホットアトムを利用する方法などの特殊な方法も用いられている.実際には,これらのうちの複数を適当に組み合わせて用いなければならない場合もある.

〔1〕 共沈法

前述した共沈現象を利用する方法である.すなわち,目的とする放射性物質と類似の挙動を示すもの(共沈剤)を加えて沈殿を作ることにより,他の放射性物質と分離し,その後この沈殿を溶解し放射性物質を回収する.この方法は多量の溶液や共存する物質が高濃度に存在する溶液から,目的の放射性物質を少量の共沈剤中に捕集する際特に有効である.

〔2〕 溶媒抽出法

この操作は,それに要する時間が短く,また取り扱うものがすべて液体であるために取扱いが容易で,自動化もしやすい.原理は,互いに混ざり合わない2種の液体,例えば水と有機溶媒を分液漏斗に入れ振り混ぜると,ある物質は分配係数(K=有機層中の濃度/水層中の濃度)に従って両相に分配されるというものである.有機溶媒の種類,水層のpHや特定のイオン性物質あるいは適当な錯化剤の付加などにより,目的物質のほとんどを一方の相へ移すことができる.

〔3〕 クロマトグラフ法

イオン交換,ペーパークロマトグラフ,薄層クロマトグラフ,ガスクロマトグラフ,液体クロマトグラフなどがある.特に最近は高速液体クロマトグラフがよく利用されている.これらの方法は,二つの相の間での分配・吸着の差を利用して分離するもので,Rf値,移動度によって定性される.この方法は選択性が大きく,また遠隔操作に適している.

〔4〕 蒸留法および揮発法

この方法は気体または揮発性化合物になりやすいものの分離に有効である.操作は一般の蒸留法と同じであるが,無担体分離にこの方法を用いるときは,留出を容易にするために不活性気体を通じながら行われることが多い.ただし,この方法は放射能汚染を起こしやすいので,密閉系で行うか完全なフードあるいはグローブボックス中で行う必要がある.

その他，ラジオコロイドのろ紙への吸着を利用するものや，イオン化傾向の差を利用する電気化学的な方法も用いられる．

なお，得られた放射性物質の純度を表すとき，**放射化学的純度**という言葉が用いられることがある．すなわち，他の放射性物質，あるいは化学形を異にする同一の放射性同位体が混入している場合で，その質量百分率はきわめて小さく，化学的純度から見れば全く無視できるときでも，放射能的には大変不純となる場合もある．このようなとき，放射能の面から見た純度，すなわち目的とする（あるいは目的とする化学形の）放射性物質の放射能と試料全体の放射能との割合を放射化学的純度という．

4・4・3　標識化合物の合成

放射性化合物をトレーサとして用いる場合には，それらの目的に合った標識化合物を必要とする．近年，市販される標識化合物の種類が非常に増大し，その結果化学や生物学などのトレーサ実験に使用するものは大部分市販されている．しかし，それでもなお標識元素，標識位置，比放射能など実験目的に最も適した標識化合物そのものが市販品のリストにない場合は，適当な前駆体を用いて目的とする標識化合物を合成する必要がある．

標識化合物の合成法は，本質的には普通の有機化合物の合成法のそれと同じであるが，次のような点に注意を必要とする．まず，標識化合物の比放射能を高くする必要があることが多いので，この合成は微量で行わなければならない．そのため普通の実験では，ほとんど問題にならない揮発や反応容器への吸着による損失も見逃すことができず，これを防ぐため，この合成には連続した各反応をできるだけ同一容器内で行うような反応装置，例えばガラス製の真空装置を組み立てて使う多岐管システムなどを利用する必要がある．また，合成法はなるべく簡単で，しかも同位体の濃度を薄めることなく，かつ高収率であることが望ましい．このためには合成の最終段階にできるだけ近いところで放射性物質を導入するように工夫する必要がある．それにより放射性化合物の損失を防ぎ，また取扱い上危険を伴う段階を少なくすることができる．

4・4・4　標識化合物の保存

標識化合物を保存する場合には，それの分解に注意する必要がある．分解の実態がまだ不明である現在，すべての標識化合物に共通の標準的保存方法はない

が，担体を加えることによる比放射能の低下，乾燥状態での保存，真空あるいは不活性ガス中での密封，ベンゼンやアルコールなどの安定剤の添加，微生物の侵入阻止，清潔な中性の容器の使用，少量ずつの保存，冷暗所での保存などの方法が有効であるといわれている．

4・5 放射性同位元素を用いた化学と化学分析

　化学における放射性物質の利用は，今日その限界を見極めにくいほどに広範である．原子核の崩壊とその放射特性が物理学の領域において核理論の精緻な解釈を授けられるのに対して，化学の領域では放射性の本質には全く無頓着で，もっぱらその原子に由来する"放射能"のみが重宝されるのである．時折，その無頓着さのあまりに，少々厚かましさを覚えるほどであるが，化学にとって"放射能"はこれほどまでに魅力的なものである．しかし，化学にとってもその中でひとたび"放射能"の新しい利用の道が発見されると，その領域はしだいに独り立ちし，もはやもとの化学の領域にとどまっていないのも事実である．この意味で，放射性物質の化学には，自然科学の新しい領域に向けての多くの可能性が秘められていたことになるし，また，今なお，そうであるともいえる．

　本節では，放射化学における数々の研究領域が生まれた背景を紹介し，化学における放射性物質の役割を述べる．

4・5・1 放射性同位元素と化学がひらいた新しい領域

　1952 年，Hershy と Chase は ^{32}P と ^{35}S とで二重標識した T_2 ファージを大腸菌に感染させると，ファージの ^{35}S で標識されたタンパク質は大腸菌に移らないのに対して，^{32}P で標識された DNA は遺伝子として菌体に移ることを確認した．遺伝子の本質が DNA という化学物質にあるという確証が，今日の遺伝子工学の礎になっていることはいうまでもない．

　Libby は，放射性核種の崩壊現象が時代を越えて精度よく時を刻む時計となりうることに気づいていた．例えば，古代エジプト王の墓より採取した木片から炭素を化学分離して，8 dpm/g・C という比放射能が測定された場合，^{14}C の半減期が 5 736 年であるので，その木片は，つまりその王の遺跡は約 2 600 年前のものであると推定されるのである．いわゆる ^{14}C-年代測定法の始まりである．今日，年代測定法の原理は生物起源の炭素に限らず，広く Rb-Sr 法，K-Ar 法，^{40}Ar-

^{39}Ar 法，U–Th–Pb 法，Pb–Pb 法，Sm–Nd 法などとして発展し，化学から離れて地球や惑星の創成を研究する領域にまで及んでいる．

4・5・2　化学における放射性物質の役割

　放射性物質を化学分離することによって，次々に原子の崩壊過程を解明していった Rutherford らにとって，鉛の安定同位体である RaG と放射性の RaD を化学的に分離することは一つの大きな関心事であったに違いない．しかし，Rutherford のもとでこの分離を研究した Hevesy は，不幸にもそれが不可能であるとの結論に達した．けれども，この結論は化学にとって決して不幸なものではなく，その結論に沿って Hevesy は，難溶性塩の溶解度の測定法を新しく提案したのである．放射性の RaD を混合した鉛塩について，その溶解度を溶液中に溶出した RaD の放射能測定から求めるのであって，従来の重量法に比べて顕著に測定が簡略化され，しかも，精度の高い方法が紹介されたことになる．この実験が，放射性物質をトレーサとして用いた（当時は，放射性指示薬（radioactive indicator）と呼ばれていた）最初である．それまでの核現象解明の多くを化学が担っていたが，Hevesy の業績を境に化学がそれまで以上に多くの実験手法を核現象（放射能）に負うことになったといえる．

　RaD を用いて鉛塩の溶解度を測定した Hevesy は，引き続いて，この元素をトレーサとして岩石，隕石中の微量鉛の定量を行っている（1913 年）．すなわち，溶解した試料に RaD の適量を添加混合し，その中から鉛の一部を純粋に電解分離するものであって，分離前後の比放射能の測定値から鉛を定量するものである．この方法の中に同位体希釈法（後述）の原理が述べられていることを見抜くのは難しいことではない．

　1920 年，同位体変換反応の研究が始まった．ThB で標識した $Pb(NO_3)_2$ 溶液を非放射性 $PbCl_2$ 溶液に混合し，その中から $PbCl_2$ を沈殿として回収するものであって，この実験結果から Hevesy は，$PbCl_2$–$Pb(NO_3)_2$ 系ですばやい Pb の交換反応が起こることを示した．$Pb(CH_3COO)_2$–$Pb(CH_3COO)_4$ 系でも同様の交換反応が観測されるのに対して，$PbCl_2$–$Pb(C_6H_5)_4$ 系などでは交換が起こらないことも知られるようになった．現在では，交換反応の速度論的解析法も確立され，例えば，Fe^{2+}–Fe^{3+} 系の交換反応速度が，溶液中に共存するハロゲンイオン（X^-）の種類と濃度に依存する事実から，反応機構の中に Fe^{2+}–X–Fe^{3+} 化合物が生成することなどが明らかとなっている．

放射性同位体を用いると自己拡散の研究が容易になる．Hevesy らは，金属鉛中への RaD の拡散を試みている．しかし，この最初の試みは，鉛中の鉛原子の自己拡散速度が著しく小さかったことから失敗に終わっている．

1918 年，Paneth は，RaTh から金属マグネシウム上に分離した ThB, ThC に塩酸を反応させ，発生してくる気体中の放射能を観測している．この放射能はその特性によって，ThC の水素化物の生成に基づくものであることが確かめられたが，このように放射性同位体を用いると，計量不可能とされる微量の不安定化合物の存在を確認することができる．この考え方を発展させると，溶媒抽出法における分配比（10^2 以上あるいは 10^{-2} 以下の分配比の測定），共沈法における共沈率，各種合成反応の収率などといった測定が容易になり，今日，その応用は広い．

Hevesy は 1923 年，生体内における元素の分布を放射性同位体トレーサ法で研究している．植物に吸収された RaD の分布やブタに注射した RaE の体内分布の測定がそれである．また，^{32}P を用いてリンの代謝を観察している．ネズミに与えた ^{32}P が排泄物中に認められるまでの経過より，今日にいう生物学的半減期という概念に至っている．

放射性同位体がトレーサとしてその威力を発揮し始めた当初，今日とは違って，利用できる放射性物質の種類は限られていた．いずれも天然に存在するもので（4・1 節参照），RaD (^{210}Pb, β^-, 22.3 y)，ThB (^{212}Pb, β^-, 10.6 h)，ThC (^{212}Bi, β^-, α, 60.6 m)，RaE (^{210}Bi, β^-, α, 5.01 d) などがそれである．しかし，先に述べたように，化学における放射性物質利用の基礎はほとんどこの時期に築かれたといってよい．放射性物質が導いた今日の広範な研究領域を包括的に理解するためには，その当時の研究経過を振り返ることが大きな手助けとなる．

4・5・3 放射性物質と分析化学

〔1〕 放射分析

1925 年，Ehrenberg が提案した方法である．これは試料中の目的成分（一般に非放射性）に選択的にしかも定量的に反応する適切な標識試薬（放射性試薬）を調製し，これを試料と反応させたのち，反応生成物中あるいは残存放射性試薬の放射能から目的成分を定量するものである．今日のように個々の目的元素に対応して，それぞれ適切な放射性試薬が入手可能な場合には，この方法が直接役にたつことは少ない．しかし，この方法の原理の中にすでに，Berson と Yalow

によって提案された**ラジオイムノアッセイ**（radioimmunoassay）**法**の基礎が置かれているのである．

〔2〕 放射化分析

1934年，I. CurieとF. Joliotは，ホウ素やアルミニウムにα線を照射すると，ターゲット中に放射性の$^{13}_{7}$N（β^+，半減期9.97 min）や$^{30}_{15}$P（β^+，2.50 min）（ここでminは分）が生成することを発見した．この発見が端緒となって核反応現象の理論や理解が飛躍的に進展したことはいうまでもないが，これと並んで，このような元素の人工核変換を分析化学の手法の一つとして取り上げた研究者がいる．HevesyとLeviは，Ra-Be線源から発生する中性子を用いて，Y（イットリウム）中の0.1%のDy（ジスプロシウム）を，またGd（ガドリニウム）中のEu（ユーロピウム）を化学分離しないで定量する方法を提案している．放射化分析の最初である．

中性子を用いて放射化（核反応）を行うと，試料中に生じる放射能（放射性核種の生成）の量は一般に次のように表現される．すなわち，放射化される元素iについて，この元素から生じる放射能A_i〔Bq〕は

$$A_i = N_i f \sigma_i (1 - e^{-\lambda_i t_{irr}}) \tag{4・7}$$

ここに，σ_i：元素iの反応断面積〔b〕[*1]，N_i：元素iの原子数，f：中性子束〔cm$^{-2}\cdot$s^{-1}〕，t_{irr}：照射時間，λ_i：生成核種の壊変定数である．

この式は一見複雑な形をしているが，要するに，照射の条件が一定に保たれると，生成する放射能A_iは試料中の目的元素の個数N_iに比例することを示している．言い換えれば，試料中に誘導された放射能の測定値から目的成分が定量されるのである．この関係はまた試料中の複数の成分に対して個々に成り立つものであるから，多数成分の同時定量が可能であることも意味している．

生成した放射能は，放置すると時間とともに次式に従って減衰する．

$$A_i = N_i f \sigma_i (1 - e^{-\lambda_i t_{irr}}) e^{-\lambda_i t_w} \tag{4・8}$$

ここで，t_w：放置時間（冷却時間）は，照射終了後より放射能測定開始までの時間である．

放射化分析では，照射時間と冷却時間の適正な設定に加えて，試料の採取量や計測時間の選択も重要である．そのため，きわめて理想的に多元素同時分析が行われた例がある反面，この逆の結果に終わった例も多い．図4・3(a)(b)は成功

[*1] 反応断面積の単位b（バーン）は，1 b = 1×10^{-24} cm^{2}である．詳細は2章を参照．

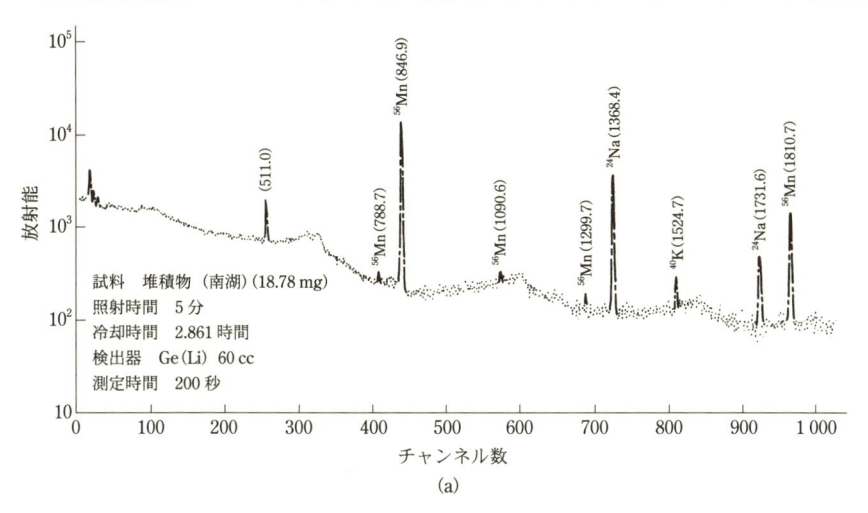

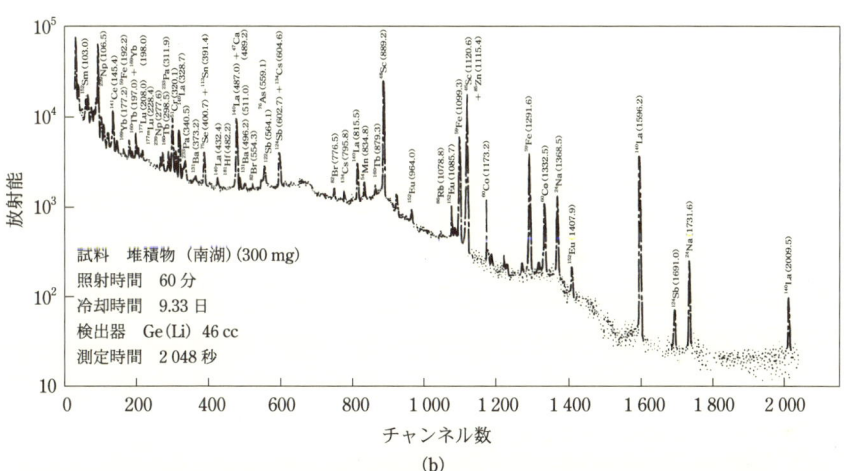

図 4・3 照射時間，冷却時間，試料量，計測時間の設定と γ 線スペクトル．( ) 内はエネルギー〔keV〕
〔出典：京都大学原子炉共同利用報告（小山・高松・川嶋・松下）「琵琶湖湖底堆積物中における多元素同時分析の実際」より〕

例の一つで，琵琶湖湖底堆積物中の 20 数種の元素の分析を行った結果である．

　放射化分析は非破壊法であることがその特徴であるが，化学分離法を併用すると著しくその精度と感度が高くなる場合もある．しかし，この化学操作は照射後の試料について行うのが常であるから，放射性物質に関する高度な専門知識が必要である．

中性子のほかに，各種の高エネルギー荷電粒子や光子を用いた放射化分析も可能である．

〔3〕 同位体希釈法

性質のよく似ている化学種が混在している試料について，特定の種を分別定量するのは一般に煩雑な操作を伴うものである．この場合，もし放射性同位体による標識化合物が利用できると，同位体希釈法によって比較的容易に定量することができる．この方法は，目的成分にそれと同一の化学形態にある標識化合物を混合した後分離し，この際に見られる比放射能の変化から計算によって定量結果を得るものであって，目的成分の定量的な分離を要するのではなく，一部分でもよいから純粋に分離すればよいというのが特徴である．まず，標識化合物を準備する．この化合物の一定量（重量 m_1，放射能 A_1，したがって比放射能 $S_1=A_1/m_1$）を試料に添加する．この中から適切な分離法によって目的化合物の一部を分離する．この化合物について，その放射能 A_2 と化合物の重量 m_2 を測定し，比放射能 $S_2=A_2/m_2$ を計算する．これらの諸量から，試料中の目的成分の重量 m_x は式 (4・9) で与えられる．

$$m_x = m_1\left(\frac{S_1}{S_2}-1\right) \tag{4・9}$$

同位体希釈法には逆希釈法，二重希釈法など，種々の変法が工夫されている．

〔4〕 不足当量法（亜化学量論的方法）

分析試料（目的成分量 m_x）に，目的成分と同一の化学形態にある標識化合物（重量 m_1，放射能 A_1）を加えて混合し，これに既知量の試薬を加えてその試薬に当量分だけの目的成分（重量 m_2，しかしこの量は用いた試薬の当量関係から計算するのであって，実測するものではない）を分離回収するのであって，分離された化合物の放射能を A_2 とすると，定量結果は式 (4・10) で与えられる．

$$m_x = \frac{A_1 m_2 - m_1 A_2}{A_2} \tag{4・10}$$

4・5・4 化学物質としての放射性化合物

放射性物質の便利さに目をうばわれていると，その放射能による人体障害や環境汚染に気づくのが遅れがちになる．$^{125}I_2$ は非放射性の $^{127}I_2$ と同じように，また HTO は H_2O と同じようにして拡散し，体内に吸収される原因となる．保管が厳密でないと，$Ba^{14}CO_3$ は空気中の CO_2 としだいに交換して環境を汚すことに

なる．標識化合物や放射性物質は非放射性のそれらと化学的にはなんら区別されることがない，というのが放射性同位体トレーサ法を可能にしている基本原理であるが，注意を怠ると，この基本原理そのままに，放射性物質はごく自然に我々の生活環境に漏れ出してくる．環境そのものを直接汚染しないまでも，放射性同位元素を使用すると放射性廃棄物をはじめとし，その分だけ放射性同位元素が分散し，汚染の可能性を拡大したことになる．放射性同位元素の適正な利用法が強く説かれる所以である．

有機化学や生化学の反応過程で，一つの化合物が次々と形態を変えていくとき，化合物間の相互関係や化合物中の構成元素の流れを知るうえで，放射性同位体トレーサ法は欠かせないものとなっている．例えば，$^{14}CO_2$を藻類に与え，光を当てると放射性のブドウ糖が産生される．ブドウ糖の持っている放射能を測定すると，二酸化炭素の取込み速度や効率を知ることができ，放射能測定の一つの特徴である非破壊的測定を生かすことができる．

ところが，このブドウ糖の6個の炭素のうち，3番目と4番目の炭素にほとんどの放射能が集中していることを知ろうとすると，よく計画された厳密な手順に従ってブドウ糖の分子を正確に切断し，その断片について放射能測定を行うことが必要である．

このように放射能測定に化学的手法を併用することによって，トレーサ実験から得られる情報量は飛躍的に増大するが，逆に非破壊測定のメリットは完全になくなってしまう．この矛盾は放射性同位体トレーサに頼る限り避けられない．他方，^{13}C，Dなど安定同位体トレーサを用いた場合には核磁気共鳴分光法などによって，非破壊的に多くの情報を得ることができる．放射性物質の使用に際して化学の基礎知識が望まれる所以でもある．

■ 自然放射線と人工放射線

放射線作業従事者ではない一般の人々でも，微量ではあるが日々の生活の中で放射線を被ばくしている．環境中の放射線には，太古からある天然の放射線（自然放射線）と，人類が産業などで利用した結果生じた放射線（人工放射線）がある（図）．

自然放射線による被ばく量は1人当り年間2.4 mSvである．これは地球上にただ居るだけで毎秒数万個の放射線を体全体で受けている計算になる（表）．人類に限らず地球上に生息するすべての生物は，この自然放射線に囲まれて生きており，そしてそのような環境に適応進化してきた．

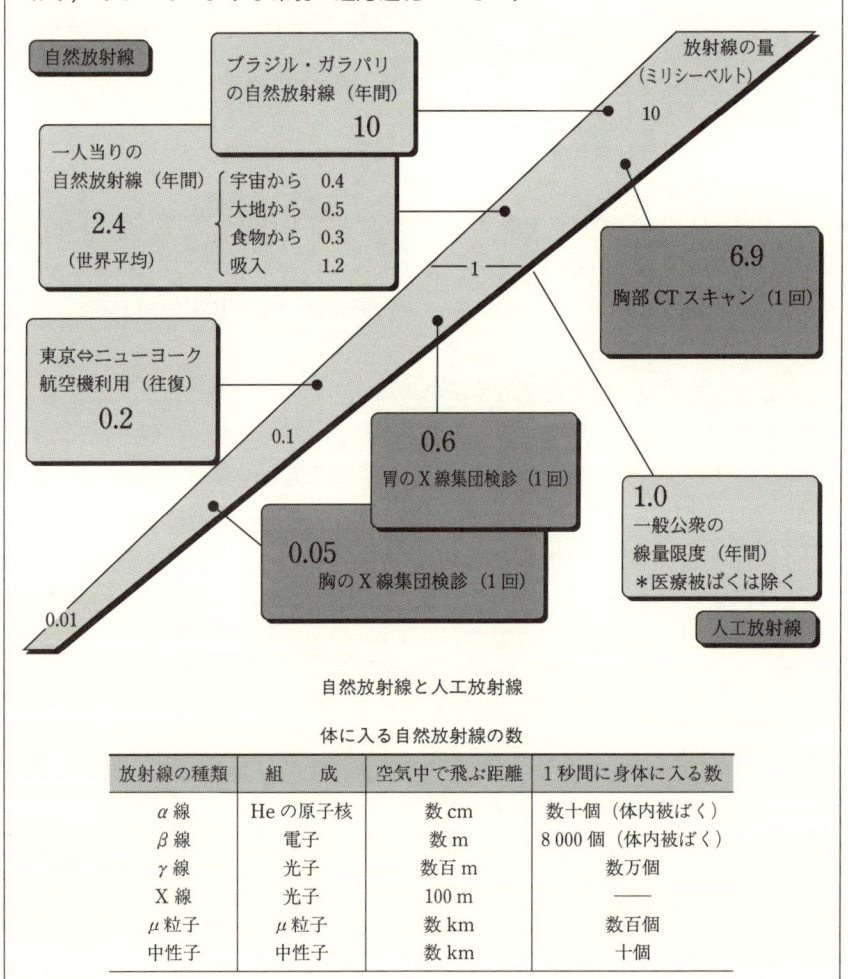

自然放射線

- ブラジル・ガラパリの自然放射線（年間）　**10**
- 一人当りの自然放射線（年間）　**2.4**（世界平均）
  - 宇宙から　0.4
  - 大地から　0.5
  - 食物から　0.3
  - 吸入　　　1.2
- 東京⇔ニューヨーク航空機利用（往復）　**0.2**

放射線の量（ミリシーベルト）：10, 1, 0.1, 0.01

人工放射線

- 胸部CTスキャン（1回）　**6.9**
- 胃のX線集団検診（1回）　**0.6**
- 胸のX線集団検診（1回）　**0.05**
- 一般公衆の線量限度（年間）　**1.0**　＊医療被ばくは除く

自然放射線と人工放射線

体に入る自然放射線の数

放射線の種類	組　成	空気中で飛ぶ距離	1秒間に身体に入る数
α線	Heの原子核	数cm	数十個（体内被ばく）
β線	電子	数m	8 000個（体内被ばく）
γ線	光子	数百m	数万個
X線	光子	100 m	—
μ粒子	μ粒子	数km	数百個
中性子	中性子	数km	十個

5章 放射線の測定機器と測定法

〈理解のポイント〉
- 放射線の測定は放射線と物質との相互作用（電離，励起，蛍光），写真作用（写真乳剤の黒化作用など）を利用して行われる．
- 気体の電離を利用する気体検出器は，充てん気体および印加電圧によりその特性が大きく変化し，動作領域の違いにより電離箱，比例計数管，ガイガー・ミュラー計数管に分けられる．
- 蛍光物質の励起による発光を利用した検出器として，シンチレーション検出器と液体シンチレーションカウンタがあり，後者は低エネルギー β 線を感度よく測定するのに汎用される．
- 固体の電離を利用する半導体検出器は優れたエネルギー分解能を持ち，研究用はもとより管理用にも Ge(Li)，Si(Li)，真性 Ge などが盛んに使われている．

放射線を測定するには，まず，放射線と物質との相互作用（電離，励起，蛍光），写真作用（写真乳剤の黒化作用など）を利用して放射線の検出を行い，その物理量を測定する．

放射性同位元素や放射線の検出・測定には，その目的に応じ種々の方法や機器が考えられる．本章で記される原理や特徴，あるいは具体例などを十分理解し，精度や便利さも考慮して適切な機器や方法を選びたい．

例えば，放射線による気体電離作用を利用する測定機器にもそれぞれ特徴がある．β 線放出核種に最も広く用いられ便利なものは GM 計数管式のものであろう．窓厚には注意が必要であるが，感度の高い測定に最適である．しかし，放射能の高い試料などに対しては，分解時間の長い GM 管では数え落しが著しくなり，補正が必要である（5・1節参照）．極端な場合，窒息現象が起こる．線量（率）測定，ことに高線量の対象に対してはエネルギー直線性のよい電離箱が向

表 5・1　現在広く用いられている放射線検出器

検出器の名称	主な測定対象	主な用途	備考
電離箱	β 線, γ 線, X 線, 中性子	エリアモニタおよびサーベイメータ (積分型), 放射線のエネルギー分析	放射線による気体の電離
ポケットチェンバ	γ 線, X 線	線量測定 (積分型)	同　　上
GM 計数管	β 線, γ 線, X 線	試料の放射能強度測定, サーベイメータ	放射線が原因となる気体の放電
比例計数管	α 線, β 線, γ 線, X 線	放射線のエネルギー分析	二次電離による増幅
BF$_3$ カウンタ, フィッションチェンバ	中性子	低エネルギー中性子計測, 原子炉の制御	^{10}B (n, α)^{7}Li, 核分裂を利用する比例計数管
ガスフローカウンタ (Q ガス)	α 線, β 線	低エネルギー β 線および α 線の検出 (スミアテストに便利)	GM 計数管として動作
ガスフローカウンタ (PR ガス)	同　　上	同　　上	比例計数管として動作
NaI(Tl) シンチレーションカウンタ	γ 線	γ 線スペクトロスコピー, サーベイメータ	シンチレーション (きわめて短時間の蛍光)
液体シンチレーションカウンタ	β 線(低エネルギー)	^{3}H, ^{14}C の検出に特に有効	同　　上
ZnS シンチレーションカウンタ	α 線	ダストモニタ	同　　上
プラスチックシンチレーションカウンタ	β 線, γ 線	排水モニタ, ガスモニタ, 宇宙線の検出	同　　上
チェレンコフカウンタ	β 線, 高エネルギー粒子	高速荷電粒子検出器	チェレンコフ発光
Ge(Li) 検出器 真性 Ge 検出器	γ 線	γ 線スペクトロスコピー, 微量放射性核種の検出	電子-正孔対の発生
Si 検出器	α 線, 荷電粒子	α 線, 陽子線などのスペクトロスコピー	同　　上
Si(Li) 検出器	特性 X 線, 低エネルギー γ 線	X 線, 低エネルギー γ 線スペクトロスコピー	同　　上
熱ルミネセンス線量計 (TLD)	γ 線, 軟 X 線, 中性子	個人被ばく線量計 (積分型)	放射線のエネルギーを吸収した物質が放出する熱ルミネセンス
写真乳剤	β 線, γ 線, 中性子	フィルムバッジ (積分型)	放射線による潜像を現像

いている．一方，エネルギー弁別を伴う測定には比例計数管を使わなければならない．また，この目的には別の原理に基づく液体シンチレーションカウンタも便利である．液体シンチレーションカウンタは，低エネルギー β 線を感度よく測定するのに汎用される．分解時間も短い．研究用にも管理用にも用いられるが，比較的高価であること，クエンチング（quenching）や廃液処理などの問題があげられる．

γ 線，X 線に対しても，これらが間接的に電離作用を持つことから，上記の気体電離利用測定器はすべて使用できる．感度という点では NaI (Tl) シンチレーションカウンタが優れており，井戸型でバックグラウンドを低くしたものがよく使われる．エネルギー測定にも用いられる．エネルギー分解能という点では，半導体検出器がはるかに優れており，研究用はもとより管理用にも Ge (Li), Si (Li)，真性 Ge などの半導体検出器が盛んに使われるようになった．低エネルギーの X 線，γ 線も Si (Li) や真性 Ge で測定でき，特に真性 Ge は測定時のみ液体窒素冷却すればよいという利点があり重宝である．管理用のサーベイメータとしては NaI (Tl) 検出器が，GM 計数管とともによく使われる．

感光フィルムは，研究用にはオートラジオグラフィに，管理用には個人被ばく管理のフィルムバッジにと有用なものである．熱ルミネセンス線量計も個人被ばく管理や，X 線装置室の線量分布測定に便利に用いられる（**表5・1**）．

放射性同位元素からの放射線放出が統計現象であること，線源と検出器との距離その他測定効率に影響を与える因子が非常に多いこと，その他測定において留意すべき点についても，本章で触れる．

5・1 気体検出器

5・1・1 気体検出器の原理

荷電粒子が気体中を通過するとき，通常，気体を電離し，電子と陽イオンが発生する．これらが持つ電荷を集め電気信号として取り出すのが気体検出器である．構造は円筒状の陰極と，その中心軸に張られた細い線の陽極からなっている．この内部に気体を充てんし，電極間に高電圧を印加して電子を集め，陽極に誘起する電圧を増幅する（**図5・1**）．

よく使用される PR ガス（アルゴン＋10％メタン）を充てんした検出器の信号の発生機構の時間的経過を**図5・2**に示す．また，荷電粒子が1個入射した際に

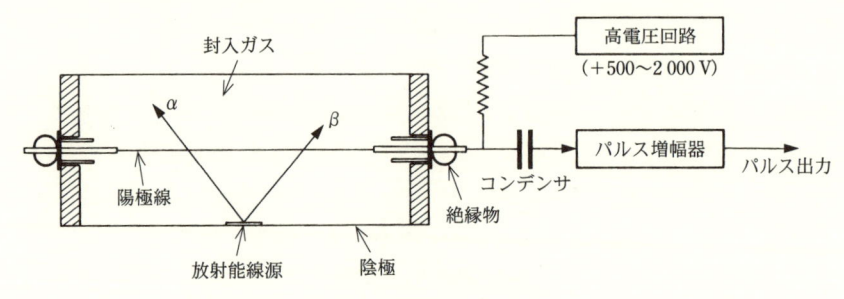

図 5・1 気体検出器の構造

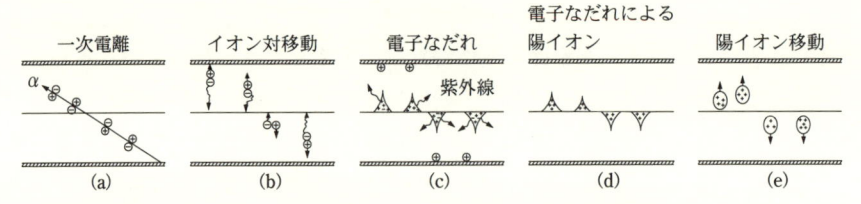

図 5・2 円盤型検出器（比例計数管）の信号発生機構

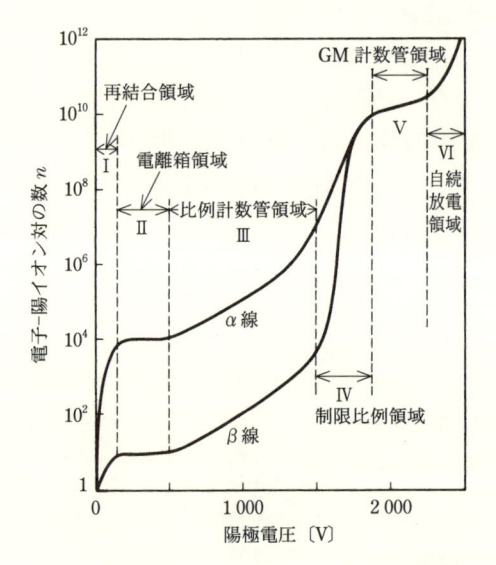

図 5・3 陽極電子と電子-陽イオン対の数との関係

発生する電子と陽イオンの数 n と電極間電圧 V の関係を図 5・3 に示す．
　① 荷電粒子は封入気体を電離し，飛跡に沿って電子と陽イオンの対を残す（一次電離，図 5・2(a)）．

② 電極間に電圧を印加すると，電子は中心陽極線へ，陽イオンは外部円筒陰極に向かって移動を始める（図5・2(b)）．この電圧が低い場合は，イオン対の一部は再結合を起こして電荷を失う（再結合領域，図5・3 I）．電圧を高くし電離箱領域（図5・3 II）に達すると，再結合を起こすことなく電子は中心陽極線に達することができる（図5・2(b)）．

③ 印加電圧をさらに高くして比例計数管領域（図5・3 III）に入ると，電子は中心陽極線の近くで強く加速され，付近の気体を二次的に電離するようになる．二次電離で発生した電子はさらに三次，四次と気体を電離し，いわゆるなだれ現象が起こる．この際，多量の紫外線が発生する（図5・2(c)）．電子なだれ現象で増幅されたイオン対のうち，電子は陽極に吸収されるが，陽イオンは中心陽極線のまわりに取り残される（図5・2(d)）．次に陽イオン集団は陰極に向かって移動し，それに従って中心陽極線に電圧が誘起される（図5・2(e)）．

④ さらに印加電圧を上げると紫外線による電離が管内に広がり，自続放電を起こすため検出器としての役をなさなくなる．しかし，充てんガスによっては自続放電にすぐ移らず，別の動作領域に入るものがある．例えば，Q ガス（ヘリウム+1% イソブタン）を使うと上記再結合領域（図5・3 I），電離箱領域（図5・3 II），比例計数管領域（図5・3 III）を経た後，さらに出力信号の大きい制限比例領域（図5・3 IV），GM 計数管領域（図5・3 V）に入る．紫外線によって新しく発生する電子なだれが電場こう配の大きい陽極線まわりをさや状に覆う状態になり，検出器として最大の出力信号を与える領域がGM 計数管領域（図5・3 V）である．この領域では，検出器内に入った放射線の一つ一つに対して放電が起こっている．さらに印加電圧を上げると自続放電領域に入る．

以上述べたように，気体検出器は充てん気体および印加電圧によりその特性が大きく変化する．動作領域の違いにより電離箱，比例計数管，GM 計数管に分けられる．

5・1・2 電 離 箱

電離箱（ionization chamber）は電離箱領域（図5・3 II）で用いられている．気体として空気やアルゴンを充てんして，γ 線で照射すると，検出器の管壁や気体中から高速の電子が放出され，気体が電離される．電極間に電圧を印加すると

電離電流が流れ、直流出力端子に電圧降下が起こる。個々の γ 線光子が発生するイオン対の数は少ないので、パルス計測は行われず、個々の γ 線で発生したイオン対の積分されたものが直流出力として測られることが多い。このように電離箱からの出力は非常に小さいので、放射線を一つ一つ検出するのではなく、大線量の測定に利用されることが多い。

ポケットチェンバは電離箱の一種である。電極間に電圧を印加し、外部回路と切り離す。次に γ 線で照射すると電離電流が流れ、電極間容量に蓄えられた電荷が放電し、電極間電圧は降下する。この降下電圧を電位計で測定すると、検出器に入射した放射線の総量が測定できる。

5・1・3　比例計数管

比例計数管（proportional counter）は比例計数管領域（図5・3 III）で用いられている。入射する荷電粒子によって発生したイオン対の数は、荷電粒子が検出器内で失ったエネルギーに比例しているため、放射線のエネルギー測定が可能である。イオン対の内電子は陽極に引かれ二次的な電離を引き起こし、電離電流の増幅が行われる。増幅度（比例計数管領域での n と電離箱領域での n との比）は印加電圧が上昇すると、急激に大きくなる。通常、増幅度は数千倍で使用され、簡単な増幅器を用いることによりパルス計測ができる。増幅されたパルス信号を波高分析器（pulse height analyzer）で分析することにより、入射粒子のエネルギーを決めることができる。比例計数管は高速イオンや X 線のエネルギー分析や加速器や原子炉などの周辺の空間線量の測定などに使用されている。

5・1・4　ガイガー・ミュラー計数管

ガイガー・ミュラー計数管（Geiger-Müller counter tube, GM 計数管）は GM 計数管領域（図5・3 V）で用いられている。この領域では、入射放射線のエネルギーに関係なく、ほぼ一定の非常に高い出力信号が得られる。そのため高感度の測定が可能であるが、エネルギー測定はできない。現在広く用いられている GM 計数管を**図5・4**に示す。円筒陰極の一方の端には β 線が外部から透過する際に吸収を少なくするために $3\sim5\,\mathrm{mg/cm^2}$ の雲母板がはられている。内部には希ガスにハロゲンガスかまたはイソブタンなどを少量混入した気体が封入されている。窓の下に β 線源を置き電圧を上げていくと、**図5・5**に示すように、ある電圧に達すると計数が始まり、V_1 を過ぎて電圧を上昇させても計数率の変化が

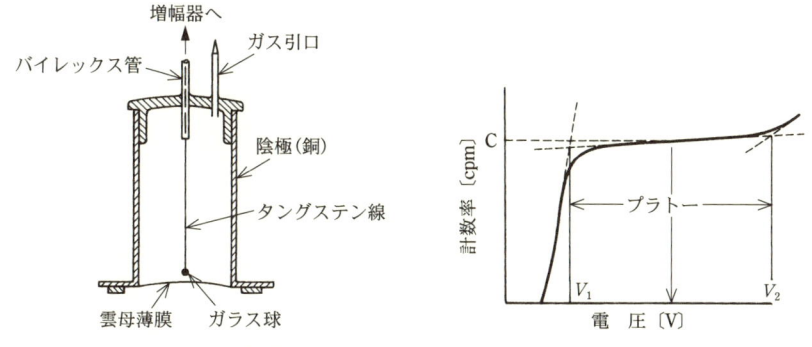

図 5·4 端窓型 GM 計数管の構造

図 5·5 GM 計数管のプラトー

起こらない領域がある．しかし，V_2 を過ぎると計数率が急激に上昇する．V_1 と V_2 の間を**プラトー**と呼んでいる．GM 計数管は通常プラトーの中央の電圧を用いて動作させる．

GM 計数管は，プラトー領域で動作させる限り出力電圧は一定であり，10 倍程度の増幅器を使用すればパルス計数ができ，非常に便利である．GM 計数管は γ 線や X 線の検出も可能である．γ 線や X 線は電極や気体から光電効果やコンプトン効果で電子を放出する．この電子が有効体積に入ったときに β 線と同様の放電を起こす．したがって，計数管に入射する光子が全部計数されるわけではない．

線源がないときでも GM 計数管は出力パルスを生じる．これを**自然計数率**または，**バックグラウンド**といい，宇宙線や環境放射線などが原因である．

5·1·5 ガスフローカウンタ

^{14}C や ^3H の β 線はエネルギーが低いので，図 5·4 の GM 計数管で測定しようとすると大部分は窓で吸収される．また α 線の場合も同様である．2π ガスフローカウンタの概略を**図 5·6** に示す．上から下がっているリングが陽極である．この型では測定試料を試料皿に入れ，計数管内に直接挿入するようになっている．そのため飛程の短い α 線放出核種や，極低エネルギーの β 線放出核種である ^3H の放射能測定が可能である．2π とは計数管が半球形をしており，放出された荷電粒子数の半分（2π の立体角に放出される数）が計数されることを意味している．試料をカウンタ内に入れ，ガスを流して空気を追い出してから使用する．Q ガス（ヘリウム＋1% イソブタン）を使用すれば GM カウンタ，PR ガス（アル

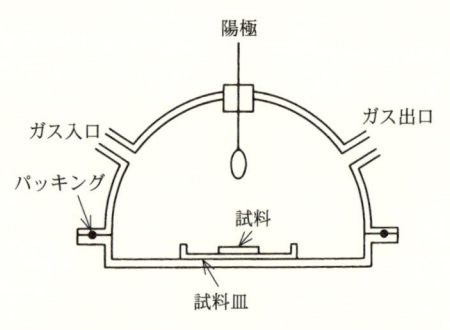

図 5・6　2π ガスフローカウンタ

ゴン＋10％ メタン）を使用すれば比例計数管として動作する．

5・2　シンチレーション検出器

シンチレータ（scintillator）と呼ばれる蛍光物質に放射線が入射すると，その物質中で失ったエネルギーに比例した光量を発する．この種のシンチレータには NaI にごく微量の Tl を混入させたもの，アントラセン，プラスチックシンチレータ，5・4 節で説明する液体シンチレータなどがある．

図 5・7 に NaI（Tl）シンチレータと光電子増倍管とからなるシンチレーション検出器の構造を示す．シンチレータから放出された光は，光電子増倍管によって光の信号から電気信号に変換される．光電子増倍管は，光陰極と呼ばれる半透明な膜と，10 数段のダイノード（dynode）と呼ばれる電極および陽極からな

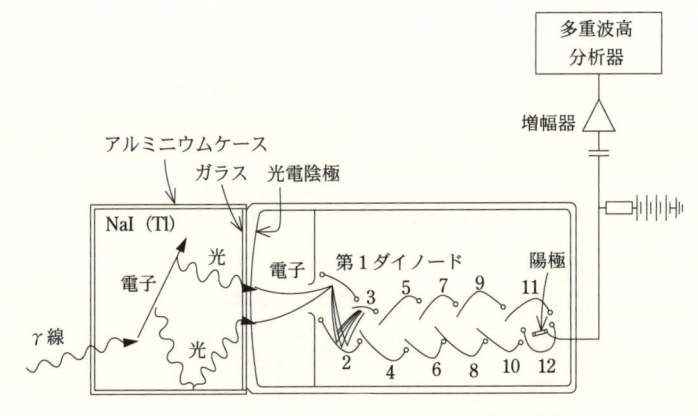

図 5・7　NaI（Tl）シンチレーション検出器の構造

る．シンチレータからの光は光陰極に入射して，光電効果により光電子を放出する．この光電子は第一ダイノードに入射して，入射電子数よりも多い二次電子を放出する．これらの二次電子はダイノード間の電界によって加速され，次々と次段のダイノードに達しながら，その数を増していく．その増幅度は $10^5 \sim 10^8$ のものが使用される．

シンチレーション検出器の特徴としては，次の三つがあげられる．
① 信号パルスの高さはシンチレータの発光量に比例するため，放射線のエネルギーを分析することができる．
② 5・3節に述べる半導体検出器と比べると分解能は劣るが，大容量の検出器を製作できるため検出効率が高い．
③ シンチレータ発光の減衰時間は非常に短く，$10^{-7} \sim 10^{-9}$ 秒であるので高計数率の測定ができる．

NaI（Tl）シンチレータの場合，減衰時間は常温で 3×10^{-7} 秒であり，GM計数管と比べると100倍程度の計数率の測定ができる．さらに，NaI（Tl）は実効原子番号が比較的高く光電効果を起こす確率が大きいので γ 線検出に有利である．図 5・8 に単一エネルギー γ 線が入射した場合の NaI（Tl）検出器で得られる波高分布を示す．このスペクトルでPのピークを**全吸収ピーク**（光電ピークともいう）といい，主に光電効果によって γ 線の全エネルギーが結晶に吸収されて生じたものである．ピークの高さの半分の位置のピーク幅 $\mathit{\Delta}E$ を半値幅（full width at half maximum：FWHM）と呼び，エネルギー分解能を $\mathit{\Delta}E/E \times 100 [\%]$ で表す．Cの連続した平坦な部分は γ 線のコンプトン効果によるもので，γ 線によって反跳された電子のエネルギーに最大値があることに対応して

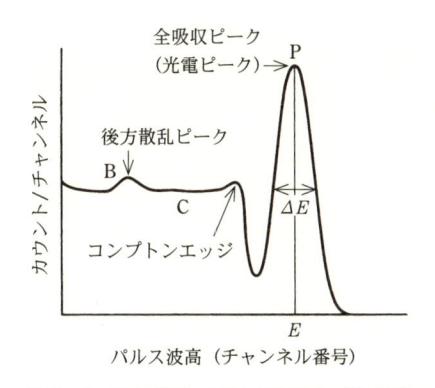

図 5・8 NaI（Tl）の出力波高分布（模式図）

コンプトンエッジが現れる．直径3インチ×高さ3インチのNaI（Tl）検出器の場合，^{137}Csの662 keV γ線に対する分解能は7〜10％である．

γ線に対する検出器の応答には後方散乱ピーク（図5・8）やエスケープピーク，サムピークなど，スペクトル解析上誤りやすいものがあるので注意を要する．後方散乱ピークは線源の後方の物質によって，コンプトン散乱したγ線が検出されたものである．エスケープピークには2種類ある．一つは1.02 MeV以上のγ線の場合，電子対生成によって検出器中に生じた陽電子が消滅し，2本の511 keVの消滅γ線を放出するが，その1本あるいは2本の消滅γ線が検出器から逃げる場合がある．したがって，全吸収ピークより511 keV，あるいは1.02 MeV低い位置にピークが現れる．もう一つのエスケープピークは，光電効果の結果，検出器を作っている物質の特性X線（例えば，NaI（Tl）ではIのK-X線またGe検出器ではGeのK-X線）が検出器から逃げる場合がある．この効果は低エネルギーγ線に対して大きく，全吸収ピークより特性X線のエネルギーだけ低い位置にピークが現れる．サムピークは，2本以上のγ線などが分解時間内に検出器に入射し，これらのエネルギーの和に相当する位置にピークが現れる（サムピークのようすについては後述の図5・11を参照のこと）．^{125}Iは低エネルギーγ線，およびTeの特性K-X線を放出する．中，上部のスペクトルは薄いNaI（Tl），下部のスペクトルは半導体検出器（5・3節参照）で測定したものである．NaI（Tl）のスペクトルで15〜40 keVにある広いピークは，Teの特性K-X線，γ線が分解されずに重なった光電ピークで，45〜70 keVのピークはTeのK-X線などが2本同時にNaI（Tl）に検出されて生じたサムピークである．井戸型あるいはスルーホール型のNaI（Tl）では広い立体角にわたり検出できるが，同時に2本以上のγ線を検出しやすく，サムピークが生じやすい．

5・3 半導体検出器

半導体に荷電粒子やγ線が入射すると，結晶中の電子が励起され，電子の抜けた正孔が生ずる．この電子-正孔対は気体の電離の際に生ずる電子-陽イオン対のように電荷を運ぶものとしてふるまうので**キャリヤ**（担体）と呼ばれる．リンやホウ素などをごく微量SiやGe結晶に加えた半導体を用いてダイオードを作り，逆電圧を印加してキャリヤを電極に収集することができる．半導体検出器には空乏層と呼ばれる電界の強い領域があって，この領域が放射線感応部となる．

この空乏層の作り方によって，半導体検出器は，① pn 接合型（現在ではほとんど用いられていない），② 表面障壁型，③ リチウムドリフト型，④ 高純度真性半導体型に分類される．表面障壁型は空乏層の厚さが数 μm～数 mm，有効面積 10～1 000 mm^2 程度と小型であるので，飛程の短い α 線，核分裂片などの重粒子線の検出に用いられる．Si あるいは Ge 結晶にリチウムをドリフトして作られる Si (Li)，Ge (Li) と記される検出器では，空乏層を非常に厚くできるので（Si (Li) で 1～6 mm，Ge (Li) で～5 cm）飛程の長い β 線または X 線，γ 線の検出に用いられる．Si (Li) は 100 keV 以下の X 線，γ 線，Ge (Li) は 100 keV 以上のエネルギーの γ 線の検出に特に有効である．Si (Li) は常温でも保存・使用できるが，液体窒素（77 K）で冷却すると熱雑音が減り，分解能が向上する．Ge (Li) は常温に放置すると，リチウムが拡散して検出器の機能を失うので，使用・保存時を問わず冷却しておかなければならない．近年，高純度 Ge 真性半導体検出器が開発され（**図 5・9，図 5・10**），結晶の大きさ，窓の厚さを選べば，数 keV 以上の γ 線を一挙に測定できる．しかも，常温で保存できるので，使用時のみ冷却すればよい．

半導体検出器の特徴は分解能が非常によいことである．Ge (Li) の分解能は 1.33 MeV の γ 線に対して 1.75～2.1 keV 前後であり，Si (Li) の分解能は 5.9 keV の Mn K-X 線に対して 160～200 eV 前後である．高純度 Ge 検出器の分解能は Si (Li)，Ge (Li) と同程度である．分解能をよく測定するためには，空乏層の厚さに依存した適切な高電圧を印加しなければならない．表面障壁型で数十～数百 V，Si (Li)，Ge (Li)，高純度 Ge 検出器では数百～数千 V の場合が多

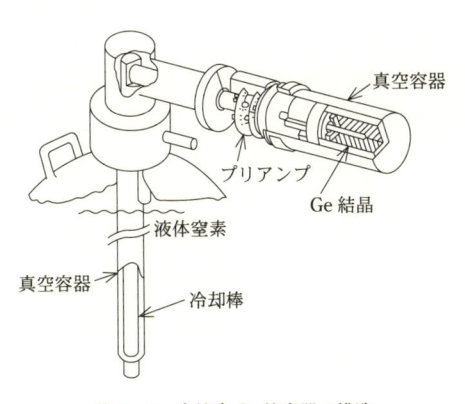

図 5・9 高純度 Ge 検出器の構造

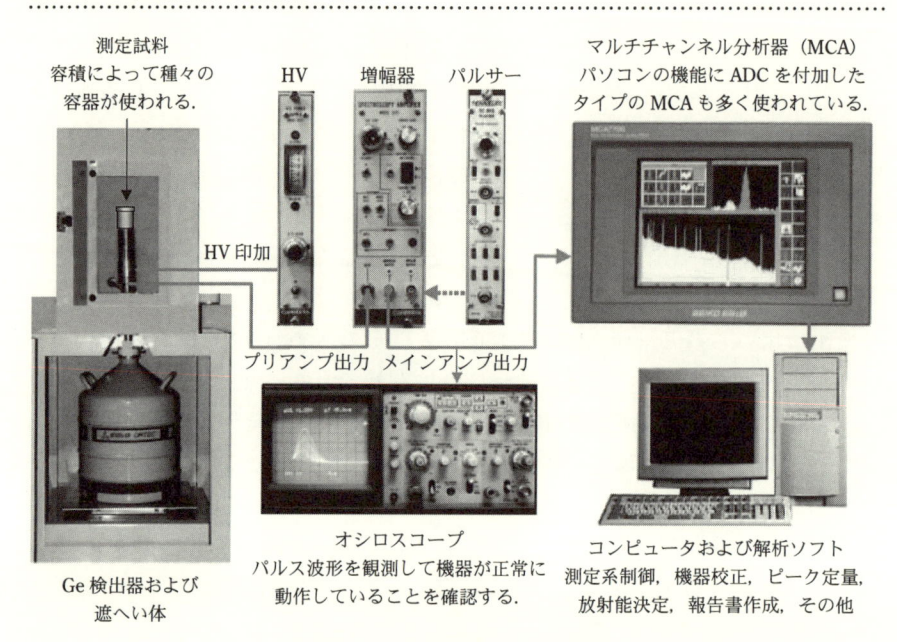

図中ラベル:
- 測定試料 容積によって種々の容器が使われる.
- HV
- 増幅器
- パルサー
- マルチチャンネル分析器 (MCA) パソコンの機能に ADC を付加したタイプの MCA も多く使われている.
- HV 印加
- プリアンプ出力　メインアンプ出力
- オシロスコープ パルス波形を観測して機器が正常に動作していることを確認する.
- Ge 検出器および遮へい体
- コンピュータおよび解析ソフト 測定系制御, 機器校正, ピーク定量, 放射能決定, 報告書作成, その他

図 5・10 Ge 検出器システムの例

い．最も注意しなければならないことは高電圧の極性で，検出器の種類によって異なるので，必ず仕様書に従う．極性を誤ると順方向に大きな電流が流れ，検出器を破壊する．液体窒素で冷却する検出器の場合，回路の一部も冷却して雑音を減らしてある．したがって，主増幅器も極力雑音の低いものを選び，パルスの整形などに注意を払わなければならない．

図 5・11 に高純度 Ge 検出器で ^{125}I から放出される低エネルギー γ 線，および Te の特性 K-X 線を測定した結果を示す．中部と上部に NaI（Tl）で測定したスペクトルを比較のため掲げてある（5・2 節参照）．両検出の分解能の違いは明らかである．27～36 keV のピークは Te の特性 K-X 線と γ 線の光電ピークである．Te の K-X 線は，さらに 1 本の $K\alpha$ 線と 2 本の $K\beta$ 線に分解されている．16～24 keV の数本のピークは，Ge の K-X 線が検出器から逃げたため生じるエスケープピークである．50～65 keV にある数本のピークは，例えば 2 本の Te $K\alpha$ 線のサムピークなどである．NaI（Tl）では見えなかった構造（Ge のエスケープピークは NaI（Tl）にはもともと存在しない）が，分解能のよい半導体検出器を使用すれば明瞭となることがわかる．

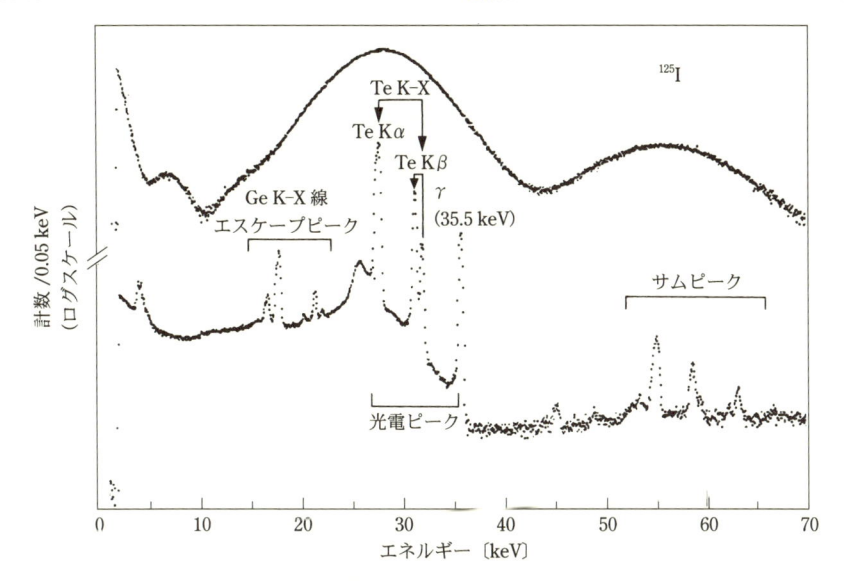

図 5・11 低エネルギーγ線および特性X線スペクトル：上のスペクトルは厚さ6 mmのNaI (Tl)，下は厚さ7 mmの真性Ge半導体検出器によって得られた．

5・4　液体シンチレーション計測法

5・4・1　液体シンチレーションカウンタ

　液体シンチレータ（有機蛍光体を有機溶媒に溶解したもの）に放射性試料を加えると蛍光を発する．それを光電子増倍管で受け，電気パルスとして取り出すことにより試料中の放射能を測定する方法を**液体シンチレーション計測法**といい，その装置を**液体シンチレーションカウンタ**という．**図 5・12** に装置の構成図を示す．試料バイアルは向かい合った2本の光電子増倍管の間にセットされる．試料バイアル内で発生した蛍光（ある一つの発光現象）は，2本の光電子増倍管で同時に検出されなければならない．この条件を満たす現象だけが計測回路を通過し，そのエネルギー（パルス波高値）と対応する頻度（発光量）がディジタル化され波高分析装置に記録されていく．この同時計測回路は，それぞれの光電子増倍管の熱雑音（時間的に無関係の現象）を除去し，微量・微弱な線量測定の精度を上げるためのしくみである．光電子増倍管の詳細については，5・2節を参照されたい．

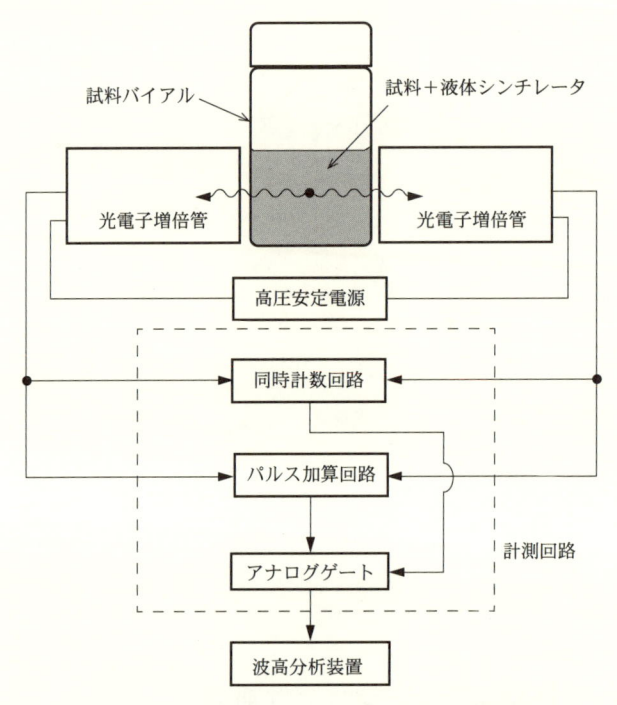

図 5・12 液体シンチレーションカウンタの構成図

この計測法の特徴として，以下の事項があげられる．
① 試料から放出される放射線エネルギーの蛍光体への伝達効率がよく，しかもほぼ 4π 計測であるため，通常では測定が困難な低エネルギー β 線の測定が容易に行える．例えば，^{3}H は 60%，^{14}C，^{35}S，^{45}Ca および ^{32}P は 90% 以上の効率で測定することが容易である．これらの核種はいずれも生体構成元素の重要なものの同位元素であり，このことがライフサイエンスにおいて液体シンチレーションカウンタが汎用されている主な理由である．
② 発生する蛍光の強さ，つまり測定回路から得られる電気パルスの強さは放射線エネルギーに比例するため，波高分析器と組み合わせることにより，試料に含まれている種類の異なる放射性同位元素を区別して測定できる．

5・4・2 発光機構とクエンチング

〔1〕 エネルギー移行過程
試料からの放射線は，まず数の最も多い溶媒分子を励起する．この励起エネル

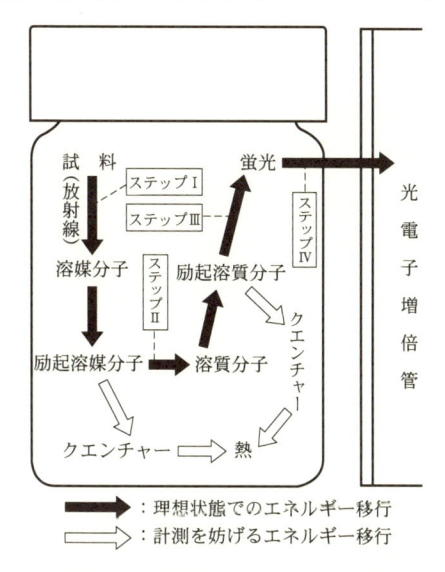

図 5・13　液体シンチレータの発光機構

ギーは隣接する溶媒分子に次々と受け渡され，ついには溶質（蛍光体）分子を励起するに至る．励起溶質分子が基底状態に戻る際には蛍光が発生し，それが光電子増倍管に到達して計測される（**図 5・13**）．

〔2〕 **クエンチング現象**

以上は理想的な状態におけるエネルギー移行過程であるが，実際には測定溶液の不均一性や試料中の不純物などにより，程度の差こそあれ，そのどこかが阻害されていることが多い．これを**クエンチング**，その原因物質を**クエンチャー**という．クエンチングの機構は大別して次の3種類が考えられる（図5・13参照）．

① 光子クエンチング：図のステップⅠの阻害．測定試料がシンチレータ中に均一に溶解していない場合．測定試料による β 線の自己吸収が原因である．

② 化学クエンチング：図のステップⅡとⅢの阻害．クエンチャーの作用により，励起溶媒分子や励起溶質分子から励起エネルギーの一部が失われる場合をいう．

③ 色クエンチング：図のステップⅣの阻害．クエンチャーが蛍光を吸収する場合に起こる．

5・4・3 溶媒・溶質・バイアル

上述のような理由で測定サンプルは均一溶液であることが望ましく，そのためには試料に応じて溶媒を使い分ける必要がある．通常，脂溶性試料に対してはトルエンやキシレンが，また水溶性試料にはジオキサンや乳化シンチレータ（疎水性シンチレータに界面活性剤を加えたもの）が用いられる．特に後者は無機塩や高分子物質を含む試料の測定に対して有効な場合が多い．

溶質としては多種類あるが，現在最も広く用いられているものはPPO（2,5-diphenyloxazole），POPOP（1,4-bis [2-(5-phenyloxazolyl)] benzene），およびbis-MSB（p-bis [o-methylstyryl] benzene）である．代表的な疎水性シンチレータの組成の一例をあげると，1 l のトルエン（あるいはキシレン）に 4〜6 g の PPO と 0.1 g の POPOP を溶解したものである．

バイアルにはガラス製とプラスチック製（使い捨て用）があり，一方容量からいえば標準サイズ（20 ml）と放射性廃液の量を減らすことを目的とするミニバイアル（5〜7 ml）の2種類が通常使用されている．また，100 ml 容量のバイアルを使用するカウンタもある（図 5・14）．

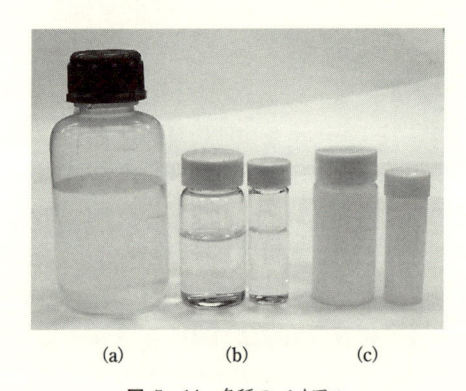

図 5・14 各種のバイアル
(a) プラスチック製 100 ml
(b) ガラス製 20 ml と 7 ml
(c) プラスチック製 20 ml と 7 ml

5・4・4 サンプル（試料＋液体シンチレータ）調製法

前述のクエンチング（ステップ I 〜IVの阻害）を除去する一般的手法について，以下に列挙する．ここで注意しなければならないのは，放射線以外の原因に

よる発光現象も存在することである．これには日光や蛍光灯の照明にサンプルをさらした場合に生じるリン光や，強酸，強アルカリや過酸化物などの化学物質の影響による化学発光がある．通常，これらの発光は ^3H のスペクトルよりも低エネルギー側にあり，しかも減衰が比較的速いので見分けられるが，十分な注意が必要である．

① 酸，塩基によりサンプルを可溶化して計測（ステップⅠの阻害を除去）．
② O_2 気相中で試料を酸化（燃焼）し，^{14}C は $^{14}CO_2$ に，^3H は ^3H_2O にして回収し計測（ステップⅠ～Ⅳの阻害を除去）．
③ 酸化剤，還元剤による着色妨害物質の脱色（ステップⅣの阻害を除去）．
④ 高分子物質などを含む水溶性試料を，乳化シンチレータ中で均一系，あるいは安定した乳濁系として計測（ステップⅠの阻害を除去）．
⑤ 不溶性の状態のまま（すなわち，微粉末をゲル中に保持して，あるいは試料を吸着したろ紙片を試料に対して不溶性のシンチレータ中に浸して）計測（特に後者は放射性有機廃液を減量するうえで有効）．

5・4・5　クエンチング補正法

前述のとおり，すべての測定サンプルはクエンチングを起こしているといってよいため，計数値〔cpm〕はそのままでは試料中の放射性同位元素の量〔dpm〕を示さない．したがって，試料中の絶対量が問題となる場合には，サンプルごとにクエンチングの程度を知る必要がある．通常よく行われるクエンチング補正法の原理を以下に述べる．

〔1〕　**外部標準チャンネル比法**

シンチレータに γ 線を照射すると，γ 線と溶媒との相互作用によりコンプトン電子が発生し，溶質は励起されて発光するが，ここで得られるエネルギースペクトルもクエンチングにより低エネルギー側に移行するため，前述と同様にしてチャンネル比からクエンチング補正が可能となる．

〔2〕　**内部標準法**

測定後の全サンプルに既知量の放射性同位元素を加えて再度測定し，増大したcpmと添加した放射性同位元素のdpmとの比からサンプルの計数効率を算出する．

〔3〕　**試料チャンネル比法**

サンプルから得られる β 線のエネルギースペクトルはクエンチングにより低

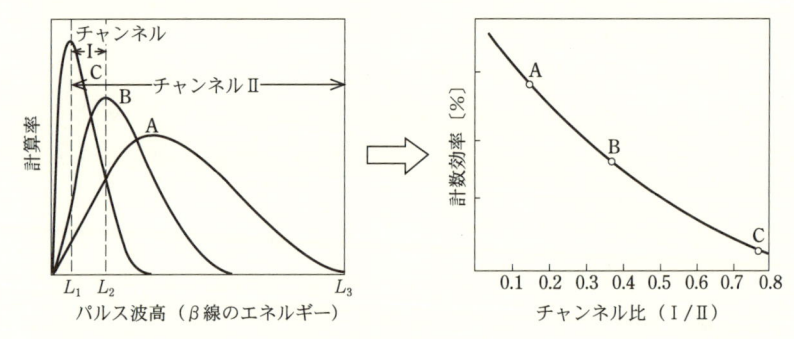

A：ほとんどクエンチングしていないサンプル　B：少しクエンチングしているサンプル
C：強くクエンチングしているサンプル

図 5・15　試料チャンネル比法の原理

エネルギー側にずれる．したがって，任意に選んだ2チャンネルから得られる計数の比が，クエンチングの程度によりどのように変化するかを前もって知っておけば，実際にはサンプルの計測により得られるチャンネル比から計数効率を求めることができる（**図5・15**）．

5・4・6　チェレンコフ光による計測

^{32}P や ^{36}Cl 程度のエネルギーの β 線は水中でチェレンコフ光を発するので，液体シンチレーションカウンタを用い（しかしシンチレータを加えず水溶液のままで），測定を行うことができる．例えば，^{32}P が水中で発するチェレンコフ光は，液体シンチレーションカウンタの ^{3}H チャンネルを用いると40%程度の計数効率で測定できる．この方法では試料を測定後回収できるなど利点も多く，そのうえ実験後に放射性有機廃液処理のための手間が不要であることを考えると，もっと利用されてよい測定方法であろう．

5・5　その他の検出法

5・5・1　フィルムによる検出

粒子線，γ 線，X 線は，すべて写真銀粒子の感光能を持つので，これら放射線の検出に写真フィルムおよび乳剤が用いられる．放射線防護の目的で使用されているフィルムバッジや，医学利用における X 線写真が知られている．

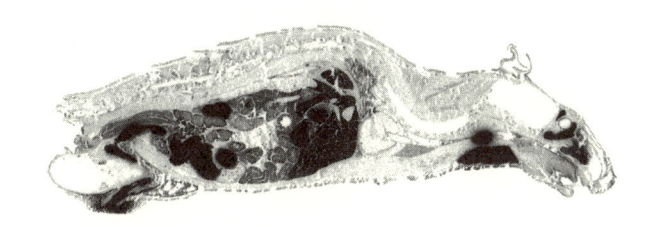

図 5・16　オートラジオグラフィ：^{125}I-ヨードスピペロン

　研究用としては，物質の所在の位置的要素を含めた解析法として，放射性同位元素でラベルされた物質を用いたオートラジオグラフィの手法が用いられる．オートラジオグラフィは，原理的には写真の場合の原理と根本的に同様であり，ハロゲン化銀結晶中の銀イオンが銀原子化して感光核に集積する（黒化銀）ものである．その黒化度と放射性同位元素の放射活性の量との間に定量的関係がある．

　オートラジオグラフィに使用される核種としては，^{3}H，^{14}C，^{32}P などの β 線源，または ^{137}Cs のように内部転換電子を放出するもの，^{125}I のようにオージェ電子を放出するものがある．オートラジオグラフィはトレーサ実験の分析法として重要な位置を占め，また組織細胞化学においても，必要不可欠の手段である（**図 5・16**）．生化学領域では薄層クロマトグラフィや，ゲル電気泳動の結果を検出するために多く使われる．組織化学では物質の細胞局在または細胞内局在を知るために，マクロ（全身），ミクロ（光学顕微鏡），超ミクロ（電子顕微鏡）の各レベルでの解析が可能である．レベル別に使用する銀粒子の大きさは，粒子径が $0.03\,\mu$m から数 μm のものまで多種類が開発されている．また，実験目的によって放射性同位元素投与または浸漬の方法が選ばれ，感光の方法も乳剤を試料に塗布するか，フィルムを使用するかの違いがある．

　オートラジオグラフィの問題点は，その物質の真の所在を見ているかどうかであり，いろいろな要素で銀粒子が放射性同位元素のない部分で感光されるので注意を要する．また分解能の問題に関して，放射線の飛程の最も短い ^{3}H がよく使われている．しかし低エネルギーの放射線では長期間，銀乳剤と接触させておく必要があり，この点を解決するために増感板や増感剤が用いられる．

5・5・2　イメージングプレート

　X 線フィルムに代わり，高感度（X 線フィルムの 100 倍），広いダイナミックレンジ（5 けた以上），繰り返し使用できるなどの点で優れた特徴を示す**イメ**

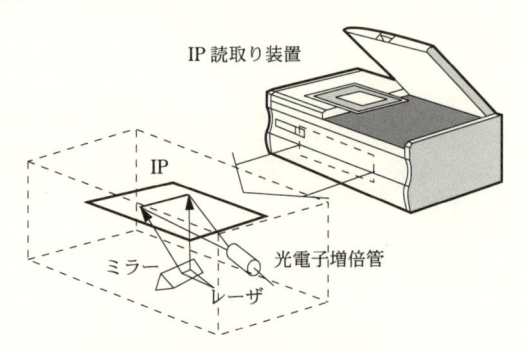

図 5・17 IP 読取り装置の構成

ジングプレート (imaging plate：IP) が広く用いられるようになってきた．特に，IP 上の二次元放射線イメージをディジタル画像として抽出することができ，イメージのディジタル画像処理が可能である．読取り分解能は X 線フィルムより劣るが，画素サイズ 10 μm まで読取りが可能である．欠点としては，高価な装置が必要であり，また温度・湿度・時間などによるフェーディング（信号の退行，消滅）がある．

IP は，ある種の蛍光物質（$BaFBr：Eu^{2+}$，$BaFI：Eu^{2+}$ など）をフィルムに均一に塗布したもので，放射線の照射により蛍光中心が作られる．これがレーザによって励起され発光する現象（光輝尽発光）を利用したもので，IP の表面をレーザ光線でスキャンして放射線のイメージを読み取る（**図 5・17**）．

X 線・γ 線および α 線，β 線の測定に使用されるが，線種の弁別には工夫が必要である．また，中性子用として，蛍光物質に ^6Li や ^{10}B を混合した IP がある．医療診断，オートラジオグラフィ，クロマトグラフィ，電子線，X 線および中性子回折など，二次元放射線分布の測定に各分野で広く使用されている．

5・5・3 フリッケ線量計

フリッケ線量計（Fricke dosimeter）の原理は，Fe^{2+} を含む水溶液を放射線照射すると，その吸収線量に直線比例して，Fe^{2+} が Fe^{3+} に酸化されること，その収率が Fe^{2+} の濃度によらないことなどの性質を利用し，できた Fe^{3+} の 304〜305 nm の吸光度 OD (optical density) により線量〔Gy〕を求めようとするものである．経済的に安く，使いやすく，高い精度で線量の絶対値を知ることができることもあって広く利用されている．

分析用の薬品 {$FeSO_4(NH_4)_2SO_4 \cdot 6H_2O$：200 mg, NaCl：30 mg, 濃 H_2SO_4

表 5・2　フリッケ線量計に対する G (Fe^{3+})*1

放射線	$G(Fe^{3+})$	放射線	$G(Fe^{3+})$
160 MeV 陽子	16.5±1	12 MeV 重陽子	9.81
1～30 MeV 電子	15.7±0.6*2	14.3 MeV 中性子	9.6±0.6
11～30 MV X 線	15.7±0.6*2	1.99 MeV 陽子	8.00
5～10 MV X 線	15.6±0.4*2	3.47 MeV 重陽子	6.90
4 MV X 線	15.5±0.3*2	$^{5}Li(n, \alpha)$ ^{3}H 反跳核	5.69±9.12
^{60}Co γ 線	15.5±0.2*2,*3	^{210}Po α線 (5.3 MeV, 内部線源)	5.10±0.10
		$^{10}B(n, \alpha)$ ^{7}Li 反跳核	4.22±0.08
2 MV X 線 ($\bar{E}=0.44$ MeV)	15.4±0.3*2	^{235}U 核分裂片	3.0±0.9
^{137}Cs γ 線 (0.66 MeV)	15.3±0.3*2	無限大の LET に対する制限収率 (加速した ^{12}C, ^{16}O および ^{14}N イオンから得られた結果を外挿した鎖)	2.9
250 kV X 線 ($\bar{E}=48$ keV)	14.3±0.3		
50 kV X 線 ($\bar{E}=25$ keV)	13.7±0.3		
^{3}H β 線 (E_{max} 18 keV, E_{av} 5.7 keV)	12.9±0.3		

* 1：この表に示した値は 0.4 M H_2SO_4 (pH 0.46) 標準線量計溶液を用い 25°C の温度におけるものである．0.05 M H_2SO_4 溶液に対しては約 2% 低い値になる．X 線エネルギーはピーク値を示す．$\bar{E}$ は実効平均エネルギーを示す．

* 2：ICRU が勧告した平均値を示す．

* 3：^{60}Co γ 線に対しては 15.6 の値も広く使用されている．

(95～98%)：11 ml} に，ガラスの系で作った蒸留水を加えて 500 ml とする．この溶液（ほぼ，Fe^{2+} 1 mM，0.8N H_2SO_4，pH 0.4 となっている）の一定量を，空気で飽和した状態で照射する．ただし，40～400 Gy の照射が必要である．照射後 304～305 nm の吸光度を測定し，未照射に対する照射液の吸光度の増分 ΔOD を求める．また，測定時の溶液温度 t [°C] を記録する．これらの ΔOD，t [°C] および目的とする放射線の G 値（表5・2）を次式に代入すれば吸収線量が求められる．

$$吸収線量 [Gy] = \frac{\Delta OD}{2.27 \times 10^{-4} G\{1+0.0069(t-25)\}} \quad (5 \cdot 1)$$

5・5・4　熱ルミネセンス線量計

　ある種の固体に放射線を照射したのち加熱すると一種の蛍光を発する．これを**熱ルミネセンス**という．この熱ルミネセンス量が放射線照射量に比例することを利用した線量測定装置を**熱ルミネセンス線量計**（thermo luminescence dosimeter：TLD）という．固体が放射線の照射を受けると，固体内電子および正孔が励起され，電子は格子欠陥に捕らえられ，また正孔は別の格子欠陥に捕らえられる．これが放射線信号の蓄積過程である．次に，この固体を 200～400°C

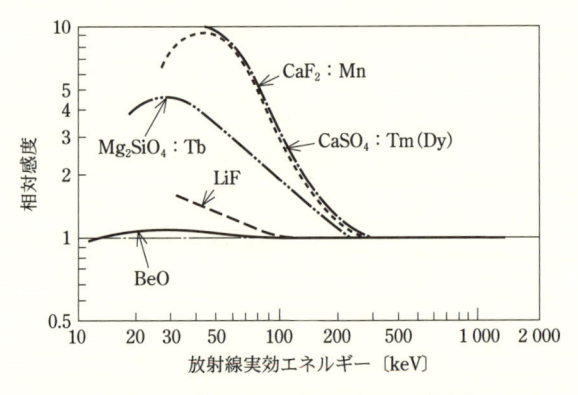

図 5・18　各種 TLD 材料のエネルギー依存性

の高温に加熱すると，捕らえられた電子が解放され，正孔と再結合し，このとき熱ルミネセンスを発する．

熱ルミネセンス材料は，生体吸収線量の測定には生体等価のもの（BeO，LiF）が，また環境モニタなどの低線量測定には高感度のもの（$CaSO_4$：Tm，CaF_2：Mn，Mg_2SiO_4：Tb）が用いられている．図 5・18 に，これらの材料の放射線エネルギー依存性を示してある．生体等価のものはそのままで吸収線量を測定できるが，高感度のものはエネルギー応答の補正計算が必要になる．線質や線量の違いによって，素子をうまく使い分けることによって β 線，γ 線，X 線，ソフト X 線などの測定ができるほか，高線量（10 kR）から微小線量（0.1 mR）まで測定できる．

熱ルミネセンスを発する固体を薄いガラスなどに封入した小型の素子を，測定したい場所に一定時間置いたのち，リーダ（読取り装置）にかけて加熱し熱量を読み取るのが一般的な使用方法である．作業環境の測定や個人被ばく線量の測定に広く用いられている（5・7・3 項参照）．

5・6　計数値の取扱い

放射性同位元素の崩壊は，全く確率的な法則に従っている．したがって，崩壊する数の短い時間での測定はいつもばらつくことになる．このようなばらつきはポアソン分布に従い，計測数 C の標準偏差 σ は C の平方根で表せる．

$$\sigma = \sqrt{C} \tag{5・2}$$

この計測数 C が t 分間の実測値だとすると，その計数率（count rate）は

$$\frac{C}{t} \pm \frac{\sqrt{C}}{t} \tag{5・3}$$

となる．例えば，1分間に100カウントがあれば

$$計数率 = \frac{100}{1} \pm \frac{\sqrt{100}}{1} = 100 \pm 10 \text{ cpm}$$

となり，±10% の正確さとなる．

試料を t_1〔min〕で C カウント，自然計数率が t_2〔min〕で B カウントとすれば

$$試料だけの計数率 = \left(\frac{C}{t_1} - \frac{B}{t_2}\right) \pm \sqrt{\frac{C}{t_1^2} + \frac{B}{t_2^2}} \tag{5・4}$$

となる．例えば，$C=8\,000$，$t_1=4$ min，$B=300$，$t_2=10$ min とすれば

$$試料だけの計数率 = \left(\frac{8\,000}{4} - \frac{300}{10}\right) \pm \sqrt{\frac{8\,000}{4^2} + \frac{300}{10^2}}$$
$$= 1\,970 \pm 22.4 \text{ cpm}$$

となる．

　一般に，計数値〔cpm〕は，計測する装置の全体としての効率が同一な場合に，試料の相対的な放射能の強さを示しているにすぎない．例えば，端窓型 GM 計数管を用いて β 放射試料の放射能を A〔dpm〕とすると，その計数率 C〔cpm〕とには次のような関係がある．ただし，そのときの自然計数率を B〔cpm〕とする．

$$C = \alpha A + B \tag{5・5}$$

この α は全測定効率といわれ，次のような種々の補正因子の積になっている．
① 幾何学的効率：GM 計数管を見込む立体角を 4π で割ったもの．
② 計数管の分解能の補正：GM 計数管の分解時間 t〔min〕は 3×10^{-6} min くらいで，実測値 c〔cpm〕を 5 000 cpm とすれば，真の計数値 C〔cpm〕は一次近似式

$$C = \frac{c}{1-ct}$$

より

$$C = \frac{5\,000}{1 - 5\,000 \times 3 \times 10^{-6}}$$
$$\fallingdotseq 5\,076 \text{ cpm}$$

となり，ほとんど差がない．しかし，数万 cpm を超えると数え落しが著し

いので 5 000～6 000 cpm 以下で使用すべきである．
③　計数管の窓および試料間の空気の層（試料と窓をほとんど密着するとする）の吸収補正：3 mg/cm² の吸収層に相当するとし，その透過率は ^{32}P，^{35}S の β 線で，97％，52％ くらいである．
④　試料支持物による後方散乱の補正：試料皿の材料をプラスチックやアルミニウムのような原子番号の低いものにすると比較的この影響を小さくできる．
⑤　試料の自己吸収の補正

　これらの多くの要因を一定にすれば，標準線源（standardized sample）との比較から，絶対的な放射能の強さ A を求めることができる．つまり，標準線源として，試料と同一核種・形状のものを作り，同一条件で実測すればよい．直接に絶対測定するには，4π カウンタで測定する必要がある．

5・7　個人被ばくの線量の測定

　個人の外部被ばく線量は，一定時間に放射線によって生じた現象（信号）を検出器に蓄積することで評価される．つまり，放射線の積算線量の測定であり，個々の放射線によるパルス信号を検出する測定とは異なる．この積算線量の測定法では，放射線の種類やエネルギーの情報を直接得られないが，吸収フィルタ（遮へい物質）を利用し線種やエネルギーの依存を考慮した線量評価が行われている．なお，個人線量計の装着部位は法令で定められている．

5・7・1　フィルムバッジ

　フィルムバッジは，X 線フィルムをケース（約 3 cm×4 cm）に入れて着用し，フィルムの黒化濃度により線量を測定するものである．これは機械的に丈夫で小型軽量であり，一定期間（例えば，2 週間ごとあるいは 1 月ごと）の線量を継続的に測定し，古くから個人の被ばく歴のデータを得る目的で使用されている．測定できる放射線の線種は，X 線・γ 線，β 線，中性子線である（図 5・19）．バッジケースに取り付けられた種々のフィルタにより放射線の種類を分別し，入射エネルギーによる補正をして線量を算出するようにできている．近年，フィルムバッジは徐々に使用されなくなり，熱ルミネセンス線量計，ガラス線量計，光刺激ルミネセンスを利用した線量計が個人線量計として使用されるように

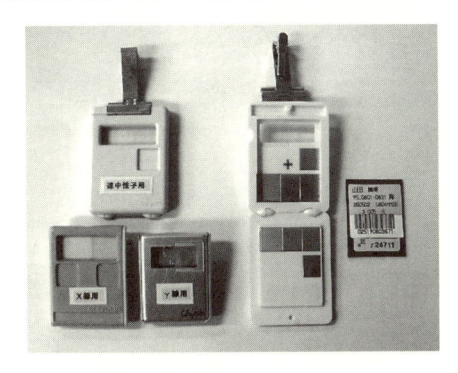

図 5・19　各種のフィルムバッジ

なった．

5・7・2　ガラス線量計

　ある種のガラスは放射線にさらされると蛍光中心を作り，紫外線を当てると発光（ラジオフォトルミネセンス）する．この発生量で積算線量を評価する測定器を**ガラス線量計**という．ガラス素子として，銀活性リン酸塩ガラスが使用されている．最高感度はフィルムバッジの場合とほぼ同じ約 50 keV であり，適当なフィルタ（Pl，Al，Cu，Sn）を用いることにより，150 keV 以上で平坦な感度を持たせることができる．また，紫外線にさらさなければ，蛍光中心の退行は 6 か月間で 5% 以内である．放射線被ばく時と蛍光測定時の温度の違いによる誤差は，通常の条件下では数% 以下である．読取り（励起）操作では作られた蛍光中心は消滅しないので，繰り返し読み取ることができる．また，高温（約 400 ℃）加熱で蛍光中心を消滅させることで，再利用することができる．

　これらの特徴を持つガラス線量計は，集積線量，短期間の被ばく線量，大線量（～10 Sv）測定などに用いることができるが，衝撃により大きな誤差を生じるおそれのあることに留意する必要がある．**図 5・20** に個人被ばく線量測定に使用されているガラス線量計（ガラスバッジ）の構造を示す．

　個人線量計を着ける位置は被ばくの状態によって変わってくる．線量計の装着例を**図 5・21** に示した．体幹部（頭頸部，胸部と上腕部，腹部と大腿部）が均等に被ばくする場合には，男子は胸部〔生殖能力のある女子（以下女子）については腹部〕に着ける．体幹部が不均等に被ばくする場合，白衣型防護衣を着用した場合は，防護衣で覆われていない頭頸部および防護衣の内側の胸部（女子は腹

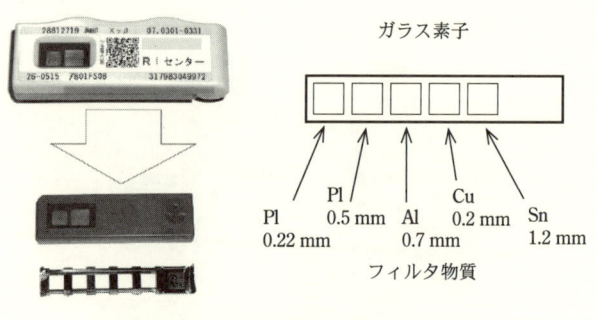

図 5・20　ガラス線量計（ガラスバッジ）

フィルタ物質：Pl 0.22 mm、Pl 0.5 mm、Al 0.7 mm、Cu 0.2 mm、Sn 1.2 mm

＊体幹部均等被ばくの場合

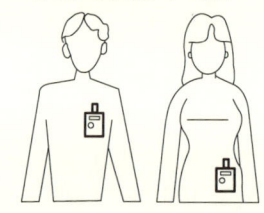

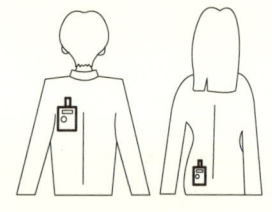

恒常的に背面が前面より明らかに多く照射されるとき

＊体幹部不均等被ばくの場合

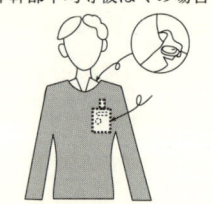

体幹部（頭部を除く）を覆う白衣型防護衣を着用したとき

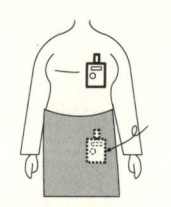

腹部を覆う前掛型防護衣を着用したとき

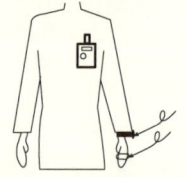

＊末端部被ばくの場合

図 5・21　個人線量計の装着部位

部）にそれぞれ1個，計2個装着する．腹部を覆う前掛け型防護衣を着用する場合には，胸部に1個と腹部（防護衣の内側）に1個，合計2個着ける．末端部

(手と前腕およびくるぶしが，体幹部より多く放射線を受けるおそれのある場合は，末端部のうち最も多く放射線を受けるおそれのある部位にも装着する．複数個個人線量計を着けた場合には，実効線量を正しく評価するために各部位の装着期間を同じにし，モニタ後の現像処理などを同時に行う必要がある．

5・7・3　熱ルミネセンス線量計（TLD）

熱ルミネセンスを発する性質を持った物質を小型の容器に封入した素子を胸部，腹部などに装着し，一定時間後この素子をリーダ（読取り装置）にかけることによって線量を知ることができるため，比較的短期の個人被ばく線量の測定に用いられる（図 5・22）．

① 測定可能な放射線量は 1 mR〜10 kR できわめて広範囲である．
② 放射線量と熱ルミネセンスの量の直線性が非常によい．
③ 経年変化が少ない．
④ TLD 素子を熱処理して再生することができ，約 100 回の反復使用が可能である．
⑤ TLD 素子は小型であり，粉末状の素子もあるので，身体各部位の線量分布測定ができる．

しかし，可視光線や紫外線に感度の高い素子があるので，取扱いには注意を要する．

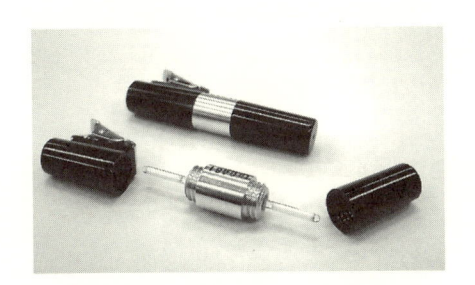

図 5・22　熱ルミネセンス線量計

5・7・4　ポケット線量計

ポケット線量計は，X線・γ線量を直接測定するために使用する小型の電離箱，半導体検出器がある（図 5・23）．JIS には，有効エネルギーは 27 keV〜2 MeV，エネルギー依存性は校正定数の中心値に対し ±40% 以内，^{60}Co の γ 線に

図 5・23 電離箱式ポケット線量計（左）と半導体ポケット線量計（右）

対する指示値の誤差±10% 以内，自然放電は 8 時間当り 1% 以内と定められている．

　ポケット線量計は，集積線量，短期間の被ばく線量，比較的大線量の被ばくのおそれがある場合に用いる．その大きな特徴は，作業中随時かつ容易に被ばく線量を知ることができることにある．電離箱式ポケット線量計は，構造上ショックなどに対して敏感で見かけ上の放電が起こりやすいため，取扱いには注意を要する．また，測定誤差を小さくするために高温多湿を避けること，長時間使用の場合には電離箱の自然放電を考慮すること，絶縁体の劣化によってリーク電流が増大し誤差の原因となること，などの注意が必要である．

　最近は，半導体検出器（5・3 節参照）と計測回路をコンパクトにまとめた電子式ポケット線量計が，電離箱式の線量計に代わって用いられるようになってきた．この線量計は積算線量を常にディジタル表示しているので，時間経過の被ばく線量を把握するのに便利である．

5・7・5　アラームメータ

　アラームメータ（alarm meter）は，線量率の大きい場所で作業するとき，大きな被ばくのおそれのあるとき，などに着用する．検出器には電離箱か GM 管が用いられており，線量を測るものと線量率を測るものとがあるが，いずれもある設定値以上の線量または線量率の X 線・γ 線により警報を発する．電離箱式のものは，有効エネルギーが 30 keV～2 MeV である．GM 管式のものは 100 keV 以上のエネルギーを持つ放射線に対して有効である（図 5・24）．アラームメータは，使用前に規定の線量照射によって警報を発することを確かめておくことが大切である．

図 5・24　GM 管式アラームメータ

5・8　サーベイメータ類

　個人モニタ，空間線量当量率測定や汚染検査などのために各種の**サーベイメータ**（survey meter）が用いられる（**図5・25**）．サーベイメータは種類が多く，その使用に際しては，① 測定の目的，② 測定しようとする放射線の種類とエネルギー，③ 作業内容，などに合ったものを選ぶ必要がある．そのためには何よりまず，おのおののサーベイメータに採用されている放射線検出器の原理および特性をよく理解しておくことが大切である．さらに，長期間使用していると感度変化，回路定数変化などにより誤差が生ずる可能性があるので，各サーベイメータの仕様に従って適切な線源を用いて校正を行わなければならない．サーベイメータによく用いられる検出器としては電離箱，GM 計数管および NaI (Tl) シンチレーション検出器があげられる．

　ICRP（国際放射線防護委員会）の勧告（Pub. 26）に従った法令改正により，1

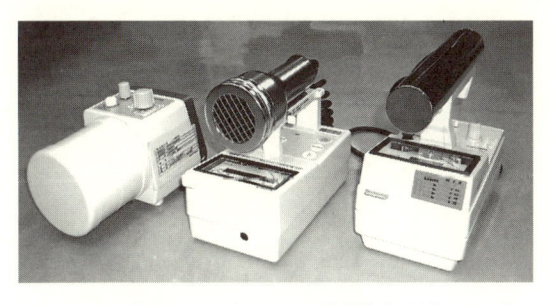

図 5・25　各種サーベイメータ：電離箱式（左），GM 計数管式（中央）および NaI (Tl) シンチレーション式（右）

表 5・3 サーベイメータの特性比較

		電離箱式	GM 計数管式	NaI(Tl)シンチレーション式
測定方式		電離電流またはその積分値	放電によるパルスの計数	発光によるパルスの計数
測定可能放射線		β 線, γ 線, X 線	(α 線), β 線, γ 線, X 線	γ 線
エネルギー測定の可否		不可	不可	可能
線量率計としてのエネルギー依存症		良	不良	GM 管ほど悪くない
測定可能範囲	計数率	——	10〜100 kcpm	1〜10 kcps
	γ 線, X 線に対する 1 cm 線量当量率	1 μSv/h〜300 mSv/h	<300 μSv/h	<30 μSv/h
保守・取扱いの難度		ややめんどう	最も容易	容易

〔注〕 市販されているサーベイメータの概略の性能を示した.検出器の大きさなどにより変化する.

cm の線量当量率(単位時間当りの H_{1cm}) 対応のサーベイメータが市販されている.これは X 線,γ 線や中性子線に対する検出器のエネルギー特性を人体を近似した ICRU 球(国際放射線単位測定委員会が決定した直径 30 cm の球)の 1 cm 線量当量率が直読できるので便利である.しかし,広いエネルギー範囲で直読できるとは限らず,また 1 点のみ(例えば,^{137}Cs の 662 keV γ 線)で校正してあるものもあるので,それぞれのサーベイメータのエネルギー特性,校正定数を把握しておく必要がある.表 5・3 に各サーベイメータの主な特性をまとめてある.

電離箱サーベイメータは,放射線による電離電流を直流増幅器で増幅し,線量率〔mR/h〕あるいは 1 cm 線量当量率〔μSv/h〕を直視したものが多い.通常,GM サーベイメータおよびシンチレーションサーベイメータは,計数率〔cps,cpm〕で表示されるが,^{137}Cs で校正された 1 cm 線量当量率〔μSv/h〕対

図 5・26 線量当量率〔μSv/h〕表示

応のものもある（図 5·26）．

空間線量率の測定には電離箱が最も適している．GM サーベイメータおよびシンチレーションサーベイメータは入射放射線のエネルギーに対する依存性が強く，正確に線量率を決めるにはあらかじめ校正曲線を求めておく必要がある．

検出感度は電離箱より GM サーベイメータやシンチレーションサーベイメータのほうがずっと優れているので，これらは汚染検査用としても使われる．いずれを選ぶかは放射線の種類とエネルギーによって決まる．約 100 keV 以上の γ 線を放射する放射性同位元素の探査には，NaI (Tl) を使ったシンチレーションサーベイメータが最適である．低エネルギー γ 線および X 線の測定には GM サーベイメータのほうがよいが，GM 管は分解時間が数百 μs と非常に悪く，数え落しによる見かけ上の計数率指示値の減少に常に注意を払う必要がある．

GM サーベイメータは β 線を放射する放射性同位元素の汚染検査にも使えるが，窓厚に注意しなければならない．市販の端窓型 GM 管の窓厚は 3 mg/cm^2 程度のものが多く，50 keV 以下の電子線を効率よく測定することは難しい（図 5·27）．ライフサイエンスにしばしば使われる ^{3}H は 19 keV 以下の電子しか放射しないので，GM サーベイメータでの汚染検査は不可能である．^{14}C（最大エネルギー 156 keV）に対しても検出効率が著しく低いため実用的でない．これら低エネルギー β 線放出核種の汚染検査には，薄窓（1.4 mg/cm^2）や窓なしガスフロータイプの表面汚染モニタも役だつが，ふきとり法（スミア法，smear test）によるサンプルを窓なしのガスフロー計数法か液体シンチレーション計数法で行

図 5·27　GM 管（窓厚は 3 mg/cm^2 程度）：中央は，内部のようすを見るためマイカ薄膜を取り除いてある．この GM 管は，図 5·25 の中央にあるサーベイメータに装着されていたもの

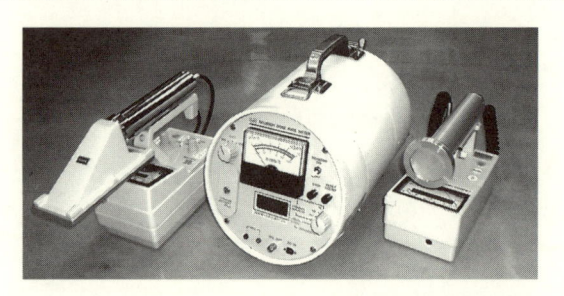

図 5・28　サーベイメータ：α線用（左），中性子用（中央），^{125}I 用（右）

うほうが確実である．ただし，液体シンチレーション計数法の場合，化学発光などによる偽計数に注意する必要がある．なお，広い範囲の汚染検査を行おうとするときには，大口径のGM管を用いると効率が高いので便利である．

このほか，α線用サーベイメータとしてZnS（Ag）シンチレータ，中性子線用サーベイメータとしてBF$_3$計数管が使用される．さらに，最近は^{125}I専用のNaI（Tl）シンチレーションサーベイメータや，α線，β線用の半導体サーベイメータも利用できる（図5・28）．

5・9　モニタ装置類

放射性同位元素使用施設には，室内の放射線の量や放射性同位元素の空気中濃度を常時監視したり，作業時の身体汚染や床汚染を迅速に検査するための各種モニタ装置が置かれている．これらはサーベイメータ類のように測定結果を指示するだけでなく，あらかじめ設定した値を超えると光または音により警報を発するものもある．

5・9・1　エリアモニタ

環境の放射線レベルを監視するための据置式放射線監視装置で，連続的に放射線レベルの記録ができる．線量率の測定には，レベルの高い所では電離箱が使われるが，管理区域の境界や室内のレベルの低い所では高感度のGM計数管やNaI（Tl）シンチレーション検出器が使われる．非密封RI実験室の空気中の放射性同位元素濃度も最近では監視する場合が多く，検出器としては通気式の電離箱が採用される．大きな放射性同位元素等使用施設，原子炉や大型加速器施設では放

射線検出器のみを各監視場所に置き，電子回路部，記録装置や警報装置などモニタ本体を一つの部屋に集めてシステム化し，多数の監視場所を集中管理することが多い．

5・9・2　ハンドフットクロスモニタ

通常，汚染検査室の出口の所に手足，衣服汚染検査用のハンドフットクロスモニタ（hand-foot-clothes monitor）が設置されている（**図 5・29**）．放射性同位元素の使用中に汚染したかどうかを作業室からの退出時に検査するためのもので，手を使わず全自動で動作するようになっている．検出器としては壁厚 30 mg/cm^2 程度の薄ガラス製 β-γ 線用 GM 計数管，プラスチックシンチレータ，比例計数管が採用されている．両手・両足および衣服用の計数管でそれぞれの箇所の表面汚染を測定し，あるレベル以上になると警報を出す．装置をむやみに汚染させることのないようにするため，手が汚染していないことを確認した後，衣服用プローブで衣服の検査をするように心がける．^{3}H や ^{14}C などの低エネルギー β 線放出核種による汚染は，当然のことながらこの手足，衣服モニタでは見つけることはできない．

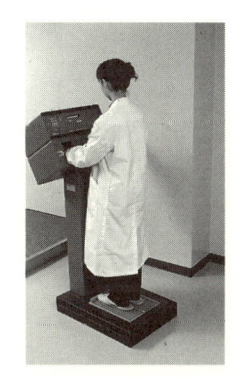

図 5・29　ハンドフットクロスモニタ

5・9・3　床モニタ

サーベイメータを床表面の測定に便利なように制作したものである．検出器としては普通大面積の横窓型の GM 計数管（β 線，γ 線用）と比例計数管（α 線用）を採用している．下部のシャッタの開閉によって β 線と γ 線の測定が区別できるようになっている．

5・9・4　排水・排気モニタ

排水・排気中の放射性同位元素による汚染の状況の測定が，法律で義務づけられている．排水・排気モニタは，放射性同位元素取扱施設から周辺への排水・排気の出口に設置するものであり，汚染の状況の測定を自動連続して行う装置である．測定部は，あらかじめ設定した警報レベルを超えると警報を発し，取扱者に注意を喚起する．

表 5・4 排水・排気モニタに使用する検出器の例

モニタの種類	放射線の種類	検出器	測定方式
排水モニタ	β 線 γ 線	プラスチックシンチレータ，GM 計数管 NaI(Tl) シンチレータ	連続通水式 バッチ式
ダストモニタ	α 線 $\beta(\gamma)$ 線 γ 線	ZnS(Ag) シンチレータ GM 計数管 NaI(Tl) シンチレータ	固定ろ紙に集じん 連続移動ろ紙に集じん
ガスモニタ	$\beta(\gamma)$ 線 $\gamma(X)$ 線	電離箱プラスチックシンチレータ NaI(Tl) シンチレータ	通気方式

モニタの測定方式，検出器を表5・4に示す．排水モニタの検出感度は核種により異なり，排水中に含まれる核種がわからない場合や，複数の核種を含む場合は濃度を決めることが困難である．排水時には手動サンプリングによる測定が必要であり，測定には γ 線放出核種に半導体検出器，ウェル型 NaI（Tl）シンチレーションカウンタ，低エネルギー β 線放出核種に液体シンチレーションカウンタなどを用いる．

排気モニタはダストモニタとガスモニタからなる．排気系統での設置を図5・30に示す．測定方式は排気ダクトから吸気ポンプでサンプリングし，検出器で放射能濃度を測定する．ただし，ダストモニタは自然のじんあいに含まれる放射性物質も同時に集じん，測定するので，測定値の評価には注意が必要である．

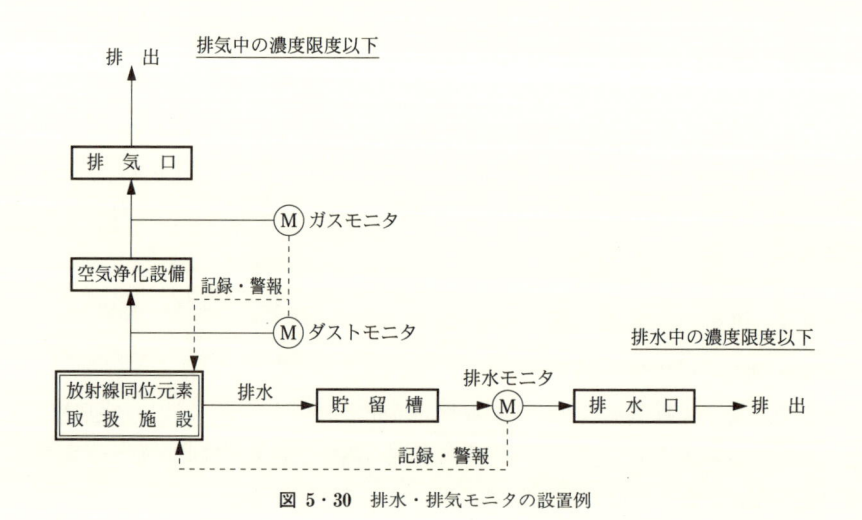

図 5・30 排水・排気モニタの設置例

6章　放射線に関する生物学

〈理解のポイント〉
- 放射線が体内で作用する際，標的となる分子に直接的に影響を与える場合と水ラジカルの生成を介して標的に至る場合がある．
- 生体内での主たる標的は DNA である．
- 溶液濃度，酸素濃度，温度などにより影響の度合いが変動する．
- 細胞が保持している修復能力を上回る損傷を DNA が受けると，突然変異や染色体異常などが引き起こされる．
- 染色体異常や突然変異の結果，細胞死あるいは細胞の分裂異常による発がんに至る．

　1895年にレントゲンがX線を発見して間もなく，火傷のような皮膚障害や脱毛，発がんなど，X線が人体にさまざまな障害を引き起こすことが判明した．その後50年も経たないうちに，今日知られている放射線被ばくによる症状のほとんどが明らかとなる（具体的な症状の詳細については7章を参照のこと）．放射線は，毒物などの化合物や物理的刺激の場合とは少々異なる機序で人体に影響を及ぼす．例えば，放射線を全身に大量被ばくしたとしても，全身一様に放射線の影響が現れるわけではなく，組織によって影響の受けやすさに差がある．また，放射線の種類やエネルギー量によって症状の重篤度が異なってくる．放射線に対する生体反応を理解するためには，核酸・タンパク質といった分子のレベルから，細胞，さらには組織や個体といったよりマクロなレベルに至るまで，各段階において，被ばく後に起こるさまざまな現象を知っておく必要がある．本章では，これらのうち分子・細胞レベルでの放射線影響の概要を述べる（組織・個体レベルにおける影響ついては7章で論ずる）．

　大量の放射線被ばくによる影響については，これまでにさまざまな調査・研究がなされてきたため，生体内で生じうるさまざまな現象の大半が明らかにされて

いる．このような大線量被ばくは，核爆弾の投下や原発関連施設の事故などの際に起こるが，実際にこのような危険に遭遇する可能性はほとんどない．それよりも，現代の日常生活においては，ラドンなどの天然放射性同位元素からの継続的な被ばくや，医療や産業の場での放射線利用時に起こりうる一時的な少線量被ばくのほうが頻度が高い．このような微量放射線による被ばくは，環境中に存在する放射線以外のリスク要因との区別ができないので，その危険性についての評価が困難である．微量放射線被ばくについても説明する．

6・1　生体内での放射線の作用機序

6・1・1　放射線特有の作用

生体内における放射線の作用のしかたは，熱などの物理的な刺激や毒劇物などの化学物質による作用の場合とはだいぶ様子が異なる．

最大の特徴は，熱量に換算するとわずかなエネルギーの放射線であっても生体に深刻なダメージを与えうるということである．例えば，人は $4\,\mathrm{Gy}$[*1] 以上の放射線を被ばくすると，被ばく集団の50％が1か月以内に死亡する．これを単に熱として換算すると，4 Gy 分の熱量では15℃の水1 g をおよそ1度上昇させることしかできない．体重60 kgの人間なら，約 1.6×10^{-5} 度の体温上昇分である．

また，一般的な化学薬品の毒劇物では薬量とその効果との関係がシグモイド型の曲線を描くが（図6・1），放射線では線量と重篤度（放射線の及ぼす効果）と

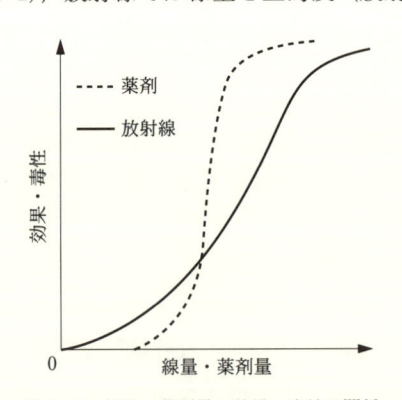

図 6・1　線量・薬剤量と効果・毒性の関係

[*1] Gy（グレイ）は「吸収線量」を表す単位である．詳細は2・5節を参照．

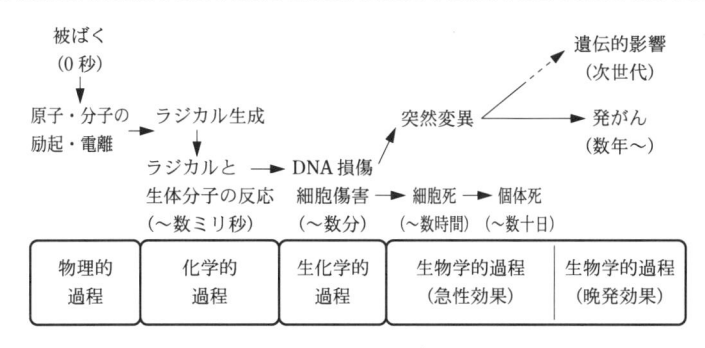

図 6・2 生体内における放射線作用過程

の関係が指数曲線に近いか、あるいは非常に緩やかなシグモイド曲線となる。薬剤の場合は、あるしきい値量以下ではその薬剤を投与してもほとんど毒性がなく、それを超えると急激に毒性が増す。それに対し、放射線はわずかな量でも生体に作用を及ぼしうる。このことからも、放射線の作用機序が一般的な薬剤ほど単純ではないことがわかる。

放射線を被ばくした後に生体内で起こる反応は、時間経過によって四つの過程に分けることができる（図6・2）。まず初めに放射線の飛跡に沿って周囲の原子や分子の励起や電離が起こり（物理的過程）、次いでこれら放射線からエネルギーを受け取った分子やイオンが**フリーラジカル**（遊離基）や活性型のイオンを生じさせる（化学的過程）。これらは非常に反応活性が高いため、周囲の核酸（DNA）やタンパク質などと反応しダメージを与える（生化学的過程）。ダメージを受けた生体高分子は修復される場合もあるが、そうでなければ細胞死や突然変異が起こり、しだいに症状が体に現れ始める。細胞死はときとして個体の死にもつながる（生物学的過程・急性効果）。また死に至らなくとも、DNA上に突然変異として損傷が残れば、数年～数十年後に発がんする。あるいは子孫に損傷が遺伝することもある（生物学的影響・晩発効果）。

6・1・2　LET（線エネルギー付与）[*2]と感受性

放射線は種類（線質）によって人体（組織）に与える影響の度合いが異なる。そこで生物作用の違いに注目し、放射線を**高LET放射線**と**低LET放射線**の2種類に分けて考える。α線や速中性子線、重イオン線などは高LET放射線で、

[*2] LET（linear energy transfer, 線エネルギー付与）とは、放射線が物質（組織）中を透過する際に単位長当りの物質（組織）に与えるエネルギーの量のこと。単位は keV/μm。

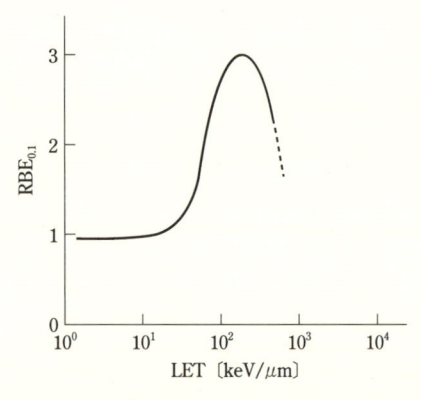

図 6・3 LET と生存の相対的生物学的効果比（RBE）

X 線や γ 線，β 線は低 LET 放射線というように分類する．LET が高いほど生体が吸収する線量は大きく，体内での影響が深刻なものとなる．このような LET の違いを表す指標が，生物学的効果比（relative biological effectiveness：RBE）であり，次式で表される．

$$\text{RBE} = \frac{\text{ある生物学的効果を生じるのに必要な基準放射線}^{*3}\text{の吸収線量}}{\text{同一の生物学的効果を生じるのに必要な試験放射線の吸収線量}}$$

図 6・3 に LET と細胞の生存率が 10%（90% が致死）になる線量を表す $\text{RBE}_{0.1}$ との関係を示した．$\text{RBE}_{0.1}$ は，LET が 100〜200 keV/μm 付近で最大の 2〜3（標準 X 線の 1/3〜1/2 の線量で標準放射線と同様の効果があるということ）になる．これは，この付近の LET の放射線は最も細胞に深刻なダメージを与えうることを意味する．それ以上の LET の放射線では $\text{RBE}_{0.1}$ が 1 以下になるが，これは細胞が死ぬ以上のエネルギーが局所的に付与されたことを意味する．**殺しすぎ**（overkill）といわれる状態である．

6・2 分子レベルでの放射線影響

6・2・1 直接作用と間接作用

放射線が生体内に入ると，放射線からのエネルギーを受けて生体内の構成分子が励起あるいは電離する．その標的となる分子が何であるかによって作用過程を

---

*3 基準放射線には，水中の LET が 3 keV/μm，線量率 0.1 Gy/分の X 線または γ 線が用いられる．RBE の値は，指標のとり方や，線量，線量率，酸素分圧，温度などによって変化する．

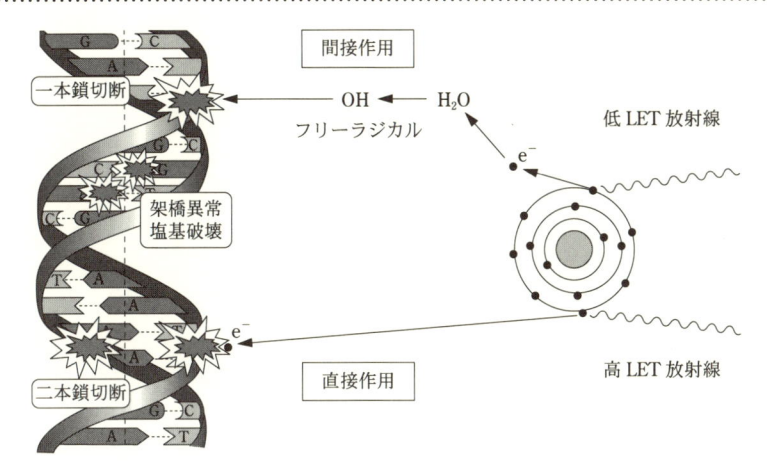

図 6・4　DNA 損傷時における LET と作用の関係

直接作用（direct effect）と**間接作用**（indirect effect）に分けることができる．図 6・4 は，放射線による DNA 損傷の際の LET と作用との関係図である．

　直接作用では，放射線のエネルギーが DNA などの標的となる生体高分子に直接与えられ，その分子自身が励起・電離することで標的分子の破壊などが起きる．この場合，水溶液では溶質分子の濃度が高いほど傷害を受ける分子数が増えることになる．一方，間接作用では生体高分子周囲の分子（主に水）に放射線のエネルギーが与えられ，それら分子の電離や励起を介して標的分子が間接的に影響を受ける．間接作用は，一定線量以上であれば，水溶液中のラジカルや二次生成物の数が一定であるため，影響を受ける生体高分子の数はその濃度とは関係なく一定となる．

　細胞内は大半が水（人体では構成成分の約 60% が水）なので，低 LET 放射線の照射では直接作用よりも間接作用による影響のほうが大きい．一方，高 LET 放射線では，逆に直接作用が主となる．

6・2・2　水分子の放射線分解

　放射線によって，水分子は電離あるいは励起する（**図 6・5**）．
　電離によって生じた，OH ラジカル（OH・）は反応性に富む強力な酸化剤で H ラジカル（H・）は還元剤となる．また，電離により生じた電子（e^-）は徐々に運動エネルギーを失い，熱電子となる．このまわりにいくつかの水分子の正電荷側が配向して水和電子（e^-_{aq}）という分子集合状態が形成される．水和電子も

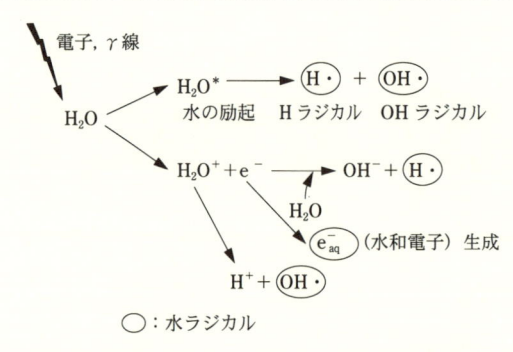

図 6・5 電離放射線による水分子の電離と励起の概略

ラジカルの一種である．

一方，励起によって生じた H_2O^*（＊は励起の意）も，解離してラジカル（OH・やH・）になる．

このようなラジカルの周辺に DNA などの重要な生体高分子（R）群が存在すると，ラジカルとR間で電子の授受が起こり，その結果として有機ラジカル（R・）が生じる．ラジカル化によって分子構造が崩れれば，R は本来の性質や機能を維持できなくなる．

また，ラジカルどうしは互いに反応しやすいために以下のように再結合する場合がある．

$$H\cdot + H\cdot \longrightarrow H_2 \quad (水素分子)$$
$$OH\cdot + OH\cdot \longrightarrow H_2O_2 \quad (過酸化水素)$$
$$OH\cdot + H\cdot \longrightarrow H_2O \quad (中和，水)$$

これら再結合によって生じた分子は危険ではない．高 LET 放射線の場合，飛跡に沿ってラジカルが生成してもその密度が高いのでラジカルどうしの再結合が起こりやすい．このため高 LET 放射線では間接作用による影響が少ないのである．

6・2・3 DNA の損傷と修復

生命の設計図といわれる DNA は，健康的な生活を送っていたとしても環境中にあるさまざまな物質によって傷を被る．食物中に含まれる種々の分子，太陽からの紫外線や酸素など，これらはすべて DNA を傷つける原因となりうる．もし，傷が細胞増殖に関与する酵素タンパク質などの情報を持つ遺伝子に入れば，そのような遺伝子を持つ細胞はがん化する危険が高まる．また生殖細胞の遺伝子

が損傷すれば，傷が子孫に受け継がれて遺伝的な影響が残る可能性もある．しかしたいていの場合，傷ついた DNA を除去修復する機構によって，そのような危険は取り除かれる．発がんや突然変異などといった重篤な症状は，修復機構の能力を上回るような損傷を被った際に現れるのである．

通常見られる DNA の傷には，塩基の損傷や脱離，ピリミジン・ダイマー（チミンやシトシンの二量体）の形成などがある．電離放射線の被ばくの場合には，それらに加えて DNA 鎖の**一本鎖切断**や**二本鎖切断**，DNA 分子間の架橋形成などが起こる（図 6·4）．一本鎖切断は低 LET 放射線 30～60 eV の照射によって 1 個生じ，二本鎖切断にはその約 10 倍のエネルギーを要する．哺乳類では，0.01 Gy で細胞 1 個当り一本鎖切断が 5～10 個，二本鎖切断が～1 個生じるといわれている．

6·2·4　DNA の傷の修復

DNA の傷は，その損傷の種類により，異なる修復系によって傷の除去および修復合成などが行われる（**表 6·1**）．修復系により機能する酵素群が異なるだけでなく，生物種によって用いられる修復方法が異なることもある．例えば二本鎖切断の修復の際，大腸菌では相同 DNA 鎖の組換えにより切断部位の再結合がなされるが，真核生物では切断末端どうしが直接再結合（相同組換え）する．

6·2·5　間接作用に影響をもたらす因子

間接作用は，水分子の電離や励起によって生じたラジカルを介して起こる作用である．したがって，分子運動を左右する温度や濃度，あるいはラジカルと反応する酸素の濃度などの影響を受ける．

表 6·1　代表的な DNA 修復機構

修復系名称	修復の対象となる基質	修復方法
塩基除去修復	損傷塩基，修飾塩基	損傷部位の 1～数塩基の置換
ヌクレオチド除去修復	ピリミジン・ダイマーなどの構造変化した DNA	損傷部位周辺の数十ヌクレオチドの置換
ミスマッチ修復	複製エラーなどによる塩基の不対合	ミスマッチ部位を含む長いポリヌクレオチドの置換
末端結合	二本鎖切断部位	切断末端の直接結合
組換え修復	二本鎖切断部位	損傷部位の DNA 鎖の置換

〔1〕 温度効果

低温度条件下では，ラジカルの拡散が抑制されるために間接作用の効果が減少する．その結果，低温においては放射線による抵抗性が高まる．これを**温度効果**という．直接作用の場合でも，低温による温度効果がある．

〔2〕 酸素効果

酸素が多く存在する組織や細胞では，放射線の感受性が増す．これを**酸素効果**という．酸素は，水ラジカルと反応して有害なラジカルを生成したり，有機ラジカルと反応して過酸化物を作ったりする．同じ生物学的効果を得るのに必要な線量を，酸素濃度が低いとき（あるいはないとき）と高いときとで比較したものが**酸素増感比**（oxygen enhancement ratio：OER）である．放射線治療の場合には，メトロニダゾールなどの酸素とよく似た機構で作用する低酸素細胞増感剤（hypoxic cell sensitizer）が用いられる．このような薬剤があれば低酸素細胞であっても放射線の効果が期待できる．

〔3〕 希釈効果

水溶液に一定線量の電離放射線を照射したとする．その際，間接作用であれば溶質が水ラジカルの攻撃を受けるが，生成するラジカル量が一定であるので水溶液の濃度を変えてもダメージを受ける溶質の数は変わらない（図 6・6(a)）．しかし，全溶質分子中における損傷比率ということで考えれば，水溶液の濃度を低くすれば，すなわち溶液中の全溶質分子数を減らせば，ラジカルと反応した溶質分子数は一定のままであるので，全溶質中の損傷溶質分子の割合が相対的に高まることになる（図 6・6(b)）．このような現象を**希釈効果**と呼ぶ．これに対し直接作

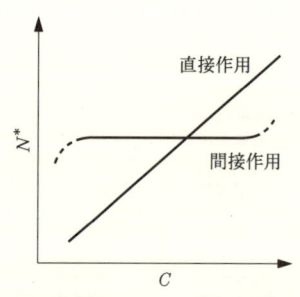

(a) 酵素濃度(C)とラジカルの影響によりダメージを受けた溶質分子の数(N^*)の関係

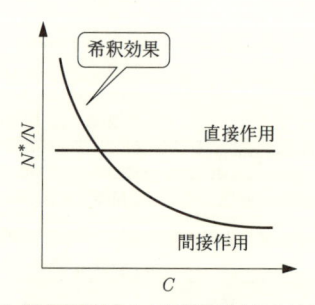

(b) 酵素濃度(C)と全溶質分子中における損傷溶質分子の比率(N^*/N)

図 6・6 希釈効果と間接作用・直接作用

用の場合は，希釈によって損傷分子数が減っていくため，全溶質分子中の比率は変化しない．

〔4〕 **防護剤**

放射線の生物学的効果を減らす薬剤として，**放射線防護剤**（radioprotector）がある．SH 基や S-S 結合を持つシステインやシステアミン類は，ラジカルの**スカベンジャー**（除去剤）として作用する．また，酸素分圧を下げる効果がある血管収縮や血圧上昇などの作用を持つ薬剤も防護剤として有効である．これらの防護剤は，あくまでも被ばく直前の服用により放射線障害の軽減効果が期待できるのであって，被ばく後に投与しても効果は得られない．

6・3 細胞レベルでの放射線影響

6・3・1 細胞周期と放射線

細胞は分裂を繰り返し増殖し続ける．細胞分裂の際，細胞内では DNA の複製が起こると同時に，細胞の各構成要素などが順序だって作られていく．細胞分裂過程は**図 6・7(a)** に示すような四つの過程からなるが，これらが細胞増殖のたびに繰り返される．これを**細胞周期**（cell cycle）と呼ぶ．ヒトの培養細胞に X 線照射を行った例では，細胞周期の段階によって放射線の感受性に差があることが知られている（図 6・7(b)）．特に放射線の影響を受けやすいのは，分裂期（M）の終わりと DNA 合成期（S）である．このような放射線感受性の変動は，細胞周期によって DNA 修復系の活性が異なるために生じるものと考えられている．また，このような変動は，低 LET 放射線の照射で顕著に見られる現象であり，高 LET 放射線では周期依存性がほとんど見られない．

6・3・2 染色体異常

二本鎖切断などの DNA 損傷が修復されずに残ってしまったり，除去修復時に修復エラー（誤った修復）が起こったりすると，染色体に異常が現れる場合がある．**染色体異常**は後の細胞分裂時に染色体の分配異常などの原因となり，その結果として細胞死をもたらす．

放射線照射による染色体異常には，二つの基本形がある（**図 6・8**）．
① 切断（単純切断）による欠失（deletion）
② 複数箇所の切断が起きた後の再結合（交換，exchange）

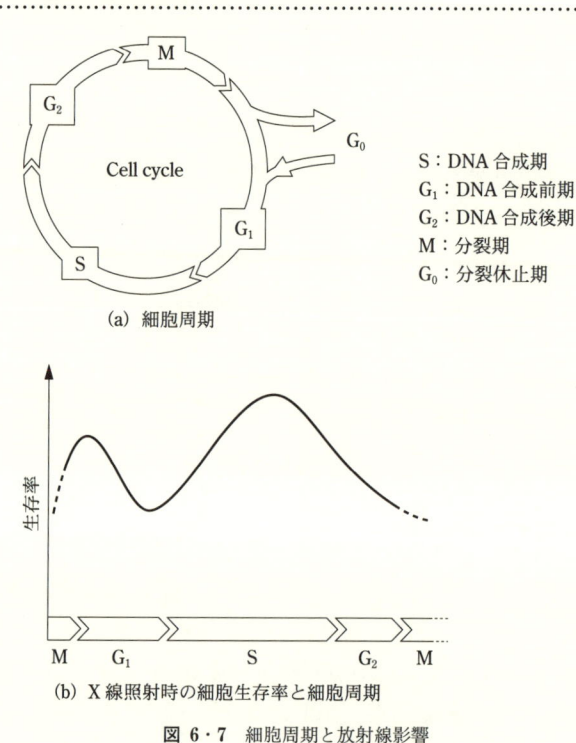

(a) 細胞周期

S：DNA 合成期
G_1：DNA 合成前期
G_2：DNA 合成後期
M：分裂期
G_0：分裂休止期

(b) X 線照射時の細胞生存率と細胞周期

図 6・7　細胞周期と放射線影響

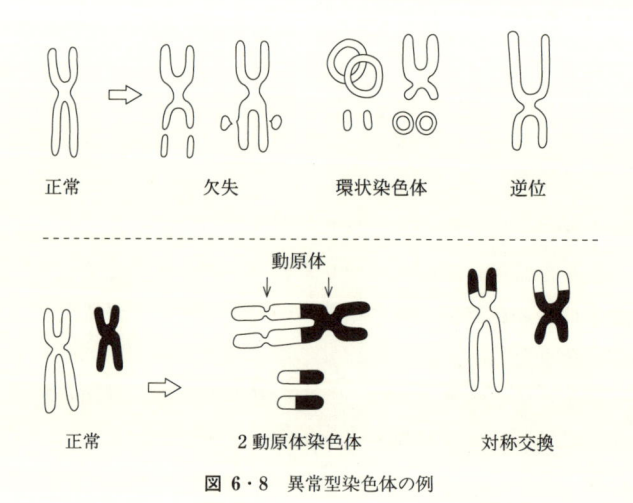

正常　　欠失　　環状染色体　　逆位

正常　　2動原体染色体　　対称交換

動原体

図 6・8　異常型染色体の例

この場合，同一染色体で再結合する染色体内交換（intrachange）と異なる染色体が結合する染色体間交換（interchange）がある．結果として欠失だけでなく，重複，転座，逆位など，染色体構造に大きな変異が生じる．再結合のしかたによっては，リング状（環状）染色体や2動原体染色体なども観察されるが，これらは比較的短時間で消失する．安定型の異常は被ばくしてから長い時間経過しても排除されないため，年数が経った後でも被ばく量を推定する指標として用いることができる．

6・3・3 突然変異

損傷DNAの除去修復が不完全だと，DNA配列上に誤った遺伝子配列情報が残ることになる．これを**突然変異**といい，その箇所が1塩基なら**点突然変異**と呼ぶ．染色体異常は顕微鏡などで比較的簡単に視認することが可能であるが，突然変異の場合は生じた箇所を多量のDNA配列情報の中から特定することは困難である．また，突然変異は自然状態でもある程度の確率で必ず生じており，放射線に誘発された突然変異と他の環境要因による突然変異とを区別することはできない．したがって，放射線被ばくによる突然変異の頻度（誘発率）を検出するためには，非常に多数の細胞を対象に統計的に検証する必要がある．統計的な解析によれば，大線量被ばくの場合，変異誘発率は線量に比べて直線的に増加する．

6・3・4 細胞分裂遅延と細胞死

分裂が盛んに行われている組織の細胞に放射線を照射すると，一時的に細胞分裂の周期が止まってしまい，細胞分裂の速度が低下することがある（**分裂遅延**）．遅延の程度は線量，細胞の種類，細胞周囲の環境などのさまざまな要因によって変動するが，例えば分裂が盛んな哺乳類の培養細胞に1Gyの放射線照射を行った場合，約1時間の細胞分裂遅延が起こる．これは細胞周期のG_2期からM期への移行が一時的に妨げられるため（図6・7(b)）と考えられている．遅延はたいていの場合，DNAの傷の除去修復が完了すれば解消され，もとの正常な細胞周期速度へと回復していく．しかし，大線量被ばくの場合には傷が多少とも残存してしまい，分裂を繰り返すうちに分裂不全や分裂異常が蓄積していき，ついには**細胞死**に至る．

細胞分裂時に受けたDNA損傷が**突然変異**として残ると，その傷は分裂後の娘細胞に受け継がれていく．これが**生殖細胞**内なのであれば，子孫に突然変異が遺

伝していくことになる．ただし，わが国の原爆被ばく者を対象とした疫学的調査の結果によれば，大量の被ばくであっても子孫に受け継がれるような放射線由来の突然変異は今のところ確認されていない．これは，ヒトの生殖細胞のDNA修復能力が高いためであると考えられている．

ヒット理論と標的理論

　放射線影響の研究が始まったころは，DNAのことはまだわかっておらず，現在のような分子生物学的な解析手法も存在しなかった．そのような時代では，照射線量と生物効果の関係を統計的手法で解析する実験が盛んに行われていた．その結果導き出されたのが，ヒット理論（hit theory）と標的理論（target theory）である．

　「細胞内には細胞の生存に必須でありかつ放射線感受性が高い箇所（標的）が存在し，そこに放射線が当たる（ヒットする）と細胞死が起こる」というもので，今ならばこの標的がDNA，ヒットの結果起こるのがDNA損傷ということになる．これらの理論の意義はしだいになくなってきているが，細胞の生存率などを考える場合には今日でも重要な考え方である．

　ヒット理論では，標的の数とヒットの起こった箇所数の組合せを（a）1標的1ヒットモデル，（b）多重標的1ヒットモデル，（c）1標的多重ヒットモデル，（d）多重標的多重ヒットモデル，の四タイプに分類する．タイプ（a）であれば，標

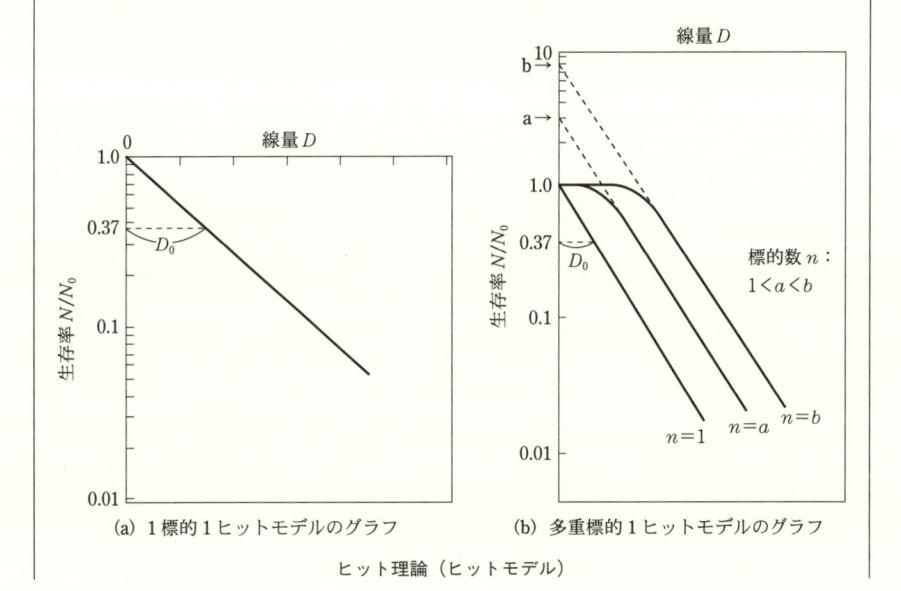

(a) 1標的1ヒットモデルのグラフ

(b) 多重標的1ヒットモデルのグラフ

ヒット理論（ヒットモデル）

的に放射線が1回でもヒットすれば，その細胞は必ず死ぬ，ということを意味する．この場合，生存率はヒット回数には左右されない．生存率を片対数のグラフで書くと，線量と生存率は反比例する（図 (a)）．生存率 37% のときの線量を**平均致死線量**（mean lethal dose）といい（図中の D_0），標的に平均1ヒットしたときの線量に相当する．また，タイプ (b) の場合は，1ヒットでは標的が複数あるので細胞死には至らない．先ほどと同様にグラフ化したものが図 (b) であるが，すべての標的にヒットするような高い線量を照射すればタイプ (a) のような直線になる．この直線部分を外挿することで，標的数（n）を求めることができる．

一方，標的理論では，一つの電離により1ヒット生じるという前提のもと，標的を持つ細胞の単位質量当りのヒット数から D_0 を算出する．これにより D_0 がわかれば，標的の質量，密度なども推定できる．これは微生物や酵素などではよく一致するが，高等な生物には適用できないため，現在ではあまり論じられることがなくなった．

6・3・5 回 復

放射線照射によって生じた損傷は，細胞自身の持つ修復能力では回復できずに死に至る**致死的損傷**（lethal death：LD）と致死を回避して治せる損傷に分けられる．また，回復できる損傷はさらに**亜致死損傷**（sublethal death：SLD）と**潜在的損傷**（potentially lethal death：PLD）に分類できる．細胞にある線量の放射線を一度に照射した場合と，これと同じ線量の放射線を時間をおいて2回に分けて照射した場合とでは，分割して照射したときのほうが生存率が高い．このような生存率の上昇を亜致死損傷回復[*4]（**SLD 回復**）という（または発見者の名をとり **Elkind 回復**ともいう）．また，放射線照射後の細胞を観察していると，細胞周囲の環境が好条件なら致死線量の場合でも細胞が回復することがある．これを潜在的致死損傷回復（**PLD 回復**）という．

〔1〕SLD 回復の機構

細胞内に標的が N 個あるとき，放射線がヒットした数が $N-1$ 個までならその細胞は死なない．このような損傷からの回復が SLD 回復である．**図 6・9** は $N=3$ のときの例であるが，ヒット数が2までならまだ回復のチャンスがある．そして次の照射までの回復のための十分な期間があけば，再度放射線を照射して

[*4] この「回復」という言葉は，細胞レベルでの障害が減少する際に使われるもので，分子レベルで使用される「修復」とは区別する．

(a) 標的数 $N=3$ のときのヒット数と回復の例

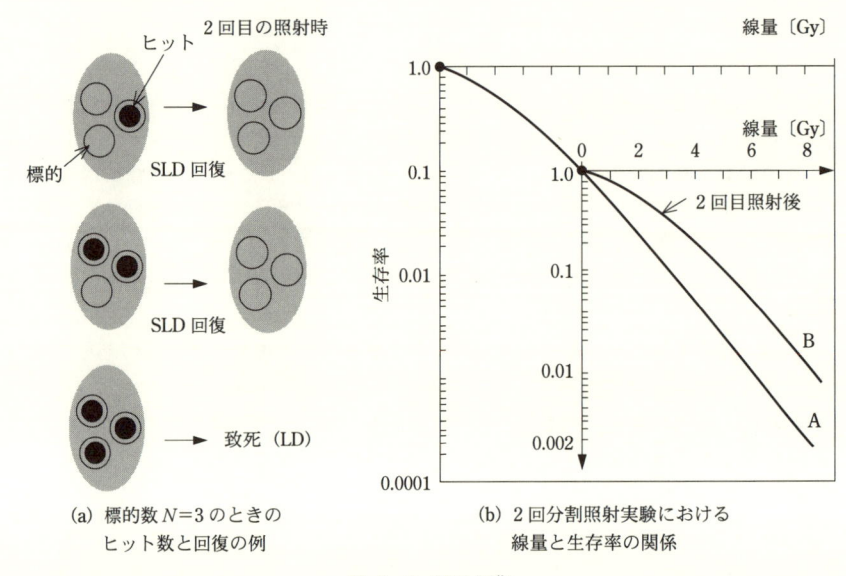

(b) 2回分割照射実験における線量と生存率の関係

図 6・9　SLD 回復

も生存の可能性が保持される。しかしヒット数3ならLDとなる。図6・9(b)は2回に分割照射した場合の生存曲線である。1回目も2回目も低線量なら肩があるが、損傷の修復が行われていることを意味する。もしも2回目照射までに修復が起こらなければ2回目の肩は見られない。SLD回復は照射後12時間で最大となり、その後は変化しない。

低線量の放射線照射は、極端に分割照射を行ったと考えることもできる。高線量率の短時間照射よりも、低線量率で長時間照射したほうが生存率は高いということになる（これを**線量率効果**という）。このような効果は突然変異の際にも見られる。

〔2〕 **PLD 回復の機構**

SLD回復が主に分裂増殖が盛んな細胞や組織で見られる回復であるのに対し、PLD回復は分裂が休止状態の細胞や低酸素細胞などで見られる。致死線量、つまり全標的にヒットしているのに、いったいなぜ回復が起こりうるのであろうか。それはヒットしてもすぐに死に至るわけではないからである。運よく1個でも標的の損傷が回復すれば、その細胞は生き延びる見込みがまだある。分子レベルでは、このPLDの正体はDNAの二本鎖切断ではないかと考えられている。二本鎖切断は致命的なDNA損傷であるが、条件がそろえば切断したDNA断片

が再結合する場合がある．逆に二本鎖切断の再結合を阻害してしまうような物質（カフェインや抗がん剤など）も存在する．このような物質が照射直後に含まれていると，本来は PLD 回復が望めるような線量でも回復が起こらない．これを **PLD の固定**という．

6・4 低線量放射線の影響

　本章でこれまでに述べてきたさまざまな放射線に対する生体反応は，主に大線量の照射時に生じる症状に対して解析が進められてきたものである．一方，低線量の放射線照射については，自然発生の場合との区別が困難であるため，高線量域での結果から推量して話が進められてきた．発がんを例にとれば，自然界にはもともと微量の放射線が常に存在する（天然放射線）うえ，たとえ放射線被ばくがなかったとしても他の環境要因によってもがん化が起こる．放射線がんというものが存在するわけではないので，低線量被ばくによる発がんと自然発生分とを区別することは非常に難しい．そこで，高線量域での結果から，どんなに低線量でも発がんは確率的に生ずるものと考えた．これを**しきい値なし直線仮説**または **LNT**（linear non threshold）**仮説**という（図 6・10）．そして現在の放射線防護にかかわる法律は，この仮説に基づいて作られている．

　ところが，1980 年代よりさまざまなデータの見直しが進められ，低線量放射線被ばくはかえって有益な効果があるとの主張がなされた．これを**放射線ホルミ**

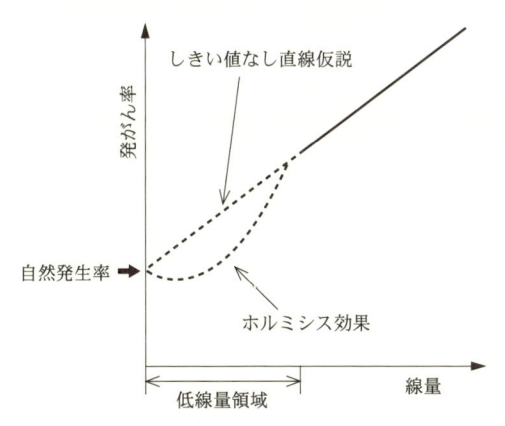

図 6・10　発がん率と線量（低線量領域では LNT 仮説と放射線ホルミシスの二つの仮説が存在）

シス*5（hormesis）という．その後，これを支持するようなLNT仮説に当てはまらないデータが相次いで報告され，現在は低線量領域での生体影響の評価の見直しが行われている．本来，刺激や種々のストレスに対する順応は，生物の持つ基本的な特性の一つである．そして，刺激を何度も繰り返し受けると，それに対して抵抗性を獲得するに至る．これを**適応応答**（adaptive response）と呼ぶ．放射線を特別なものと考えなければ，低線量放射線被ばくにおいても適応応答があるとするのが放射線ホルミシスである．生物の進化過程を考えれば，少なくとも自然放射線に対してなんらかの適応をとげ，体内に放射線防御機構を獲得していると考えるのは当然である．実際に報告された例は，高バックグラウンド地域の住民や医療被ばく者などにおける発がん率低下，動物での低線量前照射による発がんと転移の抑制などである．放射線ホルミシスの分子レベルでの作用機構にかかわるものとしては，活性酸素を除去する酵素（SODなど）やグルタチオンなどの発現やDNA修復機構やストレス応答系の活性化，損傷細胞のアポトーシス促進などを示すデータが報告されている．

　国連科学委員会（UNSCREAR）は，1994年報告の付属書「細胞および生物における放射線適応応答」において放射線ホルミシスの研究を推奨している．そして，LNT仮説に基づいて決められた国際放射線防護委員会（ICRP）勧告値の妥当性についても見直しの議論が行われている．ICRPは，「LNT仮説は放射線管理の目的のためにのみ用いるべきであり，すでに起こったわずかな線量の被ばくについてのリスクを評価するために用いるのは適切でない」と立場を表明した．とはいえ，ホルミシスは科学的にはまだ完全に機構解明がなされたわけではない．したがって法令上では，たとえ微量であってもある程度の危険性を加味して安全側に評価することになる．わが国の法律はICRP勧告値を遵守し，LNT仮説に基づいた線量規制体系となっている．

---

*5　ギリシャ語のhormeに由来するホルミシスという言葉は，「大量に存在すると有害作用を示すような作用物質が，少量では生理機能を刺激する効果を持つ」というようなときに使われる．

7章 放射線の人体に対する影響と放射線防護

〈理解のポイント〉
- 放射線の人体に対する影響にはさまざまな分類の方法があるが，しきい値の有無によって，確定的影響と確率的影響に分けることができる．
- 細胞分裂頻度が高く，未分化で将来的に分裂回数の多い細胞ほど放射線の影響を受けやすい．
- 確定的影響は各組織における機能異常として現れ，確率的影響は発がんや遺伝的影響として現れる．
- 放射線防護の立場から，放射線被ばくを職業被ばく，医療被ばく，公衆被ばくの3種類に区分する．
- 人体に対する放射線の影響を評価するために，等価線量と実効線量が定義されている．職業被ばくおよび公衆被ばくには線量限度が設けられている．

6章では，放射線影響の主たる標的はDNAであり，細胞が持っている修復能力を超える損傷がDNAに起こったときに細胞死や突然変異が引き起こされることを学んだ．本章の前半では，これらの細胞レベルの障害が，人体の組織レベルもしくは個体レベルでどのような影響を与えるのかを学ぶ．後半では，放射線の有効利用を不当に制限することなく，放射線の人体に対する悪影響を防止または制限して安全を確保する取組みについて学ぶ．この項目については，8章も参照されたい．

7・1 放射線の人体に対する影響

7・1・1 放射線影響の分類

　放射線の人体に対する影響については，いくつかの分類の方法がある．具体的には，発症する時期による分類（**早期影響/晩発影響**），しきい値の有無による分類（**確定的影響/確率的影響**），被ばく時間による分類（**急性被ばく/慢性被ばく**），放射線源が身体の外にあるか体内に取り込まれたかによる分類（**外部被ばく/内部被ばく**），放射線の影響が被ばくを受けた個体に限られるか否かによる分類（**身体的影響/遺伝的影響**），被ばくした面積による分類（**部分被ばく/全身被ばく**）などである．後に説明する放射線防護の考え方からは，発症時期による分類としきい値の有無による分類が特に重要であるので，各々について詳しく述べる．

〔1〕 早期影響と晩発影響

　早期影響（early effects）は，被ばく後遅くとも数か月以内に発症するものである．これは主に，放射線の影響で細胞数が低下することによって，各組織が機能を保つことができなくなって引き起こされるものである．造血系組織や上皮系組織（消化管や皮膚）などの細胞回転が早い組織が影響を受けやすい．これらの組織では，幹細胞は自己複製を行うとともに分化した機能細胞に分裂する．機能細胞は，各組織においてそれぞれの役割を果たした後に寿命を迎えて，**アポトーシス**[*1]を起こして体外へ排除されていく（**図7・1**）．このような細胞分裂の繰返しによって，各組織の細胞数は一定数に保たれている．幹細胞は機能細胞に比べて，放射線の被ばくによるDNA損傷でアポトーシスを起こしやすい．幹細胞の減少によって新たな機能細胞の産生が減少すると，組織における細胞数の定常状

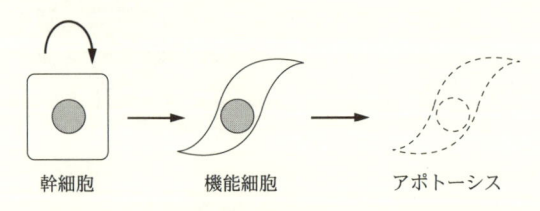

　　幹細胞　　→　　機能細胞　　→　　アポトーシス

図7・1 正常組織における細胞分化・増殖の模式図

[*1] アポトーシスとは，遺伝子によって制御された細胞死のこと．外的影響による細胞死であるネクローシス（壊死）と区別して使われる用語．

態が崩れる．放射線の線量が少ない場合には，生き延びた幹細胞の分裂が盛んになることで，減少した幹細胞の役割を代償する．一方で，高線量の被ばくによって多数の幹細胞死をきたすと，この代償が効かなくなって組織が十分な機能を発揮できなくなる．後述の確定的影響におけるしきい値とは，このような代償が効かなくなる線量のことである．

晩発影響（late effects）は，放射線被ばく後10数か月から数年以降明らかとなってくるものである．発がんや遺伝的影響と，眼の水晶体の白濁による白内障がこの中に分類される．

〔2〕 確定的影響と確率的影響

国際放射線防護委員会（International Commission on Radiological Protection：ICRP）は，放射線防護の立場から放射線の人体に対する影響を**確定的影響**（deterministic effect）と**確率的影響**（stochastic effect）の二つに分けるように1977年に勧告した（**表7・1**）．

確定的影響は，**図7・2**(a)のように**しきい値**（threshold dose）を超える線量を被ばくしたときに初めて現れる．放射線による障害を受けた細胞の増加により，組織における機能が障害を免れた細胞で代償しきれなくなる線量がしきい値である．そのため，しきい値は組織ごとに異なる．このように，確定的影響は細胞の分裂能もしくは分化能が障害されて起こる「組織レベルの問題」ととらえることができる．最も感受性の高い組織として，精巣・卵巣，眼の水晶体，骨髄がある．各組織における確定的影響のしきい値を**表7・2**に示す．

一方で確率的影響は，**図7・2**(b)に示すようにしきい値が存在せずに，被ばく線量の増加とともに影響の発生頻度が増加する．また，いったん障害が起これば，重篤度は線量に依存しない．線量と効果（発生頻度）との関係が，**図7・2**(b)⑤のように，しきい値のない直線で表されるとするのを**直線しきい値なし仮**

表7・1 放射線影響の発症時期およびしきい値の有無による分類

		発症時期による分類	
		急性効果	晩発効果
しきい値の有無による分類	確定的影響 （しきい値あり）	血球減少，不妊，皮膚や消化管の機能障害など	白内障
	確率的影響 （しきい値なし）		がん 遺伝的影響

(a) 確定的影響

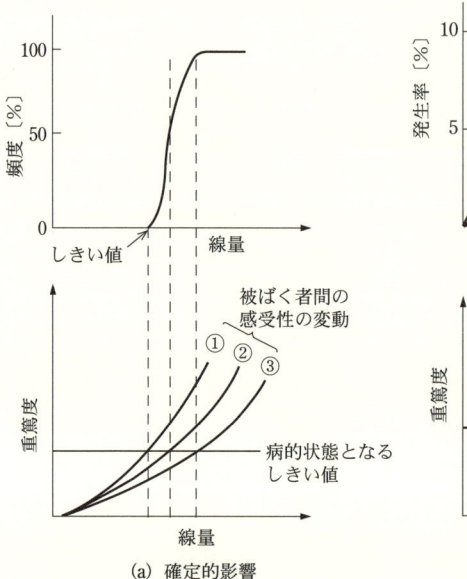

しきい値以下では，放射線に対して最も感受性の高い人たちでも病的状態を呈することはない．感受性の高いグループ①は感受性の低いグループ②および③に比べて低線量域で病的状態に達する．また，どのグループにおいても，線量の増加とともに病的状態の重篤度は増していく．

(b) 確率的影響

しきい値が存在せず，発症率は線量に依存して単調増加する．

図 7・2 確定的影響と確率的影響の線量・影響モデル

表 7・2 成人の造血器，精巣，卵巣，水晶体における確定的影響のしきい値の推定値

組織および影響	しきい値	
	急性被ばく*1 〔Gy〕	慢性被ばく*2 〔Sv/年〕
造血器		
白血球減少	0.5	>0.4
精巣		
一時不妊	0.15	0.4
永久不妊	3.5〜6.0	2.0
卵巣		
永久不妊	2.5〜6.0	>0.2
水晶体		
白濁	0.5〜2.0	5.0
視力障害（白内障）	5.0	>8.0

(ICRP 1984 年勧告を一部改変)

*1　1 回短時間被ばく
*2　多分割被ばくを多年にわたり毎年受けたとき

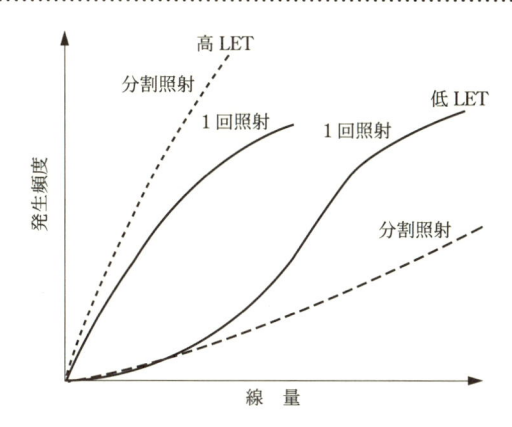

図7・3 低LET放射線および高LET放射線に対する線量反応の代表的な形（Sinclair, 1982）

説（linear non-threshold hypothesis, LNT仮説）といい，確率的影響において放射線防護を考える際の基本的な仮説となっている．しかし実際には，線量に依存して確率的影響の発生頻度がどのように増えていくのかは，影響の種類や，被ばく放射線が高LET放射線なのか低LET放射線なのか，1回照射なのか分割照射なのかなどの条件によって大きく異なってくる（**図7・3**）．特に低LET放射線の低線量被ばくにおいては，大線量被ばくから推定される直線モデルは必ずしも当てはまらないことがよく知られている（後述）．確率的影響では細胞の分裂能は障害されないが，細胞の持つ遺伝子情報の変化が問題を引き起こす．この遺伝子情報の変化が体細胞に起これば発がんとなり，生殖細胞に起これば遺伝的影響となる．

7・1・2 組織レベルでの放射線影響

一般的に，① 形態および機能において未分化で，② 細胞分裂頻度が高く，③ 将来的に分裂回数の大きいものほど，組織の放射性感受性は高い（**Bergonié と Tribondeau の法則**）．ここでは放射線被ばくの確定的影響による代表的な組織障害について説明する．

〔1〕 **造血組織に対する影響**

骨髄中で多能性造血幹細胞は赤血球系，血小板系，顆粒球系，リンパ球系の4系統の前駆細胞に分化して成熟した後に，末梢血液中に放出される（**図7・4**）．骨髄中の幹細胞や前駆細胞は上記の放射線感受性が高い条件をすべて満たし，放

図7・4 血液細胞の分化と成熟

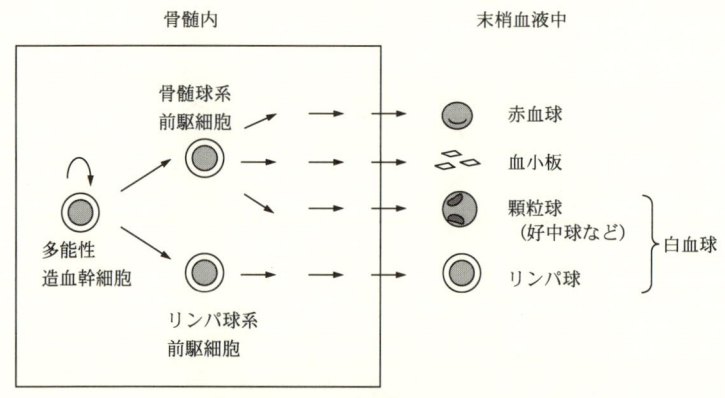

リンパ球系前駆細胞の成熟は胸腺やリンパ節でも行われる．

射線の影響を非常に受けやすい．一方で，末梢血液中の細胞は成熟細胞であるため，一般的には放射線の影響を受けにくい．しかし，白血球の一種であるリンパ球は成熟細胞でありながら，例外的に放射線感受性が高い．そのため，0.5～1.0 Gy[*2] 程度の被ばくでもアポトーシスによる細胞死を起こして，末梢血液中のリンパ球数減少をきたす．この性質を利用して，原子力施設の事故などによる高線量被ばくの後7日くらいまでは，末梢血液中のリンパ球数を指標に被ばく線量を推定することができる．2～3 Gy 以上の被ばくで造血幹細胞や前駆細胞の障害が起こると，血液成分の再生が不能となり骨髄不全状態に陥る．

〔2〕 **生殖器に対する影響**

（a） **精　巣**　　思春期以降，精巣内では精原細胞の分裂および精原細胞→精母細胞→精細胞→精子への分化は絶えず繰り返されている（**図7・5**）．ヒトでは精原細胞から精子への分化には約70日を要する．正常の精巣内ではこのようなさまざまな分化度の細胞が混在しているが，この中でも放射線に対する感受性が高いのは精原細胞や精母細胞である．一方で精細胞や精子細胞は放射線に対して抵抗性であるため，放射線被ばく直後しばらくは不妊を生じない．0.15～0.20 Gy 以上の被ばくで B 型精原細胞の死滅が起こり，一時的な不妊が起こる．自己

[*2] Gy（グレイ）については，2・5節参照．これに対して，放射線防護の立場から確率的影響を評価するためには Sv（シーベルト）という単位が用いられる（7・2・3項参照）．本章では，急性被ばくによる局所的な放射線障害を論ずるときには主に Gy を用いて，慢性被ばくによる放射線障害や確率的影響について述べるときには主に Sv を用いる．

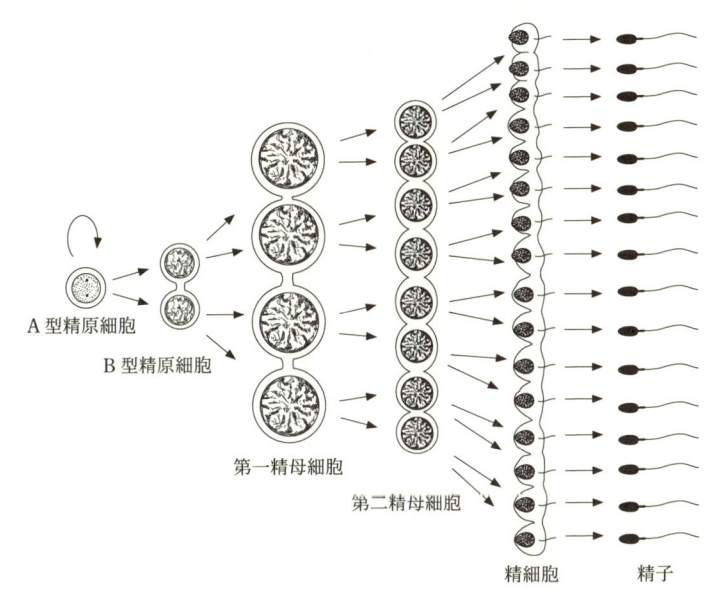

図 7・5　精子の形成過程 ［出典：山田安正著「現代の組織学」金原出版（1994）を一部改変］

複製が可能な A 型精原細胞は，B 型に比べると放射性感受性が低いが，6 Gy 以上の被ばくですべての A 型精原細胞が死滅して永久不妊となる．

（b）卵巣　精子の形成過程と異なり，卵原細胞から第一卵母細胞への分化は出生時には終了している（図 7・6）．そのため，出生後に新たな卵母細胞が作られることはない．自然退縮と排卵により，第一卵母細胞の数は加齢とともに減少していく．減数分裂[*3]を開始する排卵直前の第一卵母細胞は放射線感受性が高い．しかし，大多数である静止期の第一卵母細胞の放射線感受性は比較的低く，20 歳代の若い女性の場合には，約 6 Gy の被ばくで永久不妊になる．年配女性では卵母細胞の数が少ないので，より低い線量で永久不妊となりやすい．

〔3〕 小腸に対する影響

小腸内腔は絨毛と呼ばれる細かなひだに覆われている．絨毛の間には陰窩と呼ばれる表面からくぼんだ部分が存在する（図 7・7）．小腸粘膜上皮の幹細胞はこの陰窩の底部にあり，分裂・分化した細胞は絨毛の先端へ向けて移動した後にはく離して，小腸内腔へ排出される．このサイクルはヒトでは 3〜4 日である．

[*3] 体細胞の 2 組の染色体のうち 1 組は精子由来，もう 1 組は卵子由来である．精子や卵子形成過程で染色体数を 2 組から 1 組に減らす際の細胞分裂が減数分裂である．

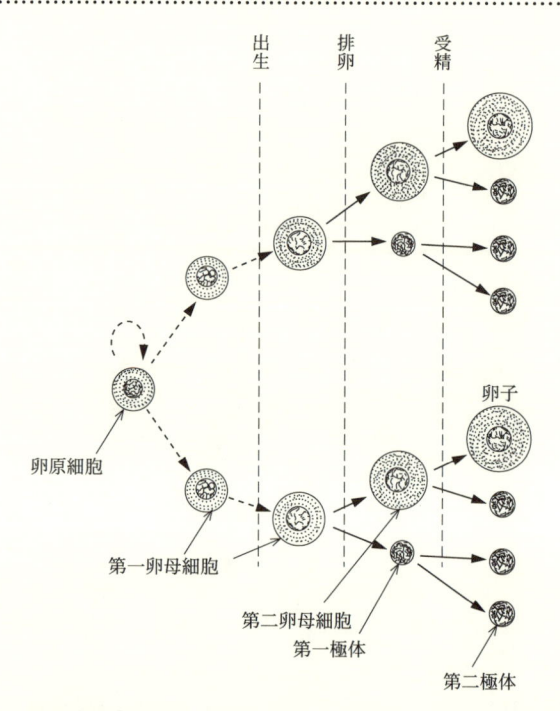

図 7・6 卵子の形成過程［出典：山田安正著「現代の組織学」金原出版（1994）を一部改変］

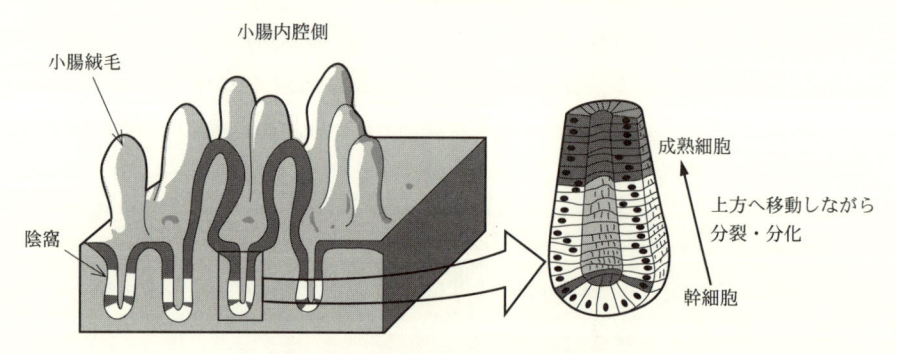

図 7・7 小腸上皮の断面図と陰窩の拡大図

このように小腸上皮は分裂頻度が高いため，放射線感受性が高い．

10 Gy を超える被ばくがあると，陰窩の幹細胞が細胞死を起こす．腸上皮の先端からの成熟細胞のはく離は続いている状態で，幹細胞からの新しい細胞の供給がなくなるので，絨毛の高さが徐々に低くなり，粘膜上皮のはく離や粘膜下組織の露出が生じる．こうなると，吸収機能は失われ，体液漏出，腸内細菌の体内侵

入による感染，血管の損傷による出血が起こり，重篤な状態になる．

〔4〕 **皮膚に対する影響**

　皮膚は表層側から表皮，真皮，皮下組織の3層に分けられる．表皮の基底細胞層で分裂増殖した細胞は，分化しながら約1か月かけて表層まで持ち上げられ，最後に角質となってはがれ落ちていく（**図7・8**）．基底層の幹細胞は分裂が盛んであり，表皮の中では最も放射線の感受性が高い．皮膚の放射線に対する感受性は中程度であるが，外部被ばくの際には通常，皮膚の線量が内部組織の線量より大きくなるため被ばくの影響を受けやすい．

　数 Gy 以上の放射線被ばくを受けると，毛細血管の拡張や炎症性の生理活性物質の放出などにより軽度の紅斑を一時的にきたすことがあるが（初期紅斑），これは通常1～2日以内に消失する．機能的に問題となるような症状は被ばく後2～3週間してから発症する．10 Gy 前後では被ばく2週間後より強い発赤（主紅斑）や腫脹（しゅちょう）が生じる．一時的に障害を受けた基底層細胞から分裂・分化した表皮細胞が表皮の浅層に押し出されてきたころには，基底層の機能は回復している．そのため，皮膚表面のみがはがれ落ちたようになる（乾性落屑（らくせつ））．15 Gy 程度の被ばくでは水疱が出現してやがて破れる．基底細胞層が回復する前に表皮がはがれ落ちるため，真皮が露出して，浸出液が漏出（湿性落屑）する．さらに20 Gy を超える被ばくでは，基底層が長期間にわたって回復せずに潰瘍（かいよう）・壊死へと進んでいく（**表7・3**）．

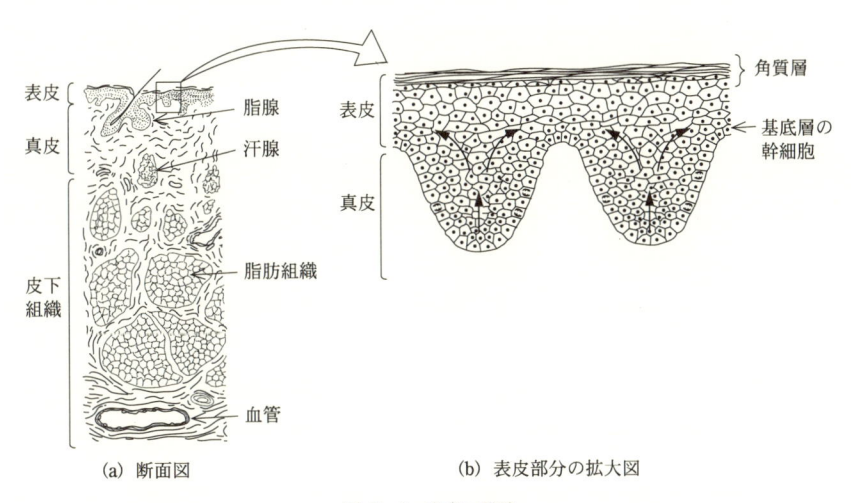

```
表皮 { 脂腺
真皮 { 汗腺                          角質層
皮下   脂肪組織          表皮    基底層の
組織                                  幹細胞
       血管              真皮

       (a) 断面図        (b) 表皮部分の拡大図
```

図 7・8　皮膚の構造

表 7・3 急性皮膚障害の発症時期と線量

症状	線量〔Gy〕	発症時期〔日〕
紅斑	3～10	14～21
脱毛	3～	14～18
乾性落屑	8～12	25～30
湿性落屑	15～20	20～28
水疱形成	15～25	15～25
潰瘍	20～	14～21
壊死	25～	21～

(IAEA, 1999)

　放射線の皮膚への影響は，このような表皮の障害にとどまらない．真皮層の汗腺や皮脂腺に障害が出ると皮膚は乾燥し，毛のうに障害が出ると脱毛する．皮膚の弾力を保つ膠原線維が傷害されると皮膚の硬化を招く．真皮層や皮下組織に存在する血管の内腔を覆う内皮細胞は，比較的放射線感受性が高い．被ばくによって血管内皮細胞が障害されると，微小血栓や内膜肥厚が生じて循環不全を引き起こす．これは皮膚障害の中長期的な予後を左右する．

　放射線は，その種類によって皮膚への透過性が異なり，エネルギーが吸収された場所に組織障害を引き起こす．α 線の生体内での飛程距離は 30～40 μm と短いので，基底層に達することはなく，皮膚症状をほとんど起こさない．β 線は透過性が中程度で，皮膚内で多くのエネルギーが吸収されるため，皮膚に重篤な熱傷[*4]を引き起こしやすい（β 線熱傷）．γ 線や X 線は透過性が高いので，皮膚を通り越して筋肉や骨に障害を及ぼすことがある．

〔5〕 **水晶体に対する影響**

　水晶体は眼のレンズである（図 7・9）．これが病的状態によって混濁して視力障害が起こったものが白内障である．水晶体の前面を覆う上皮細胞は水晶体線維に分化して核を失いながら，後方へ次々と集積されていく．放射線被ばくによりこの水晶体線維への分化が障害されると水晶体が混濁する．水晶体混濁は 0.5～2 Gy の急性被ばくで生じるが，視力障害を伴うほどの混濁（白内障）をきたすのは 5 Gy 以上の被ばくである．慢性被ばくの場合には 150 mSv/年で合計 8 Sv 以上の被ばくで白内障が生じるとされている．水晶体に対する影響は，確定的影響の中では例外的に被ばく数年後に現れるので，晩発的影響に分類される．

---

*4　熱傷：やけどのこと．

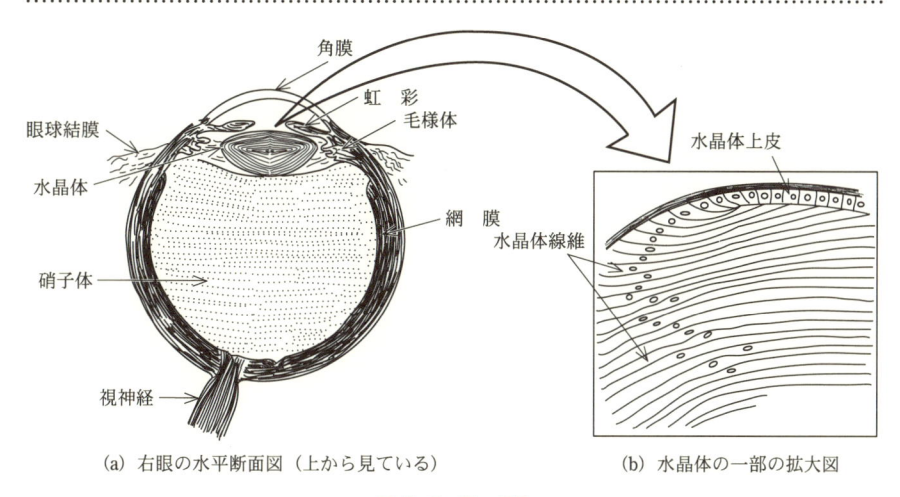

(a) 右眼の水平断面図（上から見ている）　　(b) 水晶体の一部の拡大図

図 7・9　眼の構造

7・1・3　放射線による発がん・遺伝的影響

〔1〕　放射線による発がん

　放射線被ばくによって体細胞の DNA 損傷が起こり，これが引き金となって体細胞が無秩序な増殖をきたすとがん化する．放射線被ばくによって，白血病のような血液のがんや甲状腺がん，肺がん，乳がんのような固形がんのリスクが高まることは動物実験やヒトを対象にしたさまざまな疫学調査から明らかになっている．ヒトを対象とした疫学調査の中でも約 12 万人を対象とした原爆被害者の追跡調査は，最も大規模で精密な研究である．

　発がんのリスクは線量に依存して増加することが知られており，放射線による発がんの線量（D）と効果（E）の関係には次の三つのモデルが提唱されている（図 7・10）．

① $E = \alpha D$　直線モデル（linear model；L モデル）
② $E = \alpha D + \beta D^2$　直線-二次曲線モデル（linear-quadratic model；LQ モデル）
③ $E = \beta D^2$　二次曲線モデル（quadratic model；Q モデル）

　広島・長崎の原爆被ばく者の追跡調査により，被ばくによる白血病の発症リスクは直線-二次曲線モデルに近い値となり，固形がんの発症リスクは直線モデルに近い値になることが知られている．発症時期に関しては，白血病は 2 - 3 年経

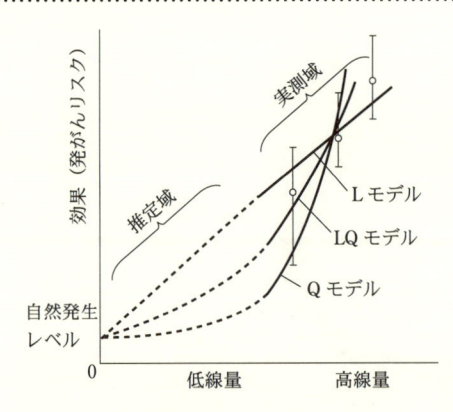

図 7・10 高線量被ばくによる発がんのデータ（実測値）から低線量の線量効果関係を推定するモデル

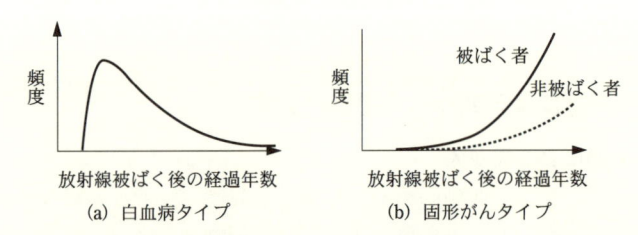

図 7・11 がんのタイプによる被ばく後の発症時期の違い
［出典：青木芳朗・前川和彦監修「緊急被ばく医療テキスト」医療科学社（2004）を一部改変］

ってから増え始め，6〜7年で発症のピークを迎えてその後発症頻度が低下する．一方で固形がんは被ばく後の非常に長い潜伏期の後に，いわゆるがん好発年齢になるころに発症し始めて，年齢とともに発症頻度が増加し続ける（図7・11）．

このように，白血病と固形がんでは，被ばく線量に対する発生頻度や被ばく後の発症時期が違うのは，被ばくによる発がんの発症メカニズムが異なるためではないかと推定されている．細胞分裂が盛んな組織において，放射線被ばく後に短い潜伏期間で発症する白血病や小児甲状腺がんは，放射線ががん化に必要な複数の突然変異を同時に起こすことによって生じるのではないかと考えられている．一方で，細胞分裂が比較的少ない組織において，放射線被ばく後長期の潜伏期間を経て発症する固形がんは，放射線の影響で活性酸素をはじめとするDNAを不安定化する物質の産生が長期間続いたり，慢性的な炎症が遷延することで，細胞が長期間にわたって突然変異を誘発しやすい環境にさらされ続けることによって

発症するのではないかと考えられている．

〔2〕 **放射線による遺伝的影響**

体細胞の場合と異なり，生殖細胞の場合は放射線被ばくによって生じた突然変異は遺伝的影響として次世代に伝わる可能性がある．1900年代前半に行われたショウジョウバエの実験結果からは

① 1回ごとの被ばく（線量率）がどんなに小さくても総線量が同じであれば突然変異の発生率は同じである

② 突然変異の発生率は被ばくの総線量に比例する

という結果が導かれた．いわゆる**直線しきい値なし仮説**である．

しかし，その後の1900年代半ばに，ショウジョウバエに比べて高等動物でよりヒトに近いと考えられるマウスを約100万匹用いた大規模な実験（メガマウスプロジェクト）の結果，線量率を下げると被ばくによる突然変異の頻度は下がることがわかった．さらには，総線量が同じでも被ばく後受精までの期間が長ければ突然変異の頻度は著しく低下することも判明した．こうなると次に知りたいことは，線量率や受精までの時間間隔が同じであれば，総被ばく線量と突然変異発生率の間に直線的比例関係が成り立つかどうか，すなわち，低線量被ばくによる突然変異発生効果は高線量被ばくによる値から直線モデルを用いて推定できるのかについてである．しかし，線量が低くなれば突然変異発生頻度も下がるため，この疑問に答えるためにはさらに大量のマウスを用いた実験が必要となる．そのため，このような実験は現実的に不可能とされている．

一方，ヒトに関しては広島・長崎の原爆被ばく者二世に関する死亡率調査，細胞遺伝学調査，遺伝性化学調査の結果が1970年代から1980年代にかけて報告され，いずれも被ばくによる遺伝的影響は認められなかった．被ばく者二世の両親の生殖腺被ばく線量の合計は平均で約400 mSvと見積もられているので，少なくともこの程度の放射線被ばくでは，放射線による遺伝的影響がヒトに生じるという科学的証拠はないということである．

ショウジョウバエやマウスでは遺伝的影響が認められるのであるから，ヒトでも高線量被ばくでは遺伝的影響が認められることは十分予想される．そこで，自然突然変異と同じだけの突然変異を引き起こす放射線被ばくの量を**倍加線量**と定義して，遺伝リスクの推定を行うことが試みられている．ヒトでは高線量被ばくのデータがないので，ショウジョウバエやマウスの実験データから推定して，ヒトの倍加線量は1 Sv程度であろうと考えられている．

7・1・4 胎児への放射線影響

卵管膨大部で受精した受精卵は，その後約1週間で子宮に到達して着床[*5]する．着床した受精卵は分裂を繰り返して胚を形成する．胚を形成する細胞は被ばくによるダメージを受けるとアポトーシスによって排除される．この時期に100 mGy以上の被ばくを受けると胚死亡となり流産となる．この時期の妊娠には母親も気づいておらず，流産が起こってもわからない．受精直後の胚を形成する細胞は万能細胞ともいわれ，一定数異常の細胞が残れば，排除された細胞の役割を生き残った他の細胞が代償してそのまま正常に発育する．着床から受精後3週間には中枢神経系と心臓が発達し始めているが，この時期の被ばくは出生児に確定的影響または確率的影響を生じることはほとんどないようである（**表7・4**）．

受精後4～8週は器官形成期と呼ばれ，この時期に主な臓器の原基が形成される．そのため，この時期の被ばくにより一定数以上の細胞死を招くと，身体奇形を発生する．身体奇形のしきい値は100～150 mGy程度と考えられている．受精後8～15週は胎児脳内で神経細胞（ニューロン）の数が急速に増加する．さらに受精後16～25週は神経細胞間のシナプス形成が加速される時期である．そのため，これらの時期に被ばくすると精神発達遅滞が生じる可能性がある．精神発達遅滞のしきい値は120～230 mGy程度と考えられている．受精後16～25週に比べて受精後8～15週のほうがより強い影響を受けやすく，1 Sv当り30のIQ低下が予想される．

胎内被ばくによる出生児の発がんリスクについてはさまざまな疫学調査が行われているが，現時点でははっきりとした結論は出ていないようである．原爆によ

表7・4 放射線被ばくの影響を受けやすい三つの妊娠時期とその主な影響

被ばく時期	主な影響	しきい値〔mGy〕
受精直後～受精後7日 （着床前期）	胚死亡・流産	50～100
受精後4～8週 （器官形成期）	身体奇形	100～150
受精後8～25週 （胎児期）	精神発達遅滞	120～230

[*5] 受精卵が子宮内膜に接着した後，内膜内に埋没する一連の過程を着床という．

る胎内被ばく児の39歳までの追跡調査では，被ばくによるがん発生率の増加傾向は見られるが，これは10歳未満の若年被ばくの場合とほぼ同じ程度であり，胎内被ばくによる影響がことさら高いわけではなさそうである．

7・1・5　放射線被ばくによる生体反応のまとめ

放射線被ばくによって，秒以下の単位で起こる物理的・化学的反応に続いてDNAの損傷が生じることは6章で学んだ．本節では，このようなDNAの損傷が十分に修復されない場合に，確定的影響や確率的影響として臨床症状が現れることを説明した．放射線被ばく後に起こる生体内反応の経時的変化を図7・12にまとめた．

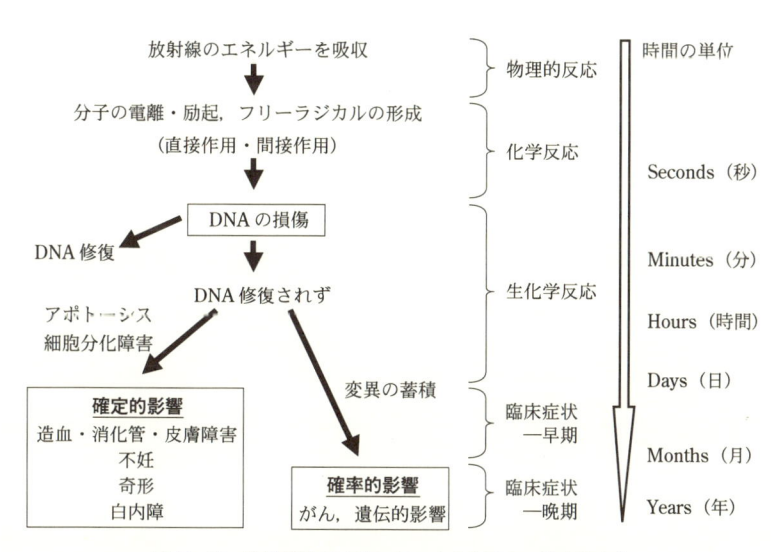

図7・12　放射線被ばく後に起こる生体反応の経時的変化

▢ 医療と放射線（1）——妊婦の放射線検査

〔1〕　通常のX線検査による出生異常

1895年のレントゲンによるX線の発見以来，医療分野における放射線利用は目覚ましい発展を遂げており，今や多くの疾患の診断において欠かせない存在となった．一方で，妊娠に気づかずに受けたX線検査が原因で「奇形児が生まれるのではないか」という誤解に基づく不安を抱える女性も多い．しかし，本文で述べたように，放射線による奇形発生や精神発達遅滞にはしきい値があり，100

mGy以下ではこれらが生じることはない．そのため，100 mGy以下の被ばくによって妊娠中絶を正当化する理由はないことがICRPから繰り返し勧告されている．

　光子線であるX線は透過力が強く直進する性質を持つため，撮影範囲以外への放射線の影響はきわめて小さい．そのため，胎児が直接照射野に入らない限り，胎児に対する被ばくは事実上考慮に入れる必要はない．一方，通常のX線検査の中で胎児の受ける被ばく量が最も多いと考えられる骨盤CT検査でも胎児被ばく量は25 mGy程度であるので（表参照），結論として，妊娠に気づかずに受けた1回の通常X線検査が，出生時異常の原因になる可能性を心配する必要はない．

妊娠中の母体がX線検査を受けたときの平均的胎児被ばく量

X線検査	平均的線量〔mGy〕
頭部単純X線	< 0.01
胸部単純X線	< 0.01
腹部単純X線	1.4
頭部CT検査	< 0.005
胸部CT検査	0.06
腹部CT検査	8.0
骨盤CT検査	25
バリウム注腸検査	6.8
各種核医学検査	0.15～9.0

(ICRP，2000)

〔2〕　10日規則

　受精後数週間は女性本人も気づかないことが多い．しかし，排卵が起こり受精するのは月経後10日以降である．そこで，妊娠可能年齢の女性において胎児への影響を考慮しなくてよいのは月経開始後10日までとする考え方をICRPが1962年に勧告した．これが10日規則（ten days rule）である．しかし，受精後約3週までは胎児に対する実際の影響はほとんどない．さらには，放射線医療機器の発達により放射線検査による被ばく量が1960年代に比べて明らかに低減している．例えば，骨盤部単純X線照射による被ばく量は1970年代半ばからの20年で約1/3になっている．そのため，上記のように1回の通常放射線検査による被ばくで胎児に影響を及ぼすことはない．これらの理由により，10日規則は1983年のICRP勧告により事実上取り消されるに至った．

〈参考文献〉
- 大野和子：「妊娠と放射線検査」，Quality Nursing, pp. 607-611（2002/8）
- 舘野之男：放射線と健康，岩波新書（2001）
- ICRP："Pregnancy and Medical Radiation", ICRP Publication 84（2000）

7・2 放射線防護

放射線防護（radiation protection）とは，放射線の人体に対する悪影響を防止または制限し安全を確保することである．1950年に結成されたICRPは，その時々の科学的データに基づいて放射線防護の基本となる考え方を勧告している．これらは多くの国々における放射線利用に関する法令に取り入れられてきた．日本の現行法令はICRP 1990年勧告に基づいて制定されている[*6]．本節では，ICRPが掲げる放射線防護に対する基本概念を説明するとともに，人体に対する影響を評価するために設定された等価線量および実効線量の考え方について述べる．

7・2・1 放射線防護の基本概念

〔1〕 放射線防護の目的

放射線防護は，放射線被ばくの原因となる有益な行為を不当に制限することなく，人を防護するための適切な基準を設けることを目的としている．そして，個人の確定的影響の発生を防止し，確率的影響の発生を減少させるためにあらゆる合理的な手段を確実にとることを目指すものである．ICRPは放射線防護の観点から，きわめて低線量の放射線被ばくであっても人体に対して確率的影響を及ぼすとの仮定のもとに，リスク評価を行っている．

〔2〕 放射線防護体系

上記のような目標を達成するために，ICRPでは放射線防護の基本原則を**行為**（practice）と**介入**（intervention）に分けて勧告している．「行為」とは個人の放射線被ばくまたは被ばくする人数を増加させるような人間の活動を指す．例えば放射線診断・治療，放射性同位元素を用いた実験などがこれにあたる．それに対して「介入」は被ばく線量を全体的に減少させる人間の活動を指す．例えば原子力発電所の事故や自然放射線からの被ばくを低減させるような方策をとることがこれにあたる．

「行為」に関してICRPが勧告する基本原則は以下の三つである（表7・5）．

① **行為の正当化**：放射線被ばくを伴ういかなる行為も，被ばくする個人また

[*6] G 10章参照．

表 7・5 放射線防護体系

行為	行為の正当化	被ばくによる便益＞損害
	防護の最適化	被ばくは合理的に達成できる限り低く抑える
	個人線量限度	ICRP が勧告する線量限度に従うべき
介入	介入の正当化	介入による便益＞損害
	介入の最適化	便益－損害が最大になるようにすべき

は社会に対して，被ばくによる損害を相殺するに十分な便益を生むものでなければ導入してはならない．

② **防護の最適化**：個人線量の大きさ，被ばくする人数，潜在的な被ばくの可能性の三つすべてを，経済的および社会的要因を考慮に入れたうえで，合理的に達成できる限り低く保つべきである（As Low As Reasonable Achievable，**ALARA の原則**）．

③ **個人線量限度**：「行為の正当化」と「防護の最適化」によって与えられた理念に基づいて「行為」を管理する際に客観的な基準を与えるものが個人線量限度である．すべての線源から受ける被ばく線量の合計は，ICRP が勧告する線量限度に従うべきである．線量限度の詳細については 7・2・4 項で述べる．

一方で，「介入」に関して ICRP が勧告する基本原則は以下の二つである．

① **介入の正当化**：介入することによって得られる便益が，その活動による損害を上回るものでなければならない．

② **介入の最適化**：介入のかたち，規模，期間は，線量低減による正味の便益，つまり放射線被ばくの低減による便益から介入による損害を差し引いたものが最大になるように最適化されるべきである．

7・2・2 被ばくの種類

ICRP は，放射線防護の立場から放射線被ばくを**職業被ばく**，**医療被ばく**，**公衆被ばく**の 3 種類に区分している．職業被ばくは，主として職業上利用する人工放射線源からの被ばくによるものである．職務遂行時における自然放射線源からの被ばくは通常ここには含まれないが，日常生活で体験する被ばく線量を上回るような環境での職務（例えばジェット機の運行や宇宙飛行など）の場合には，自然放射線源からの被ばくも職業被ばくに含む．医療被ばくは主に診断または治療の一部として患者が受ける被ばくである．公衆被ばくは，職業被ばくと医療被ば

く以外のすべての被ばくを含む．

7・2・3 放射線防護のために定義された線量

放射線照射を受けた物質が単位当りに吸収するエネルギー（**吸収線量**[*7]）だけでは，放射線の生体に及ぼす影響を評価することはできない．これは放射線の種類やエネルギーが異なると，線エネルギー付与（**LET**）[*8]が異なるためである．低LET放射線であるγ線やX線によって生じる特定の生物学的効果を基準にして，種々の放射線について比較した値を**生物学的効果比**（relative biological effectiveness：RBE）と呼ぶ．RBEは確定的影響や確率的影響といった放射線影響の種類や，対象となる組織によって異なる[*9]．このRBEを考慮して，放射線の人体に対する影響を評価するための基本量として定義されたものが等価線量と実効線量である．

〔1〕 等価線量

ICRP 1990年勧告によって，人体に対する影響を考慮した基本的な線量として**等価線量**（equivalent dose）H_T が次式により定義された．

$$H_T = \sum_R \omega_R \cdot D_{T,R}$$

等価線量の単位は**シーベルト**（Sv）を用いる．ここで ω_R は**放射線荷重係数**と

表 7・6　放射線荷重係数

放射線の種類	放射線荷重係数 ω_R
光子	1
電子および μ 粒子	1
中性子	
エネルギーが 10 keV 未満のもの	5
エネルギーが 10 keV 以上 100 keV まで	10
エネルギーが 100 keV 以上 2 MeV まで	20
エネルギーが 2 MeV 以上 20 MeV まで	10
エネルギーが 20 MeV を超えるもの	5
陽子（反跳陽子以外，エネルギーが 2 MeV を超えるもの）	5
α 粒子，核分裂片，重原子核	20

〔注〕　γ線やX線は光子線であり，β線は電子線である．　　　（ICRP, 1990）

[*7] 2・5節を参照．
[*8] 6・1節を参照．
[*9] 特に中性子線の場合には，確率的影響におけるRBEと確定的影響におけるRBEは大きく異なる．確率的影響を評価する際のRBEに相当する放射線荷重係数は中性子線で5～20に設定されているが，確定的影響である水晶体混濁の算定の際にはRBEを2～3に見積もる．

呼ばれるもので，放射線防護の分野において確率的影響を算定する際のRBEに相当する．$D_{T,R}$は組織Tにおける放射線Rによる**吸収線量**（臓器・組織全体での平均値）である．この式からわかるように，いろいろな放射線によって被ばくする場合には，それぞれの放射線Rの吸収線量$D_{T,R}$に放射線荷重係数ω_Rを乗じた値を総和したものがその臓器・組織における等価線量になる．それぞれの放射線ごとに定義された放射線荷重係数を**表7·6**に示した．

〔2〕 **実効線量**

人体が放射線被ばくを受けるとき，全身均等に被ばくすることはむしろ少ない．また，同じ等価線量であっても，各組織・臓器ごとに被ばくによる発がんや遺伝的影響の起こる確率は異なる．そこでICRPでは，全身における放射線被ばくによる確率的影響を評価する目的で，次式によって定義される**実効線量**（effective dose）という概念を導入した．

$$E = \sum_T \omega_T \cdot H_T = \sum_T \omega_T \cdot \sum_R \omega_R \cdot D_{T,R}$$

表7·7 組織荷重係数

組織・臓器	組織荷重係数 ω_T	組織・臓器	組織荷重係数 ω_T
生殖腺	0.20	肝臓	0.05
骨髄（赤色）	0.12	食道	0.05
結腸	0.12	甲状腺	0.05
肺	0.12	皮膚	0.01
胃	0.12	骨表面	0.01
膀胱	0.05	残りの組織・臓器	0.05
乳房	0.05		

（ICRP，1990）

組織荷重係数
組織ごとの放射線に対する感受性

放射線荷重係数
放射線ごとの人体に対する影響力（RBE）

$$E = \sum_T \omega_T \cdot \sum_R \omega_R \cdot D_{T,R}$$

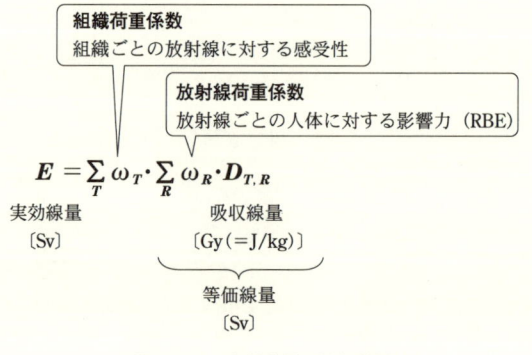

実効線量
〔Sv〕

吸収線量
〔Gy(=J/kg)〕

等価線量
〔Sv〕

図7·13 実効線量と等価線量

ここで，ω_T は**組織荷重係数**と呼ばれ**表7·7**のように定義されている．これは，原爆被ばく者の疫学データから発がんや遺伝的影響の発生確率を考慮して得られた重みづけの値である．各組織・臓器に割り当てられた組織荷重係数を合算すると1になる．実効線量の単位には等価線量と同様に Sv を用いる．そのため，Sv という単位が用いられたときには，等価線量と実効線量のどちらを表現しているのか注意が必要である（**図7·13**）．

〔3〕 その他の補助的な線量計測量

放射線物質を体内に摂取した場合の内部被ばくを評価する目的で用いられるのが**預託等価線量** H_T であり，次式で表される．

$$H_T = \int_0^\tau \dot{H}_T(t)\, dt$$

放射線壊変による物理学的半減期や体内からの排泄機能による生物学的半減期などによって等価線量率（$\dot{H}_T$）は変化する．また τ は摂取後の積算期間である．もし τ が特定されていないときには，その値は成人では50年，子どもに対しては摂取時から70歳までの年数とする．この概念を拡張して，**預託実効線量** E_T が同様に定義される．

7·2·4 線量限度

前述のように，放射線防護の目的は確定的影響を防止し，確率的影響を許容できるレベルにまで制限することである．このレベルが**線量限度**である．線量限度は放射線防護の「行為」に関する3原則のうちの一つである．確率的影響の「許容できるレベル」とは，その時々の科学的データに基づいて社会的に判断されるものであるから，時代とともに多少の変遷が見られる．

1970年代から1980年代にかけて行われた広島・長崎の原爆被ばく者二世の調査では，放射線被ばくによる遺伝的影響を見いだせなかったことが報告されて以降，ICRP が掲げる低線量放射線防護のターゲットは「遺伝的影響」から「発がん」へとシフトした．

医療被ばくは通常，被ばくする個人に直接の便益をもたらすことを意図しているので，行為が正当化されており，かつ防護が最適化されていれば，医療被ばくについては線量限度を設定すべきではないと ICRP は勧告している．一方で，職業被ばくと公衆被ばくについては線量限度を設定している．ICRP 1990年勧告に基づいて法令で定められた防護基準を**表7·8**に示した．ここではまず実効線

表7・8 個人被ばくの線量限度

	職業被ばく	公衆被ばく
実効線量	100 mSv/5 年かつ 50 mSv/年	1 mSv/年
女子	5 mSv/3 月	
妊娠中の女子*	内部被ばくについて 1 mSv	
等価線量		
水晶体	150 mSv/年	―
皮膚	500 mSv/年	―
妊娠中の女子*の腹部表面	2 mSv	―

* 本人の申し出により許可届出使用者または許可廃棄業者が妊娠の事実を知ったときから出産までの間．

量限度の設定によって，確率的影響を容認できるレベルまで制限している．この実効線量限度以下の被ばくであれば水晶体と皮膚を除くすべての組織・臓器に確定的影響を及ぼすことがないのは確実である．しかし，水晶体および皮膚の確定的影響については，実効線量限度によって必ずしも防護されるとは限らないので，これらの組織に対しては個別に等価線量による限度を設けている．

〔1〕 線量限度の設定根拠

上記のように，実効線量に対する線量限度は放射線被ばくによるリスクをどこまで耐えうるかを決定するものである．ここでは，ICRPがどのような根拠で線量限度を設定したかを説明する．

まず，限度を決めるためには放射線被ばくによるリスクの評価をしなければならない．直線しきい値なし仮説は 200 mSv〜3 Sv という比較的高線量被ばくを受けた原爆被ばく者の固形がんの発生に関しては比較的よく当てはまる．しかし，それよりも低線量の被ばくによるがん誘発リスクは，これらのデータから予測される推測値よりも低いことが知られているので，修正が必要である[*10]．そこで取り入れられたのが**線量・線量率効果係数**（dose and dose-rate effectiveness factor：DDREF）である．動物実験などのデータに基づいて，ICRP 1990 年勧告では DDREF を 2 と定めた．これは，低線量・低線量率で被ばくしたときの確率的影響を，高線量・高線量率で被ばくしたときのデータから直線しきい値なし仮説によって推測される値の 1/2 に見積もるという意味である．これは放

[*10] 被ばく線量が減ると，がん発症率も減少する．このような低いリスクを算定するためにはきわめて多くの被験者を必要とするため，現実的には疫学調査によって求めることは不可能である．例えば，10 mSv 以下の被ばくによる発がんのリスクを算定しようとすれば，約 500 万人のデータが必要であると考えられている（Land et al., Sicnece, 1980）．

射線防護の立場から，リスクを比較的高く見積もった値となっている．

〔2〕 **相加モデルと相乗モデル**

放射線被ばくによる一生涯の間に発生するかもしれないがん死亡率を推定するために二つのモデルが用いられてきた．**相加モデル**（絶対モデル）では，放射線誘発がんの発生は線量に依存するが年齢に依存しないとの仮定に基づくものである．一方で，**相乗モデル**（相対モデル）では，加齢によるがんの自然発生率の一定倍増えるとする仮定に基づくものである．現在では相乗モデルのほうが，疫学的な観察結果によりよく適合すると考えられている．1977年ICRP勧告では相加モデルを用いていたが，1990年ICRP勧告ではリスク計算に際して，主に相乗モデルを採用している．これらのモデルによって推定した放射線被ばくによる年死亡率を**図7・14**に示した．図(a)は，毎年10，20，30，50 mSvの被ばくを18～65歳まで受け続けたときの放射線による年死亡率を表した曲線である．図(b)は毎年1，2，3，5 mSvの被ばくを0歳から一生涯にわたって受け続けたときの放射線による年死亡率を表した曲線である．曲線の下の面積は照射によって生じるがん死亡の生涯確率を表す．一方で，放射線被ばくの確率的影響によるリスクは，致死性がんによる死亡だけではなく，治癒可能ながんや遺伝的疾患のリスクも考慮に入れるべきである．これらの推定値を表したものが**表7・9**である．

ICRPは，職業上の年致死死亡率0.1%（10^{-3}）を線量限度の基準となるリスクとして採用できるのではないかと考えた．これは，製造業のような比較的安

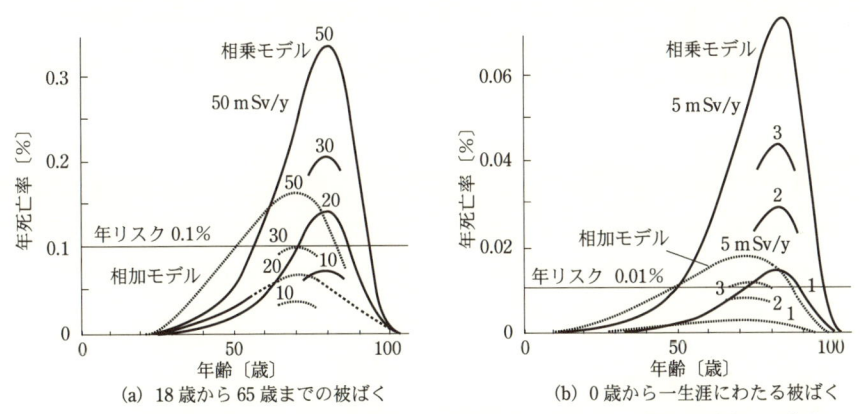

(a) 18歳から65歳までの被ばく

(b) 0歳から一生涯にわたる被ばく

18歳から65歳までの(a)もしくは誕生から一生涯にわたって(b)，連続して毎年同一線量の被ばくを受け続けたものとして算定している．実線は相乗モデルで，点線は相加モデルで計算した値．

図7・14 放射線被ばくに起因するがんによる年死亡率分布

表 7・9 年被ばく線量（実効線量）ごとに推定された確率的影響による損害（相乗モデルにより算定）

	年実効線量〔mSv〕	確 率〔％〕			
		致死がん	治癒可能ながん（荷重してある[*1]）	遺伝性疾患（荷重してある[*1]）	損害の合計[*2]
作業者 (18～65歳までの被ばく)	50	8.6	1.72	1.72	12.0
	30	5.3	1.06	1.06	7.4
	20	3.6	0.72	0.72	5.0
	10	1.8	0.36	0.36	2.5
公衆 (誕生から生涯にわたる被ばく)	5	2.0	0.40	0.53	2.93
	3	1.1	0.22	0.29	1.61
	2	0.8	0.16	0.21	1.17
	1	0.4	0.08	0.11	0.59
	0.5	0.2	0.04	0.05	0.29

[*1]：重篤度と寿命損失の長さに対して荷重してある．
[*2]：第2，3，4欄を合計したもの．
(ICRP, 1990)

水準が高いとみなされている職業における業務災害による年死亡率がおよそ 0.01% (1×10^{-4}) であり，その中の高リスクの亜集団では平均の約10倍のリスクにさらされる，という仮定に基づいてのことであった．図7・14(a)からわかるように，20 mSv/年より低い線量では相乗モデルで算定しても相加モデルで算定しても65歳までに年がん死亡率が 0.1% (10^{-3}) を超えることはない．このようにして職業被ばくの線量限度である20 mSv/年が設定された．一方で，公衆の被ばくに関して容認可能なレベルを職業人の1/10の 0.01% (10^{-4}) とした．職業人と違って被ばくは0歳から一生涯にわたるので，図(b)を用いたうえで職業人の場合と同様な方法で1 mSv/年を設定した．アメリカでは発がん性化学物質へのばく露による公衆の寄与生涯がん死亡率が 0.4% (4×10^{-3}) を超える物質は規制されており，これは1 mSvの年線量による寄与生涯致死確率 0.4% と一致する（表7・9）．ただし，化学物質の規制は物質ごとに行われているが，放射線被ばくに対する線量限度はすべての線源からの合計線量に適用されていることを理解しておく必要がある．

7・2・5 健康診断

放射線業務従事者は法令およびこれに準拠した放射線障害予防規程により，定められた時期に定期的に健康診断を受けなければならない（10章参照）．しかしながら，職業被ばくの実効線量限度である20 mSv/年は白血球減少のしきい値

の1/25であるため，検査項目の中で放射線被ばくに最も鋭敏とされる血液検査をもってしても個人被ばくのモニタにはならない．このようなことから，定期健康診断の主たる目的は，放射線業務従事者の一般健康状態のチェックを行うと同時に，万一の事故や障害発生時に備えて放射線障害を判断するための基礎情報を用意しておくことと考えられる．

■ 医療と放射線（2）——X線診断による発がんリスク

「日本のがんの3.2%はX線検査による医療被ばくが原因」とする論文が，世界的権威のある医学雑誌であるイギリスのランセット誌2004年1月号に発表された．日本は調査対象となった先進15か国中最悪の結果で，他の国に比べて医療被ばくによる発がんリスクが約3倍高いという推定結果であった．当時の日本では，一部マスメディアによってこの記事がセンセーショナルに伝えられた．しかし，その後にこの論文に対するさまざまな批判や問題点が世界中から指摘され，この手の調査・研究で得られた結果に対する評価の難しさを露呈した形になった．

この論文において指摘された問題点はおおよそ以下の2点に集約される．

① 今回の論文では，いくつかの仮定に基づいて各国ごとのX線検査による発がんリスクを計算している．その中でも，数mSvから数十mSv程度の被ばく線量であるX線検査による発がんリスクの推定は，200 mSv以上の放射線被ばくをした原爆被害者の発がんデータを用いた直線しきい値なし仮説に基づいて行われた．しかし，この仮説は本来，放射線防護の目的で使用されるものであり，すでに起こったわずかな線量の被ばくについてのリスクを評価するために用いるのは適切ではない．最近では放射線ホルミシス（6章参照）という概念も提唱されており，低線量領域での生体影響の評価についての見直しが行われているところである．また，原爆被害者は原爆投下直後のみならず，さまざまな放射線核種に汚染された水，食物，大気による長期間の被ばくを受けたと考えられているため，実際の合計被ばく線量は推定値よりも高かったと考えられる．さらに，論文中では単純X線やCT検査による被ばく線量が比較的高めに設定されているが，133ページのコラムでも述べたように，最近の放射線診断機器の発達により，放射線検査による被ばく線量は明らかに低減してきている．以上から，今回の論文ではX線検査による発がんリスクを過大評価しているのではないか．

② 医療行為であるX線検査のリスク評価は，検査から得られる便益との比較においてなされるべきものである．実際，X線検査による発がんリスクが最低と推定されたイギリスでは「がんがより進行してから発見されるので，ヨーロッパの他の国々に比べて生存率が低い」と2004年3月に報告さ

れている．このように，X線検査のリスクのみをことさら取り上げることは適切ではない．

がん定期検診として行うX線検査については，上記②で指摘したようなリスク対便益を分析することでその開始年齢や方法・頻度を決めることが試みられている．しかし，がん以外の疾患を見つけ出して早期治療に結び付けることを目的にX線検査を行う場合には，このようなリスク対便益の評価はさらに複雑で難しくなる．

〈参考文献〉
- A. Berrington de Gonzalez and S. Darby: "Risk of cancer from diagnostic X-rays: estimates for the UK and 14 other countries", Lancet, 363, pp. 340-341, pp. 345-351, pp. 1908-1910, p. 2193, (2004).
- J. Law and K. Faulkner: "Cancers detected and induced, and associated risk and benefit, in a breast screening programme", Br. J. Radiol, 74, pp. 1121-1127 (2001)
- 舘野之男，飯沼武ほか：「肺がん検診のためのX線CTの開発：リスク/ベネフィット，コスト/ベネフィットの事前評価も含めて」，新医療，pp. 28-32（1990）

■参考文献
- 国際放射線防護委員会の1990年勧告，日本アイソトープ協会（1991）
- 西澤邦秀編：放射線安全取扱の基礎 アイソトープからX線・放射光まで（第2版），名古屋大学出版会（2004）
- 菅原努監修，青山喬・丹羽太貫編著：放射線基礎医学（改訂10版），金芳堂（2004）
- 青木芳朗・前川和彦監修：緊急被ばく医療テキスト，医療科学社（2004）

8章　放射性同位元素等の安全取扱い

〈理解のポイント〉
- 放射性同位元素の安全取扱いに対する考え方
- 非密封放射性同位元素の購入から後始末まで
- 非密封放射性同位元素の汚染対策
- 被ばく線量を低減化する方法

　本章では，放射性同位元素の利用形態として密封された状態のもの（密封放射性同位元素）と密封されていない状態のもの（非密封放射性同位元素）に分けて，それぞれに対する安全取扱いを述べる．放射性同位元素の取扱いは，対応する規制法令を遵守する必要があり，その安全取扱いにおいて基本的な知識や技術および必要な手続きなどを十分に理解しておかなければならない．放射線施設で取扱い（実験など）を始めるにあたり，購入から後始末にわたる一連の手順に添って具体的な安全取扱いについて解説する．また被ばく線量の低減，汚染対策についても学ぶ．

8・1　安全取扱いの考え方

8・1・1　安全取扱いということ

　放射性同位元素や放射線の安全取扱いとは何であろうか．
　「安全」という言葉から世間一般の常識で連想されることは，人命・傷害・障害や経済的損失にかかわる安全であろう．放射性同位元素等の取扱いにおける安全も，むろんそのようなレベルで考えられる場合が少なくないが，トレーサ利用で扱われる放射性同位元素等に関してはこれよりずっと低い放射能や放射線量のレベルで「安全」が論じられることも多い．すなわち，個人の一生や子・孫の安全というレベルでなく，もっと厳しく集団遺伝線量が問題になるような放射線量レベルでの安全を問題にすることが多い．当然そのようなレベルは法律上問題に

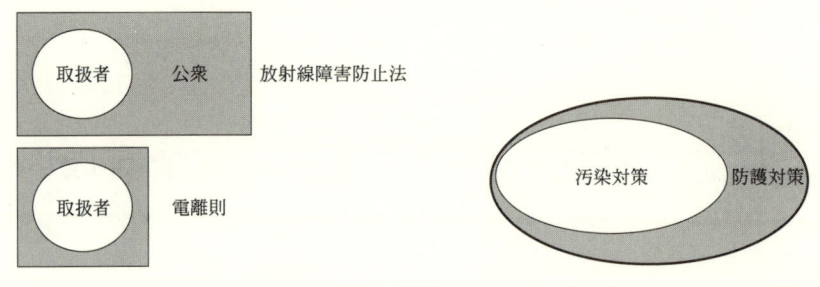

図 8・1　障害防止法と電離則の対象　　　図 8・2　放射線被ばくに対する防護対策

ならないくらい低レベルの放射能や放射線量を問題にすることになる．この立場には当然，限度があり，ここに各取扱施設での放射線管理の基準との接点が出てくる（**図 8・1**）．

　例えば，非密封の放射性同位元素を用いる実験室において床の一部に自然レベルの 2～3 倍程度の放射能密度のところが見つかった，といった軽度の汚染に関しても，使用の状況によっては少なくとも再調査して原因を究明しなければならないであろう．このような汚染自体は法にも触れないし，まして常識でいう安全という点では全く問題にならないとしても，放射線管理という立場からは周辺の再調査や原因の究明が必要になる場合が多い．なぜなら軽い汚染はもっと強い汚染が近辺に存在することによるのかもしれないし，また軽い汚染の繰返しは，いつか強度の汚染を引き起こす可能性を示唆するからである（**図 8・2**）．

　早い段階で原因を究明し，取扱方法や規則や管理を再検討しなければならないのである．この立場を取扱者側から見ると，このような軽度の汚染すら引き起こさない取扱いが広義の「安全取扱い」に含まれてくるといえる．

　こういった考え方を考慮に入れて，本章で述べる安全取扱いは必ずしも法令の規制値レベルにこだわらず，さらに厳しい立場のものも含めてある．しかし，それらは取扱者が容易に実行できるはずのものである．読者は，本章で述べる安全取扱いの基本を守れないようなら放射性同位元素や放射線を取り扱う資格がない，と心得ていただきたい．

　放射性同位元素等の利用により人類が得た利益は，医療・産業・研究などにおいてはかり知れないものがあり，今後もその利用は拡大するであろう．そこでは安全取扱いと放射線管理とがともに欠けてはならない．以下では放射線管理についても触れる．

8·1·2 安全取扱いの前提

放射性同位元素等の安全取扱いについての前提は，これを用いることによって，何らかの利益（benefit）がなければならないということである．

まず，不必要な被ばくは絶対に避けなければならないし，したがって不必要な放射性同位元素等の使用はしない，というのが大前提となる．また，正味の利益がある場合であっても，被ばく・経済的損失その他のリスク（risk）の絶対量には十分考慮を払わなければならない．

正味の利益ということを最もわかりやすい診療行為で説明しよう．診療における放射線被ばくといえども，被ばく自体はこれを受ける者にとって確かにリスクである．しかし，例えばその診断による重大な病徴発見の可能性や，あるいはそれによるがん治療などの大きな利益があるのが普通であるから，正味では大きなプラスとなり，これらの放射線利用は認められることになるのである．ところが実は利益やリスクの評価は一般に非常に困難である．研究における放射性同位元素利用などのように，取扱者本人にとって利益になり，あるいは将来，社会にとっても利益になる，といった場合でも，周辺の人々や環境に及ぼすインパクト，特に現時点でのそれらのリスクには，たとえ小さいものであっても取扱者は十分慎重な考慮が必要である．これらの問題点を整理した形で示したのが，国際放射線防護委員会（ICRP）の数次の勧告であり，1977年のそれは次の三点のように要約できる（7·2節参照）．

(1) 放射性同位元素等の利用に関しては正味の利益があること（正当化；justification）
(2) 合理的に達成できる限り線量を低く保つこと（As Low As Reasonably Achievable；ALARAの原則）（最適化；optimization）
(3) ある一定の線量限度を超えた線量を受けないこと（線量制限；dose limitation）

放射性同位元素等の具体的な安全取扱方法を決める際には次の二つの軸を中心に考える．

① 外部被ばくおよび内部被ばくを低く抑え，周辺の線量率を低く保つ（図8·3）．
② 放射性物質による汚染を，低く，狭い範囲に抑える．

②はX線発生装置に由来するX線などには当てはまらないが，放射化をもたらす加速器では誘導放射能や残留放射能の問題として，おろそかにできない．汚

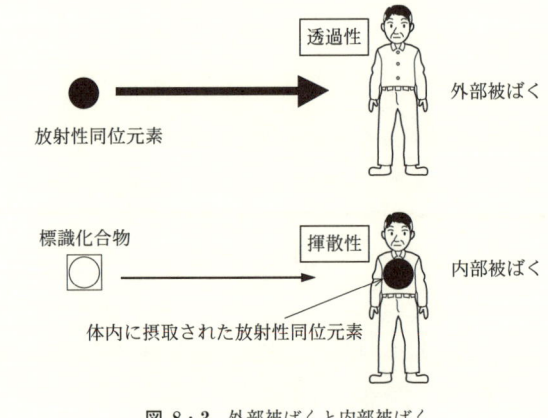

図 8・3 外部被ばくと内部被ばく

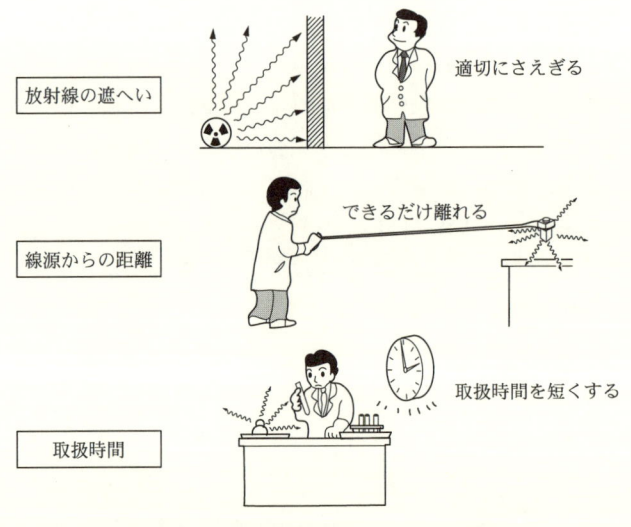

図 8・4 放射性同位元素取扱いの三原則

染は物質を体内に取り込むことによって起こる内部被ばくとの関連で特に重要である.

この二つの軸を中心に考えたとき,共通する方策は取扱量を最小限に保つことである.そして第一の軸①の外部被ばくに関しては次の三点が基本である(図8・4).

a. 適切な遮へい
b. 線源との十分な距離
c. 取扱時間の短縮

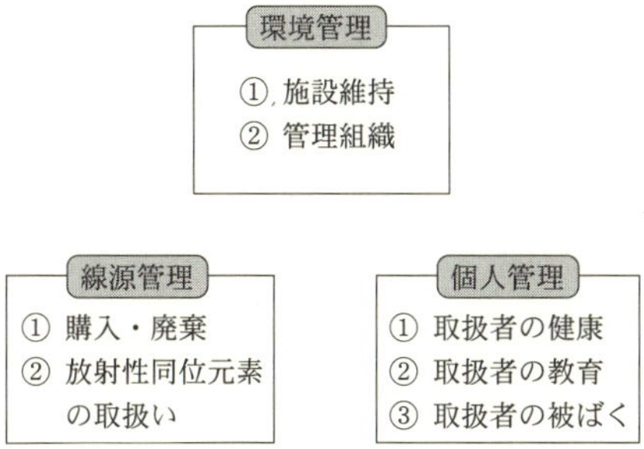

```
          ┌─────────────┐
          │  環境管理   │
          │ ① 施設維持  │
          │ ② 管理組織  │
          └─────────────┘

┌─────────────────┐   ┌─────────────────┐
│   線源管理      │   │   個人管理      │
│ ① 購入・廃棄    │   │ ① 取扱者の健康  │
│ ② 放射性同位元素│   │ ② 取扱者の教育  │
│   の取扱い      │   │ ③ 取扱者の被ばく│
└─────────────────┘   └─────────────────┘
```

図 8・5 放射線障害防止法の構成要素

第二の軸②に関しては，限定した区域での取扱い，取扱器具や容器の選択，操作技量の習熟，汚染検査の励行などがあげられる．これらについては 8・3・1 項に詳述する．

安全取扱いと密接な関係にある放射線管理（放射性同位元素などの管理）については，次の三本柱があげられる（**図 8・5**）．
① 建物施設・設備機器の整備・充実
② 取扱者に対する教育・訓練
③ 管理体制，すなわち組織や規則の整備

このうち①については一部本章で述べるが，②や③については 10 章で法令と関連して述べる．

■ 非密封放射性同位元素と密封放射性同位元素の違い

① 非密封放射性同位元素とは，購入後，容器を開封し小分けして実験に使用するもの．
② 密封放射性同位元素とは，購入後，正常な使用状況では開封または破壊のおそれのないもの，また，漏洩や浸透などにより放射性同位元素が散逸して汚染するおそれのない状態で使用するもの．
なお，密封線源には，密封性能を表す等級が示されているので，その密封性能を理解して密封線源を取り扱うことが必要である．

8・2 非密封放射性同位元素の購入から後始末まで

非密封放射性同位元素を取り扱うには，使用核種や標識化合物に対する的確な

知識，4·4·1項に述べたような実験操作についての十分な理解と技術の習得が必要である．一方これらの実験はすべて一連の法令の規制下にあることを忘れてはならない．取扱者はこれらの基礎のうえに立って初めて適正な実験計画を立て，それに従って正しく放射性同位元素を使用することができる．初心者が放射性同位元素を用いる実験を行う場合，単独では行わず必ず経験者とともに行う必要があるのもこのためである．

8·2·1　実験の計画

まずは実験目的および方法に適した標識化合物を購入することである．一般に，ある標識化合物を購入するにあたり，次の事項を考えておく必要がある．

① 適切な放射性同位元素の種類の選択
② 放射性同位元素による化学構造中の標識位置の確認
③ 標識化合物の放射活性（比放射能）
④ 標識化合物の半減期
⑤ 実験方法の全過程における回収率および測定器の計数効率

また，使用する標識化合物の半減期が短い場合には，その放射活性の減衰を考慮した量を購入する必要がある（図8·6）（主な放射性核種：付録3参照）．

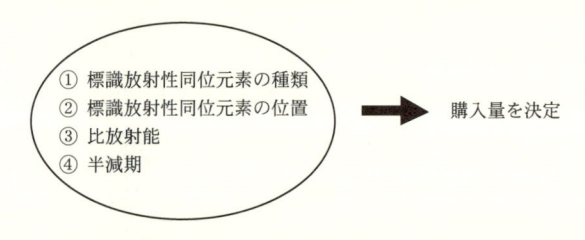

①　標識放射性同位元素の種類
②　標識放射性同位元素の位置
③　比放射能
④　半減期
→ 購入量を決定

図 8·6 標識化合物を選択するにあたってのポイント

実験における1回使用量が決まれば，当面の実験予定回数を勘案して適当量を発注すればよいが，それに先立って施設の放射線取扱主任者と連絡をとり，使用予定量が施設で核種ごとに定められている1日最大使用数量，3月間使用数量，年間使用数量の範囲内である確認を得ておく必要がある（5章5·6節参照）．

8·2·2　購入手続き

標識化合物を購入するにあたり，放射性同位元素を使用する施設の取扱主任者と使用核種，使用量，使用期間などについて十分に打ち合わせる（図8·7）．そ

の施設において希望する核種の使用が障害防止法上許可されているかを確認するとともに，1日最大使用数量を超えていないかを確認する．これらの確認がとれれば，購入の手続きを行う．

　放射性同位元素を購入するためには，日本アイソトープ協会の申込み要領に従う（図8・7）．その用紙には，申込者名，使用者の氏名，所属，連絡先および購

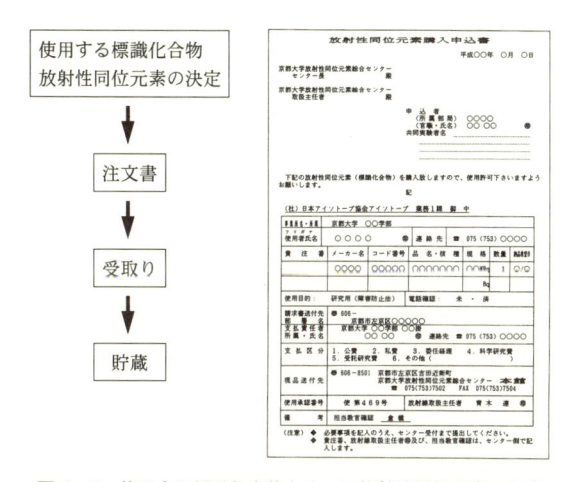

図8・7　使用する標識化合物あるいは放射性同位元素の決定から貯蔵までの流れ

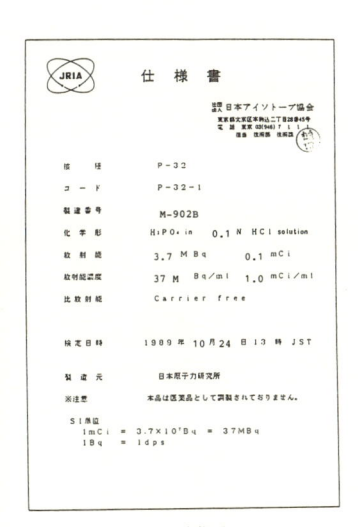

(a) 入荷時の荷姿　　　(b) 仕様書

図8・8　入荷時の荷姿と仕様書

入同位元素の情報を記入する．それら以外に，① 放射性同位元素使用施設の使用許可番号，② 取扱主任者の認印，③ 支払い責任者の認印，④ 希望する納期（前もって電話で問い合わせておくとよい）も記入する．

放射性同位元素が入荷すると，使用する施設において必要な手続きをすませる．手続きが終わると管理区域内で包装を解き，バイアルや鉛容器などをその施設の手順に従って貯蔵する．入荷の際，包装内に放射性同位元素の仕様書（specific sheet）が同封されている（図 8・8）．送られてきた放射性同位元素が発注したものと同じかを，この仕様書によって確認する．

8・2・3　実験開始から実験終了まで

放射性同位元素を発注後それを入手するまでの期間は，実験計画の段階から歩を進めて，具体的な点について詳細に検討する時期である．まず実験の順序に従って検討し，必要となる実験材料，器具や装置などを確認する．次いで本実験に先立ちコールドラン（cold run）を行う（図 8・9）．これは放射性同位元素を使用しないことを除けば本実験と全く同じ操作を（放射性同位元素が入っているとの想定のもとに）行うことで，本実験と同じスケールで行うことが最も望ましい．その結果，本実験での思いがけない突発事故に対して前もって対処できるうえ，実験の所要時間がほぼ正確に把握できて都合がよい．全体のスケジュールは実験の所要時間に放射性廃棄物処理の時間（例えば動物を乾燥する時間）を加味して立てるわけであるが，特に放射性同位元素実験は時間的余裕のない状況で行うと事故に結び付きやすいので，立案にあたっては十分に時間的なゆとりを持たせるべきである．

この実験計画の最終案は放射性同位元素取扱施設の取扱主任者に説明して了承を得る必要がある．その場合，実験内容，予定期間，使用放射性同位元素の種類

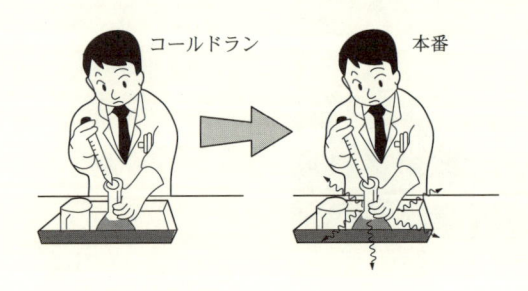

図 8・9　コールドラン

と量などに関する取扱者の説明に対して，取扱主任者からは施設の放射線障害予防規程や内規の説明などがなされるはずである（図 8・10）．

この予防規程には，汚染が起きた場合の処置など放射性同位元素取扱い上必要な技術規準や火災・地震などの緊急時の措置等，その施設で放射性同位元素実験を行ううえで大切な内容を含んでおり，取扱者があらかじめ理解しておくべきものである．また，放射性同位元素防護用品（実験時に使用する手袋やシートなど

(a) 予防規程　　　　　　(b) 緊急時のマニュアル

図 8・10　予防規程と緊急時のマニュアル

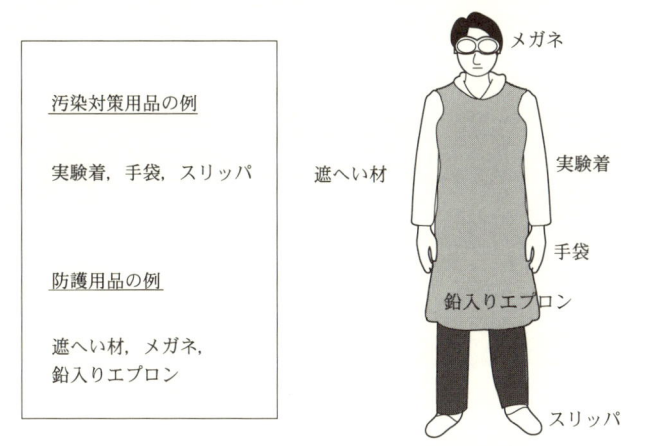

図 8・11　放射性同位元素の実験に使用される物品例

消耗品類，サーベイメータ，ガラスバッジ，ポケット線量計等個人被ばく管理用品など）は通常放射性同位元素使用施設で用意されることが多いが，実験内容に応じた放射線防護用品とその使用方法について，取扱主任者の助言を得ておく（図 8・11）。

こうしていよいよ実験開始の運びとなるが，まず取扱者に要求されることは，放射性同位元素の使用ごとに放射性同位元素出納簿に使用記録を残し，使用中・貯蔵中・保管廃棄中の各放射性同位元素量を常時明確にしておくことである。これらの記帳は，法令で義務づけられている。また，使用中の放射性同位元素を実験室に残して一時その場を離れる場合には，放射性同位元素の種類と量および取扱者の氏名と連絡先を明示しておくことを忘れてはならない。

放射性同位元素管理の最終目標が放射性同位元素利用に伴う放射線被ばくをできる限り抑えることである以上，密封放射性同位元素を取り扱う際にも，必要に応じてサーベイメータ，個人被ばく管理用器具などを十分に活用すべきことはいうまでもない（図 8・12）。

しかし，問題を非密封放射性同位元素に限定して考えると，汚染に起因する被ばく（特に内部被ばく）がクローズアップされてくる。その意味で取扱者は大量

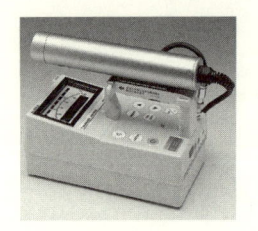

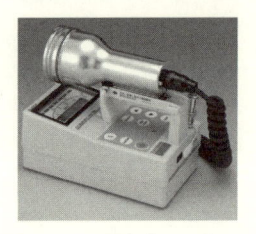

シンチレーション式　　　GM 式　　　電離箱式
(a) サーベイメータの種類

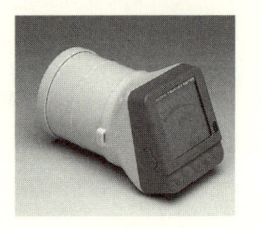

ガラスバッジ

ポケット線量計
(b) 個人被ばく線量計

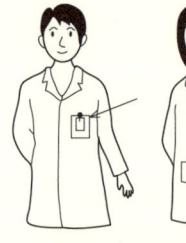

男子　　女子
(c) 個人被ばく線量計の装着部位

図 8・12　サーベイメータと個人被ばく線量計

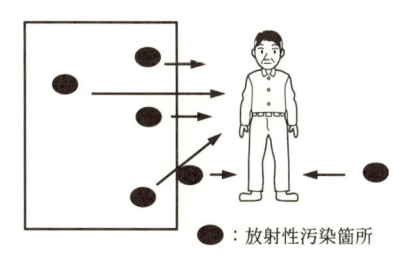

図 8・13 放射性汚染と被ばく

の放射性同位元素を取り扱った後だけでなく，実験の一段落ごとに使用スペース周辺の汚染検査を行う習慣を身につけてほしい．また，その測定結果は必ず記録として残したうえ，管理室にも報告しなければならない．床とかドアの取っ手といった通常汚染してはならない所に汚染が認められた場合，秘密裏に処理することなく，直ちに取扱主任者に報告しなければならない（**図 8・13**）．汚染がさらに思わぬ範囲にまで広がっているかもしれないからである．

その他，使用施設等で着用する実験衣は専用とし管理区域外で使用しないこと，また管理区域から出る場合には，ハンドフットクロスモニタなどにより手足や衣服に汚染がないことを確認することも大切である．汚染が発見されたときは直ちに管理責任者に通報し，8・3・5 項に従って除染する．

8・2・4　放射性同位元素の運搬

事業所外への運搬の場合，運搬に先立ち持ち出す事業所および持ち込む事業所，両事業所の取扱主任者の許可を得なければならない．その詳細は，予防規程および 10 章を参照されたい．

8・2・5　放射性同位元素の廃棄

障害防止法上の廃棄には，保管廃棄，希釈廃棄，焼却廃棄の 3 種類がある．

〔1〕　**保管廃棄**

日本アイソトープ協会の指示に従って分類し，ポリ袋に入れ，その袋に核種および放射能の量，容積，取扱者の名前などを記した用紙をくくり付け，放射性廃棄物として保管廃棄施設に保管する．さらに後日，日本アイソトープ協会によって集荷されるまでの間保管することである．実験者は放射性廃棄物を日本アイソトープ協会の指示に従い，可燃物，難燃物，無機液体などに分類し，それぞれの容器に入れて保管する（**図 8・14**）．

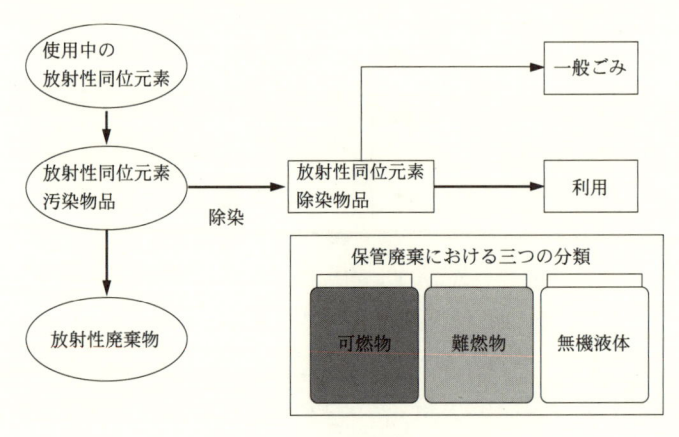

図 8・14 放射性廃棄物の分類

〔2〕 希釈廃棄

使用した放射性同位元素のごく一部が排気・排水中に混入した場合，排気中の放射性同位元素は排気フィルタで除去し，排水中のものは希釈槽で希釈後施設外に排出する，このような廃棄のことである．障害防止法では，最終排気口・排水口における放射性濃度を規制し，公衆の安全を期している．したがって，実験者が特に高濃度の放射性同位元素を使用する場合には排気・排水中に混入する可能性があるので，そのような場合には前もって取扱主任者と相談する必要がある．

〔3〕 焼却廃棄

障害防止法施行規則の改正により限られた核種を含有する放射性有機廃液（液体シンチレータ廃液）が焼却廃棄できるようになった．実際，焼却に際しては取扱主任者と廃液の処理について相談しておくことが重要である．特に有機溶媒の化学組成によっては焼却炉の故障を招くことがあるので，前処理は重要である．

8・2・6 後始末

放射性同位元素を使用した実験台および実験台周辺の床などの汚染検査を行い，汚染があれば除染しその記録を残す．また，管理区域内に持ち込んだ機器類の表面の汚染検査を行い，汚染のある場合は除染した後，管理区域外へ持ち出し，除染の結果を記録に残す．さらに，実験室内の非放射性ごみの中に放射性同位元素の混入がないことを確かめ，これらの結果を管理室に報告する．そして管理室からの最終許可を得た後，持込物品を施設外に搬出し，実験終了となる．

以上，非密封放射性同位元素の購入から後始末までの予想される手続きを項目

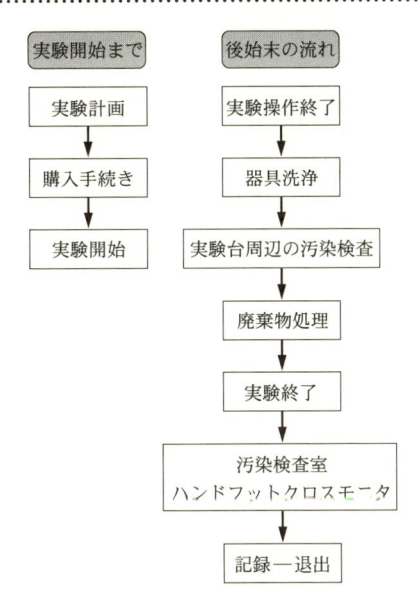

```
実験開始まで          後始末の流れ
    ↓                   ↓
 実験計画           実験操作終了
    ↓                   ↓
 購入手続き           器具洗浄
    ↓                   ↓
 実験開始         実験台周辺の汚染検査
                        ↓
                     廃棄物処理
                        ↓
                     実験終了
                        ↓
                    汚染検査室
               ハンドフットクロスモニタ
                        ↓
                    記録―退出
```

図 8・15 購入から後始末まで

ごとに示す（図 8・15）.

8・3 非密封放射性同位元素の汚染対策

　非密封の放射性同位元素を取り扱う場合，人や物品ならびに場所の汚染対策が必要である．汚染による損失を大別すると
　① 外部被ばくおよび内部被ばくなどによる人体への障害
　② 汚染物品や場所の除染・廃棄などにおける経済的損失
　③ 測定実験データの信頼性低下
などとなる（図 8・16）.

```
1. 実験者
     実験着，手袋，マスク
2. 実験台
     ポリろ紙を敷く
3. 床
     スリッパの履き替え，ポリろ紙を敷く
```

図 8・16 汚染対策

いずれにせよその対策には個々の取扱者の安全取扱いと，施設の設備や管理体制の確立など放射線管理に属する部分がある．

8・3・1　汚染対策の付帯設備

管理区域に入った所から実験室内へと順に設備などを記述する．

〔1〕　汚染検査室

管理区域内に入るとまず管理区域外で使用している履物を管理区域内用の履物に替える．履き替えのためのスペースでは素足となる（図 8・17）．この履き替えスペースをとることによって管理区域内から管理区域外へ退出する際，管理区域内の床の汚染が管理区域外へと広がることを防ぐことができる．

管理区域内から管理区域外へ退出する際には，ハンドフットクロスモニタにより汚染検査をし，その際汚染があった場合除染など適切な処置を行った後に退出する（図 8・18）．

〔2〕　フード

フードの種類には，オークリッジ型，カリフォルニア型，ウォークイン型などがある．フードには，水道，電気，ガスなどがあり，化学実験の操作が可能な作りとなっている．天板や内部側面，奥のバッフル板などはステンレス鋼（以下 SUS）でできていることが多い．空気量や空気の流路を変えるためのダンパのバルブも手前にある．

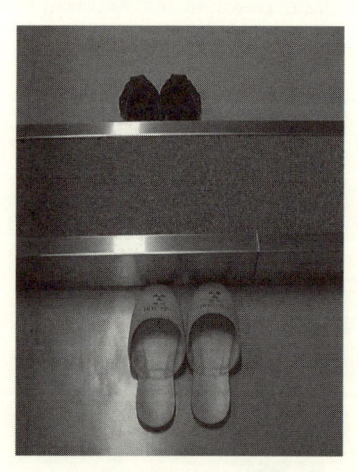

図 8・17　スリッパの履き替え用スペース

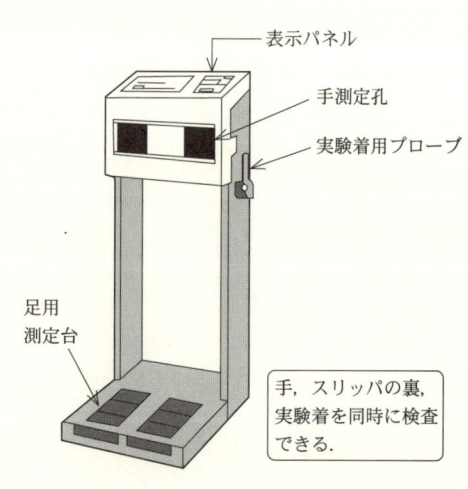

図 8・18　ハンドフットクロスモニタ

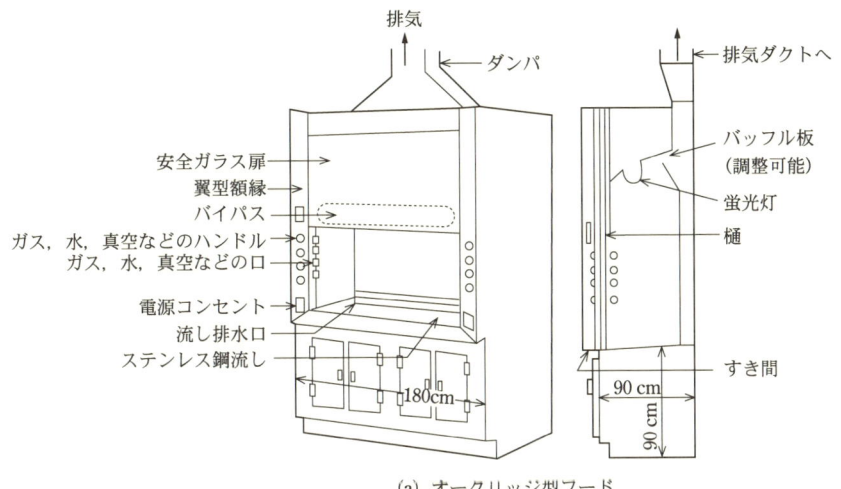

8・3 非密封放射性同位元素の汚染対策 ◆ **159**

図中ラベル（(a) オークリッジ型フード）:
- 排気
- ダンパ
- 安全ガラス扉
- 翼型額縁
- バイパス
- ガス，水，真空などのハンドル
- ガス，水，真空などの口
- 電源コンセント
- 流し排水口
- ステンレス鋼流し
- 180cm
- 排気ダクトへ
- バッフル板（調整可能）
- 蛍光灯
- 樋
- すき間
- 90 cm
- 90 cm

(a) オークリッジ型フード

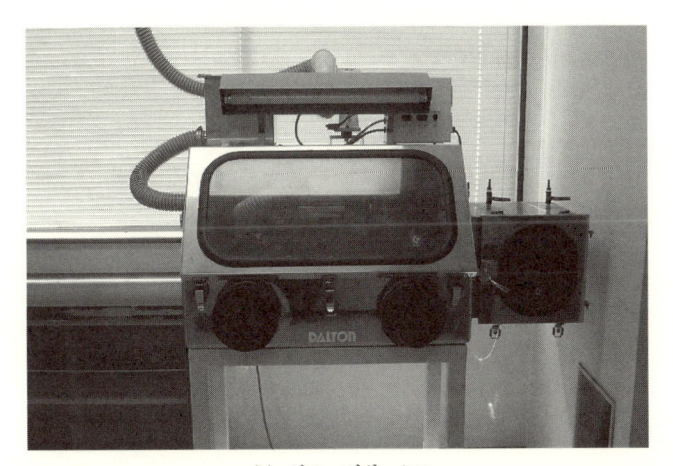

(b) グローブボックス

図 8・19　フードとグローブボックス

　フードにおける空気の流れは実験室内からフード内の方向であり，その速度は扉の開閉により調節する（**図 8・19**(a)）．扉を狭く閉じると風速が上がり，0.5 m/s を超えフード内の粉末試料が飛散する場合がある．またフードの内面が塩化水素などの使用によりさびることがある．フード内側の表面をエポキシ樹脂などで塗布すると保護膜となりさびにくくなり，また除染も容易になる．さらにフード内の実験に際して，ポリエチレンろ紙を敷く．実験終了時ポリエチレンろ紙

を取り除くことにより，汚染除去が容易になる．

フードの使用は，実験操作中に揮散した放射性物質の吸引による内部被ばくを防止するために効果的である．またフードの使用により汚染を限られたスペースに局限する利点がある．

〔3〕 **ポリエチレンろ紙**

ポリエチレンろ紙は表面がろ紙で水分をよく吸い，裏面はポリエチレンで水分を通さない．放射性廃棄物の分類では可燃物になる．ポリエチレンや酢酸ビニルのシートも用いられ，床に敷いておくと汚染が起こっても除去しやすい．

〔4〕 **グローブボックス**

グローブボックスとは，箱状の構造に両手ゴム製の手袋が固定されていて，その手袋内に両手を入れて閉鎖された箱の中で操作をするというものである（図8・19(b)）．これは，大量の危険な放射性同位元素，例えば α 線放出核種を扱う際に使用する．α 線放出核種は短い飛程の過程でエネルギーを放出することから人体組織に対する影響が大きい．特に内部被ばくには注意を要する．

〔5〕 **実験台**

実験台の表面は除染が容易であるように平滑に維持する．さらに実験に際して，ポリエチレンろ紙を敷きその上で実験操作をする．またポリエチレンろ紙を敷くのも，除染を容易にするためである（図8・20）．

〔6〕 **流し**

流しの表面は，SUS 製，硬質塩化ビニル張り，鉛板張りに塗料を施したものなどがある．流しの使用に関して以下の注意が必要である．

① 原液や一次洗浄液は廃液だめに移し，さらに二次ないし三次の洗浄を行う．

図 8・20　実験台にポリろ紙を敷く

② 重金属を含む液体，有機溶媒，中和していない酸やアルカリ液を流さない．
③ 流しの表面を傷つけると放射性同位元素や標識化合物が傷内に入り込み除染が難しくなるので傷をつけない．

8・3・2　汚染対策のための実験準備と使用物品

非密封放射性同位元素を使用する場合は，あらかじめ放射性同位元素での汚染の広がる箇所を予想し，汚染の箇所を局限することが大切である．

〔1〕 **実験準備**
① コールドランで全体の実験操作を繰り返し行い，操作中に起こりうる問題点を明らかにしておく．また使用器具類は汚染の発生が最低限になるように配置する．
② 実験操作の所要時間をあらかじめ把握しておく．放射性廃棄物の処理時間も考慮しておく．
③ 揮散性の少ない放射性同位元素を扱う場合は，フードでなく実験台でよい

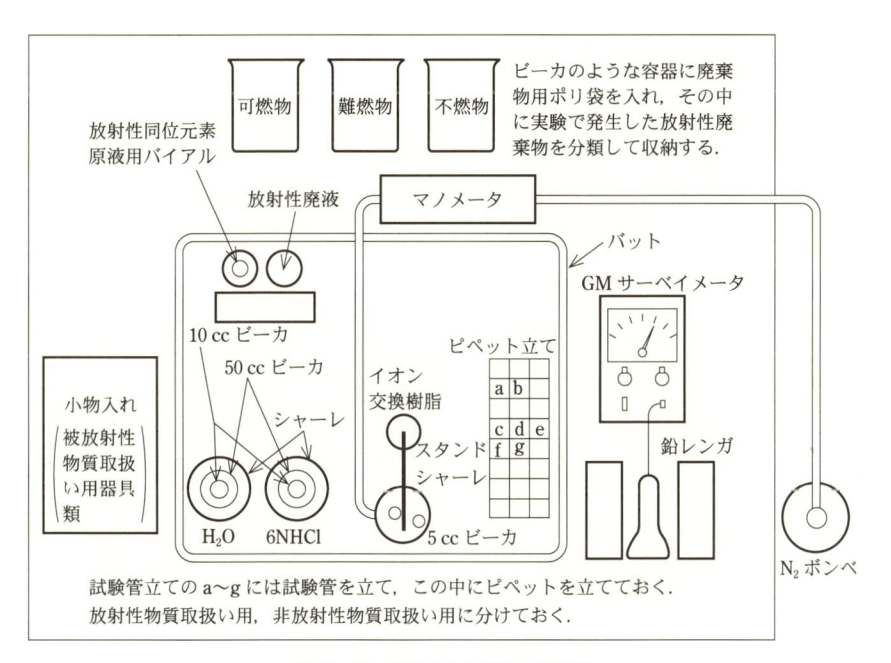

図 8・21　実験台上の器具の配置例

が，その際実験台上にポリエチレンろ紙を敷き，さらにホウロウ引きやステンレス製のバット内で実験操作をする（図 8・21）．

④ サーベイメータの検出部はラップフィルムで覆い汚染防止する（図 8・22）．^{3}H 使用の場合，ふき取り検査（スミアテスト）の用具を準備しておく．

⑤ 放射性廃棄物用の容器（可燃物，難燃物，無機廃液など）の一時的な置き場所を作っておく（図 8・23）．

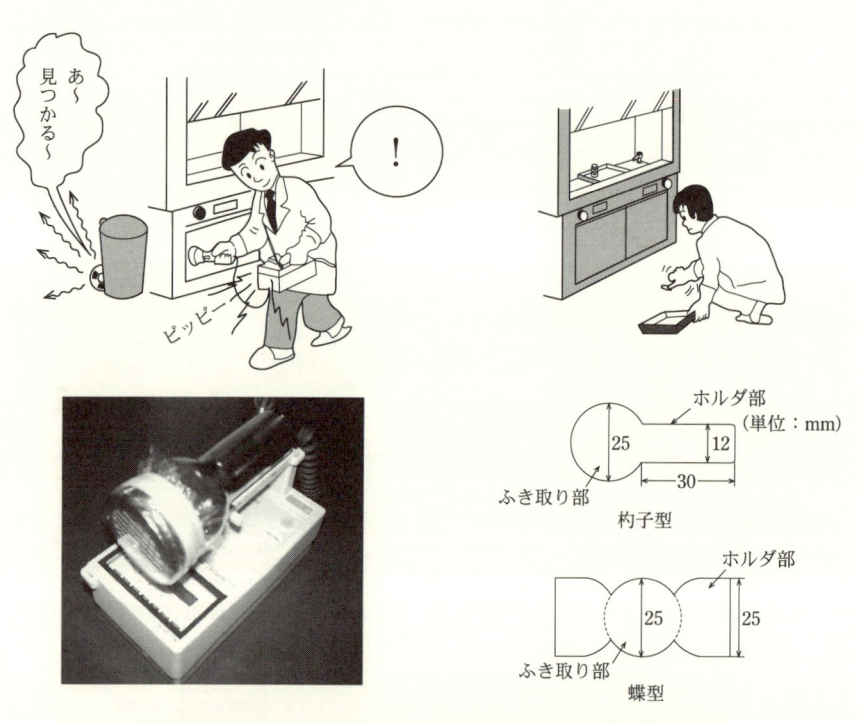

図 8・22 サーベイメータとスミアテストによる汚染検査

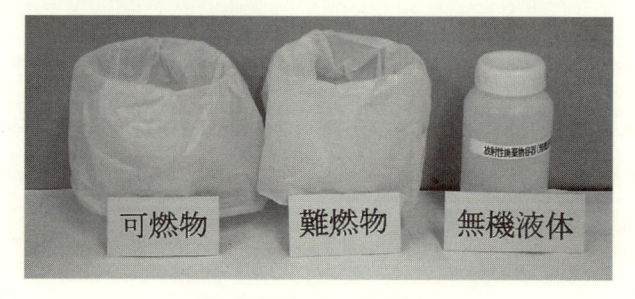

図 8・23 用意する廃棄物容器

〔2〕 身につけるもの

　実験着は，一般化学実験などと特に変わった型のものでなくてよいが，すそが器具類にからまないようなものを使用する．実験着は管理区域から退出するときには脱ぐ．履物はスリッパが便利であり，必要に応じてかかとの高いもの，かかとが靴のようにはまりこむタイプを選ぶ．高レベル放射性同位元素使用室では，さらにその部屋で使用するスリッパに履き替えることが好ましい．

　実験操作が始まると，手袋を使用する．手袋の手元は実験着のそでにかぶせる．手袋をはめた手はときどき汚染があるかどうかサーベイメータでチェックする．粉末の放射性同位元素を使用する場合，マスクを着用する（**図 8・24**）．

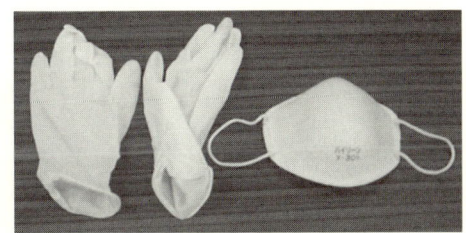

図 8・24　実験着，手袋，マスク

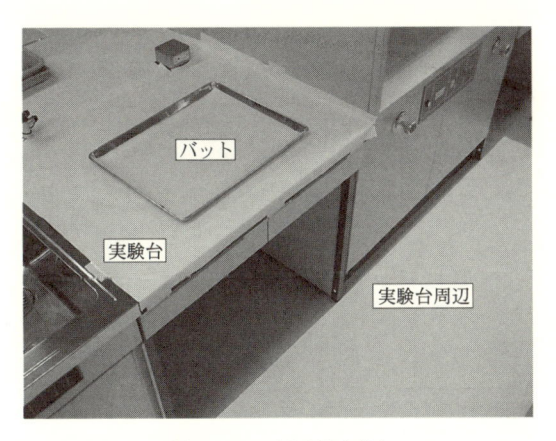

図 8・25　ポリろ紙を敷く

〔3〕 汚染防止用品

実験台やフード内にはポリエチレンろ紙やビニルシートを敷く．大量の放射性同位元素を使用する場合，実験台やフードの前の床にもポリエチレンろ紙やビニルシートを敷く．実験台上の実験操作用のバット内もポリエチレンろ紙を敷く（**図 8·25**）．

実験台やフードの天板にシートを敷いてもさらにバットを置いて，なるべくその中で操作を行う．汚染を局所に限定するためである．バットには種々のサイズがある．これにもポリエチレンろ紙を敷いて用いる．

〔4〕 放射性同位元素取扱用具

非密封放射性同位元素をピペットで一定量採取する場合，直接口でピペットを吸引してはいけない．必ず，間接的な方法，マイクロピペットを使用する（**図 8·26**）．マイクロピペットのチップを放射性廃棄物として廃棄する場合には，難燃物に分類する．その他，コマゴメピペットやピンセットを用意しておくと便利である．

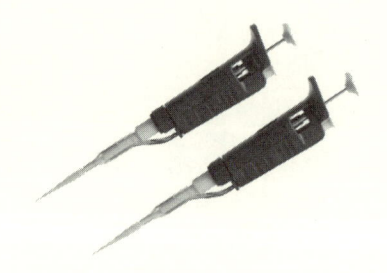

図 8·26　放射性同位元素取扱いに頻用されるマイクロピペット

8·3·3　実験中の汚染対策

非密封放射性同位元素を取り扱う実験室での飲食，喫煙，化粧は禁じられている．これは当然のことながら内部被ばくを防止するためである（**図 8·27**）．

① 非密封実験はなるべく2人以上で行い，少なくとも1人は手袋をはめずに記録をとったり，機器のスイッチを操作したりする．1人で実験する場合，機器のスイッチ操作や筆記具の使用はポリ袋やポリエチレンろ紙を介して行う．機器のスイッチや筆記具の汚染を防止するためである（**図 8·28**）．また実験室の扉の取っ手やエレベータのボタン操作は，手袋を脱いで行う．

② 操作の合い間にも手や指先の汚染検査を行う．方法については後述する．

図 8・27　作業室で禁止されている行為

機器のスイッチ操作	エレベータのボタン
ピペットの移動	注射器の使用
開封した放射性同位元素を貯蔵	非放射性と放射性の廃棄物を分類

図 8・28　実験中に汚染の起こりやすい場所

③　ピペット操作ではピペットを移動させるよりも容器を移動させ，ピペットの先端からの漏れを防ぐ．またはピペットの先端を試験管などで受けて移動させる．

④　注射器の中の空気を除去する際，針の先をポリエチレンろ紙で覆いつつ行う．この操作を行う際，特に注射針で指を傷つけないように細心の注意を払うこと．

⑤　開封した放射性同位元素溶液を貯蔵するにはガラス管封入，密栓しパラフィルムなどで封じ，デシケータなど密閉できる容器に入れる．

⑥　放射性廃棄物は分類し廃棄し，非放射性のごみも分類しごみ箱に捨てる．

8・3・4　汚染検査の方法

場所の汚染検査は定期的に，少なくとも月に1回行われている．取扱者が汚染

検査を行う場合は，その際，床を重点的に，サーベイメータや，場合によってはスミアテストにより行われる（図8・29）．特に低エネルギーβ線放出核種を扱う場合，高線量率の室内ではスミアテストを行う．

　取扱者は，不用意に汚染を広げないために，実験の合間に，実験台，実験スペース周辺の床面，機器の表面などの汚染の有無を調べる．実験終了後，実験スペース周辺の汚染検査をなるべく早く行い，汚染発見時には汚染拡大防止や除染に努める．その測定には液体シンチレーションカウンタやγ線用シンチレーションカウンタを使用する．また汚染核種の同定には半導体検出器が使用される（5・8節参照）．

8・3・5　除染の方法

〔1〕　範囲の確認

　汚染発見時には，早急に除染を行う前に，まず汚染範囲の確認を行う．床が汚染した場合，スリッパの裏面に付着し汚染の範囲が広がっている可能性がある．そこでまず，①スリッパの裏側の検査を行う，②汚染を発見した周辺において多数のスミアテスト試料を採取するとともに，離れた床面についても適当にスミアテスト試料を採取する，③汚染区域を決定後，汚染区域と非汚染区域との間に境界線を引き，ロープなど目印となるものを使用して明示する．

〔2〕　早期除染

　汚染区域が狭い場合，汚染箇所を水で濡らしたペーパータオルなどを使用しぬぐい取る．一方汚染区域が広い場合，汚染区域を区画に分け，ぼろぎれに洗剤を

| 1. サーベイメータ |
| 2. スミアテスト |
| 3. ガスフローカウンタ |
| 4. γ線用シンチレーションカウンタあるいは半導体検出器 |

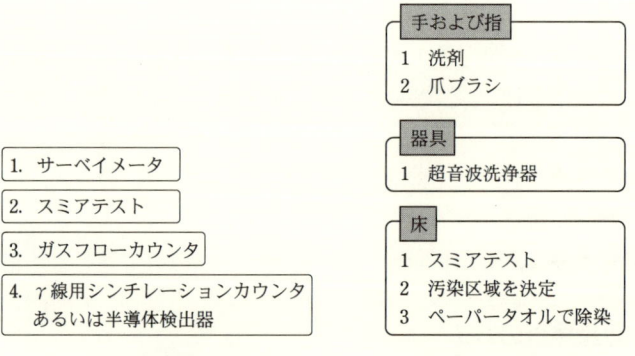

図8・29　汚染検査に使用する機器および用品

| 手および指 |
| 1　洗剤 |
| 2　爪ブラシ |

| 器具 |
| 1　超音波洗浄器 |

| 床 |
| 1　スミアテスト |
| 2　汚染区域を決定 |
| 3　ペーパータオルで除染 |

図8・30　除染用品

しみこませ，区画ごとにぬぐい取る．早期に除染作業を行えば，中性洗剤と温水の組合せで除染できることが多い．頑固な汚染でしかもその核種が短寿命の場合，そのままシートでその区域を覆い減衰を待つのも一つの方法である．頑固な汚染でしかも除染が必要な場合，汚染物質の化学的性質を考慮して中性洗剤などの除染剤を使用しながら，物理的にブラシでこすり取るという除染が必要となる．さらに床材の頑固な汚染の場合，その部分を切り取り，その部分に新しい床材を溶接し修復することもある（図 8·30）．

広範囲に汚染した場合，部屋の入り口や階段の踊り場など歩行時に足の裏に力の入る部分に汚染が著しいことがあり，そのような場所は念入りに除染しなければならない．

〔3〕 担体添加または化学希釈

汚染化学物質が明らかな場合，それと同じ化学物質の水溶液で表面を濡らすと，除染が容易になることがある．このような除染方法は担体添加または化学希釈の例である．実際に，^{32}P の汚染例では，リン酸緩衝液を使用している．

〔4〕 汚染の形態に応じた除染

手袋を使用せずに操作すると指先が汚染されることがある．その際中性洗剤をつけた爪ブラシを使用すると，浸透しやすい物質でなく軽度の汚染なら，除染できる．なお皮膚の傷口を汚染した場合，皮膚科医に診てもらい適切な処置をする．

一般に表面が滑らかな物の汚染は除染しやすいが，表面を塗装していない木製品などの場合には汚染部分を削り取る必要が生じることもある．また塗料の塗ってある物の除染は塗料をはがすことによってできることが多い．この場合，除染後に塗料を塗り直しておく必要がある．重要なことは，除染に有機溶媒は禁物である．かえって汚染を広げることが多いからである．小さな物品で除染が困難な場合は，超音波洗浄器により除染されることが多い．

8·3·6 器具の洗浄

放射性同位元素濃度の高い洗浄液は，廃液容器に密閉保管する．これは保管廃棄の一形態である．実験に使用した器具類の二次洗浄液などの低濃度汚染水は，特に危険度の高い放射性同位元素でない場合には，流しから希釈放流する．なお一次洗浄液など高濃度の廃液は無機液体として保管廃棄する．その際溶液の pH の調整をする．

8・3・7 廃棄物の分類と保管

使用施設からの排気・排水中の微量放射性同位元素および一部の有機廃液焼却炉による排気・排水中の微量放射性同位元素を除き，障害防止法で定める廃棄の業を行う許可を得ている者，すなわち日本アイソトープ協会に引き渡し処理を依頼しなければならない（図 8・31）．

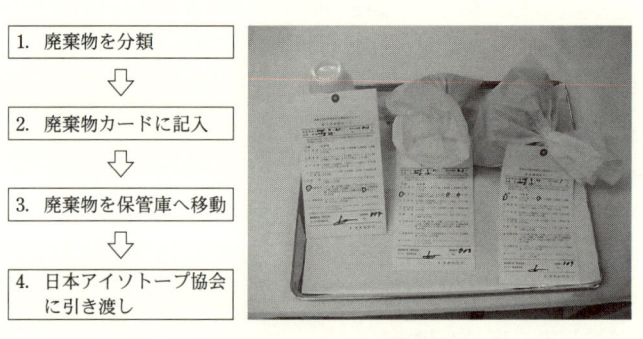

1. 廃棄物を分類
2. 廃棄物カードに記入
3. 廃棄物を保管庫へ移動
4. 日本アイソトープ協会に引き渡し

図 8・31　分類した廃棄物

保管廃棄にあたっては，次の事項に注意しなければならない．
① 廃棄物の分類を正しく行うこと
② 液体の場合，漏れたり，にじみ出たりしない容器を使用すること
③ 固体の場合，固いもの，鋭いものなどを袋に入れる際，それらが袋を破らないように包装すること
④ 包みの大きさは1個当り $5 \sim 20\ l$ であること
⑤ 廃棄物の容器や袋に責任者の名前を明記すること

保管廃棄は管理担当者が障害防止法で定められている廃棄の基準に従って処理する．取扱者は，廃棄の具体的な方法や手続きについて管理担当者の指示に従わなくてはならない．

8・3・8　記　録

使用方法，使用量，廃棄物の量などを記録する．なお管理担当者はその施設内での使用量，貯蔵量，廃棄量を取扱者の記録から算出するため，取扱者はそれらの記録に際して正確であることが要求される．さらに管理区域から退出時の入退出記録も忘れてはならない（図 8・32）．

```
廃棄物処理
   ↓
汚染検査
   ↓
記録・退出
```

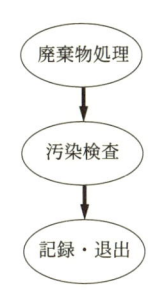

図 8・32　汚染検査，記録，退出

8・4　被ばく線量を低減化する方法

8・4・1　内部被ばく低減化の方法

内部被ばくは，放射性同位元素および標識化合物が，① 呼吸器から体内に入り肺から吸収され，② 経口的に体内に入り消化器から吸収され，③ 経皮的に体内に吸収され，体循環を介して臓器および組織に起こる被ばくである（図8・33）．

いったん，放射性同位元素および標識化合物が体内に摂取されると，それらによる内部被ばくが持続する期間は，放射性同位元素の物理学的半減期と生物学的半減期に依存する．ここで物理学的半減期とは，放射性崩壊による物理的減衰であり，また，生物学的半減期とは，吸収・排泄機構による生物学的減少である．

```
外部被ばく ┬ 1 時間
          ├ 2 距離
          └ 3 遮へい

内部被ばく ┬ 1 吸入
          ├ 2 経口
          └ 3 経皮
```

実効線量限度
50 mSv/1 年間
100 mSv/5 年間

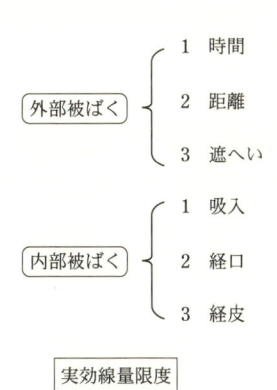

図 8・33　被ばくと実効線量限度

ということは，概して外部被ばくよりも内部被ばくのほうが人体に影響する期間が長期にわたると考えられる．管理区域内では，飲食は禁じられていることから経口的に放射性同位元素を摂取することはありえないことである．また，皮膚に損傷のない場合，および，手袋を着用している場合には，経皮的な摂取もありえないことである．実際に起こりうる場合というのは，作業室内の空気汚染である．すなわち呼吸に伴い体内に吸収される場合である．特に揮散性の放射性同位元素あるいは標識化合物を取り扱う際には，フードあるいはグローブボックスを使用するとか，チャーコール入りのマスクを着用するとか，注意が必要である（図8・19, 図8・24を参照）．しばしば利用される放射性同位元素の中でも特に放射性ヨードは揮散性であり，いったん吸収されると甲状腺に能動的に蓄積する性質があるためフード内での実験操作が必須である．揮散性のものを取り扱う際の内部被ばく低減化法は，フードおよびマスクを必ず使用することである．

また体内に摂取された α 線放出核種，β 線放出核種，γ 線放出核種について，それらの生物学的効果を示す放射線荷重係数を比較すると，α 線放出核種は β 線放出核種および γ 線放出核種の20倍であり，内部被ばくの影響が大であることを示している．

内部被ばくを評価するには，① 体外計測による算定方法は，体内に摂取された放射性同位元素から放射される X 線・γ 線を直接測定して摂取量を評価する方法で，ホールボディーカウンタを使用する，② 生体試料（糞，尿，皮膚，髪の毛など）から摂取量を明らかにするバイオアッセイ法，③ 作業室の空気中放射性同位元素濃度から体内への摂取量を算定する方法などがあり，算定摂取量（Bq）に摂取した核種の実効線量係数（mSv/Bq）を掛けることにより求める．

8・4・2 外部被ばく低減化の方法

放射線の遮へい方法は，取り扱う線源の強さ，放射線の性質，エネルギー分布などにより異なるため，どのように遮へいを行えばよいかよく考える必要がある．非密封放射性同位元素あるいは密封放射性同位元素線源であれ，外部被ばく線量を低減化する方法として，取扱者と線源との関係において次の事項が考慮されるべきである．すなわち① 被ばく時間を短縮する，② 放射線を遮へいする，③ 線源から距離をとる，の3点である（図8・4および図8・33）．取扱いにあたりこれら3点をうまく組み合わせることにより，被ばく線量が最小限度となるように努める．

取扱時間については，(線量)＝(線量率)×(時間)であるから，時間短縮の効果は明らかである．距離 (x) については γ 線が 4π 方向に出ているなら，線量率は $1/(4\pi x^2)$ に比例すると考えてよいことから，2 倍の距離をとれば線量率は $1/4$ になる．実際には取扱時間を短縮したり距離をとることには限度がある．一方，遮へいについては実験の操作性にそれほど影響することなくできることである．次にそれぞれの線源の遮へいについて紹介する．

〔1〕 遮へいの方法

障害防止法では放射線業務従事者の実効線量限度は，5 年間で 100 mSv（ただし 1 年間では 50 mSv を超えない）と決められている．この値を時間当りに換算すると 8 μSv/時間となる．また場所に対する遮へい能力として，1 mSv/週と決められている．これは作業時間を週 48 時間とすれば，約 20 μSv/時間となる．これら 8 μSv/時間および約 20 μSv/時間を目安として，種々の遮へい体から適切なものを選択する．実際，使用する核種の線質，エネルギー，量により被ばく線量は大きく異なることから，どのような遮へい体を使用すると効果的であるか，よく考える必要がある．以下に具体的な線種に対する代表的な遮へいを紹介する．

〔2〕 α 線の遮へい

α 線そのものは，ヘリウムの原子核でありその飛程は短く，空気中でもわずか数 cm である．また制動放射もほとんど発生しないので特に遮へいを必要としない．しかしながら，多くの α 線放出核種は γ 線の放出を伴うので，その遮へいを考慮する必要がある．また α 線の生物学的効果比（RBE）が大きく体内に摂取されると組織を損傷する危険性があることから，内部被ばくについて特に注意を要する．

〔3〕 β 線の遮へい

β 線は α 線と比較するとその飛程は大きい．実際には 10～15 mm の厚さのアクリル板あるいはプラスチック板で β 線を遮へいすることができる．例えば，よく利用される核種として ^{3}H（E_{max} 18.6 keV）や ^{14}C（E_{max} 156 keV）は普通の取扱いでは遮へいを必要としない．一方，同じ β 線放出核種でも ^{32}P（E_{max} 1.71 MeV）や ^{90}Sr（E_{max} 0.55 MeV），^{90}Y（E_{max} 2.28 MeV）のように高エネルギーの核種では，β 線の遮へいだけでなくそれに伴って放出する制動 X 線に対する遮へいも考慮する必要がある．特に大量の β 線核種を瓶に入れた場合，十分厚い壁の瓶でも制動 X 線を放出するので注意すべきである．この制動 X 線

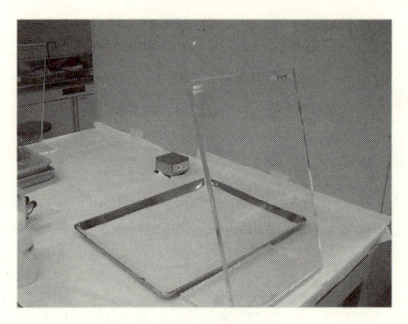

(a) β線の遮へい　　　　　(b) γ線の遮へい
　　（アクリル板）　　　　　　（鉛ブロック）

図 8・34　β 線および γ 線の遮へい材

の強度は，遮へい体の原子番号の 2 乗に比例するので，アクリル板，プラスチック板あるいはガラスのような原子番号の小さい物質で遮へいする．その際発生した制動 X 線は原子番号の大きな鉛などで遮へいする（**図 8・34**）．

〔4〕γ 線の遮へい

γ 線核種からの線量率（$\dot{X}$）の推定には，次式を用いると便利である．

$$X = C\frac{Q}{r^2} \ [\mu\mathrm{Sv/h}]$$

ここに，C〔μSv·m²/(h·MBq)〕：実効線量率定数，r〔m〕：距離，Q：MBq で表した線源強度である．

この点における線量率をさらに低くするには線源と測定点の間に遮へい体を置く．この厚さを求めるには減衰率 $\dot{X}(x)/\dot{X}$ になるように式（2·18）の $B\exp(-\mu x)$ を決めればよい．

しかし，簡単のため一般には減衰曲線（図 2·20 と図 2·21 を参照）を用いることが多い．ここに，$\dot{X}(x)$ は厚さ x〔cm〕の遮へい体を置いたときの線量率である．図により必要とする遮へい体の厚さ x が求まれば，幾何学的条件の相違などを考え x より厚いものを用いればよい．

実験室で使用する遮へい材は，遮へい能力が大きく取扱いが比較的簡単な鉛が最も適当である．その形状には，薄板状，れんが型のブロック（5×10×20 cm）などが一般的で，その他小球，毛状のものもある（図 8·34）．また，鉛を含有したアクリル板や鉛ガラスを使用すると，直接目で確かめながら操作できるので便利である．

〔5〕 中性子の遮へい

高速中性子の遮へいには，非弾性散乱，弾性散乱など散乱により減速しておき，遮へい材に吸収させるという方法をとる．弾性散乱で減速するには水素原子を多く含む水，パラフィンなどが遮へい材としてよく使用される．熱中性子に対しては，大きな吸収断面を持つホウ素やカドミウムを使用すると遮へい効果は大きい．また捕獲 γ 線など減衰に伴って γ 線も多く放出するため γ 線の遮へいも必要となる．

〔6〕 遮へい体を設置するときの注意

遮へい効果は，遮へい材は線源の近くに置くほうが小面積で大きな空間を遮へいできるため効率がよい．また実際には，散乱や漏えいが起こっている可能性もあるので線量率計算だけによるのでなく，サーベイメータにより測定する必要がある．

8・5 非密封放射性同位元素による汚染例

非密封放射性同位元素を取り扱う実験室では小さな汚染が起こりやすいものである．この小さな汚染を事故とは呼べないが，低レベルの汚染でも放置しておくと高レベルの汚染につながる可能性があり，低レベルの汚染でも確実に処理をするという習慣を身につけることが重要である．以下に無視できない汚染例を取り上げる．

〔1〕 汚染例1

定期汚染検査をスミアテストで行ったところ，動物実験室の床に汚染を認めた．すぐに周辺部のスミアテストを実施したところ，廊下や他の実験室への汚染の広がりは認められなかった．このように広がりがなかったことは，実験室の入り口でスリッパの履き替えをしていた結果で，履き替えの効果を示す事例である．またドアの取っ手やキーパの扉など手で触れる箇所にも汚染はなく，汚染はその実験室内だけであることがわかった．実験室内の実験台Aの周辺で特にカウントが高く，また汚染の程度は軽いが，ほぼ室内の床全域に及んでいた．このことから，汚染源からスリッパによって汚染の範囲が広げられたことがわかる．この実験室で使用していたスリッパは5足であったが，そのうち3足に汚染を認めた．この実験室での使用状況は，実験台Aでは，このところ ^{3}H を 11.1 MBq および ^{35}S を 3.7 MBq，また実験台Bでは ^{125}I を 3.7 MBq 使用していた．採取

図 8・35 動物実験室の汚染（2π ガスフローカウンタでスミアサンプルを測定）

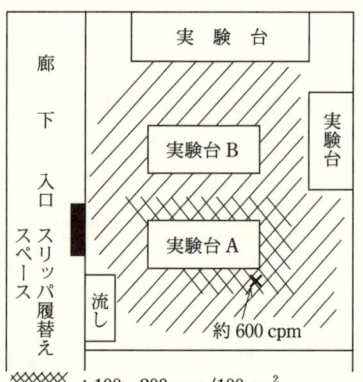

凡例：
- ▨ : 100〜200 cpm/100 cm²
  （200 cpm/100 cm² はふき取り効率 5%，計数効率 10%とすると ³H 6.7 Bq/cm² 程度となる）
- ▨ : 40〜80 cpm/100 cm²

したスミアテスト試料を NaI (Tl) シンチレーションカウンタと液体シンチレーションカウンタで調べたところ，汚染源は低エネルギーの β 線核種であることが判明した．汚染源は ³H であることがわかった．

　汚染の起こった場面を再現すると，次のようである．この実験はウサギを使用し，標識化合物を静脈内投与しその動態を調べる実験であった．まずウサギを麻酔下にバット内の固定台に固定し，³H 標識化合物 11.1 MBq を静脈内注射した．その後，実験者はその場所から離れ，他の実験室に行ってしまった．この間にウサギはある程度覚醒し，固定台上で激しく動いた．このとき，ウサギの放射性化合物を含む尿が床に漏れた．実験者は，麻酔深度が適当でないことのみに注目し，こぼれ落ちたウサギの尿には気づかずに，麻酔薬を追加投与しさらに実験を続けた．以上のような経過で汚染が広がった．このような汚染の広がりを防止するためには，① 動物実験では，動物そのものが放射線源であるとの意識を持ち，常に麻酔深度を一定に維持すること，② 動物の尿が床に落ちれば放射性である可能性が大であるから，汚染検査をすること，③ 万が一の場合に備えて，実験台周辺の床にポリエチレンシートを敷く，などのことが必要である（**図 8・35**）．

〔2〕 汚染例 2

　1 人でサンプル作りをしていた A 氏が，作業が終わり管理区域を退出する前に，ハンドフットクロスモニタで汚染検査したところ，両手の汚染が見つかっ

た．管理室のS氏は大口径GMサーベイメータで手足，衣服の汚染状況を調べた．その結果，衣服の汚染はなかったが，手の表面で約2 000 cpmあった．手はすぐに中性洗剤で洗い，指先は爪ブラシを使用して入念に洗った．洗浄後はいずれもバックグラウンド程度のカウントとなった．さらに，実験室およびA氏の移動した所を調べた結果，作業室のフードの中，フードの前の床，また貯蔵室のかぎなどが汚染していた．A氏の汚染は以下のようにして起こった．

まずA氏が取り扱った試料は，2日前に原子炉で植物の種子に中性子を照射して作成したものである．その放射性核種とそれらの量は，^{24}Na（半減期約15時間）約37 MBqと^{42}K（半減期約12時間）約370 kBqであった．試料は，いくつかに分けて小さなビニル袋に入れ，さらにその外側をティシュペーパーで巻いた状態で中性子照射を行ったものである．この照射試料を測定試料とするため新しい袋へ移し替える作業をした．袋の中の試料は注意して取り扱っていたが，試料を包んでいたティシュペーパーが放射化されているとは思わず，ゴム手袋を使用せず素手で作業を行っていた．実際は，ティシュペーパーも放射化され，しかもぼろぼろになって散乱していた．以上のような経過で汚染が起こったが，除染はすぐに行われ，かぎは入念に洗浄を行い，作業室のフードに敷いてあったポリエチレンろ紙の交換，床の洗浄，スリッパの洗浄が行われた．

このような汚染の広がりを防止するためには，中性子照射による放射化についての予備知識を十分持ってから作業に入ることが重要である．

8・6 密封放射性同位元素の安全取扱い

放射性同位元素はその使用目的を問わず，その使用状態によって密封された放射性同位元素と，密封されていない放射性同位元素とに大別される．この分類は放射性同位元素による障害防止のための法令を制定する際に便宜上設けられたものであり，正常な使用状態において，放射性同位元素が非密封状態に転化しないように収納された状態を密封されたものと解釈する．

通常密封のα線源やβ線源の放出面は薄い金属板や金属薄膜またはプラスチックフィルムなどを用いたものが多い．これらの線源を使用する場合，特に放出面およびその周辺が衝撃に弱いことを意識して取り扱わなくてはならない．工業用に用いるγ線源などのカプセルはステンレス鋼製が多い．密封線源を使用する場合は，このような構造，密封性能などについて知っておく必要がある．さら

に密封線源に使用されている放射性核種は，一般に数量が大きいこと，比放射能が高いこと，および半減期が長いことなどの理由により，全体から見ればわずかの漏えいであっても，重大な結果を招くことがある．密封線源を使用するときには，一定期間ごとにスミア法などにより簡単な漏えい検査を行うことが望ましい．

8・6・1 密封小線源

市販の密封小線源は密封材料と保持体を含めて直径 2〜3 cm，厚さ数 mm の盤状あるいは細い針状の小型のものが多い．使用にあたっては密封材料の温度特性を含めて機械的強度に注意すると同時に，化学反応によって密封材料が腐食して，ピンホールができていないか，また放射線損傷による密封材料の劣化が起こっていないかについても注意を払わなくてはならない．有機密封材料（プラスチック）は放射線によってもろくなり分解してガスを発生し，密封体内の圧力上昇を起こすことがある．また α 線放出体では α 粒子が He ガスになって内圧が上昇する．一般に密封線源を真空中で使用するときには密封体の破裂に十分注意を要する．

一般に密封小線源は小さいので，使用場所を明示し，適切なサーベイメータを手近に置くなどし，線源を紛失しないように心がけなければならない．使用後は毎回汚染検査をすることが望ましいが，壊れやすい構造であるから，取扱いに未熟な者が線源自体のスミアテストを行ってはならない．

8・6・2 校正用標準線源

試料の絶対放射能や検出器の検出効率を決定したり，エネルギーを校正したりするためにしばしば標準線源を使用する．その種類は，α 線源，β 線源，γ 線源などが代表的であるが，その他特性 X 線を利用した X 線源，内部転換電子を利用した電子線源や中性子線源がある．

〔1〕 α 線源

^{241}Am，^{244}Cm，^{210}Po などをステンレス鋼箔や白金箔（約 0.1 mm 厚）の支持材に電着し，10 μm くらいの厚さのマイラなどの保護膜で覆ったものが多い．α 線源の表面は薄く構造的に非常に壊れやすく，むしろ非密封と考えて取り扱うべきである（図 8・36(a)）．

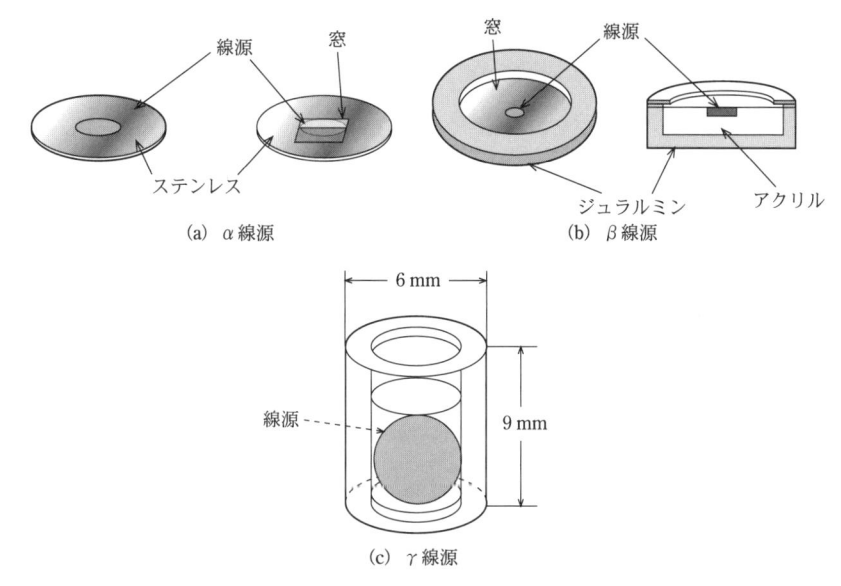

図 8・36 密封線源の種類と構造

〔2〕 β 線源

β 線源には，そのエネルギーと使用目的に応じた種々の密封方法がある．例えば，β 線検出器の検出効率の測定用として市販されているものは，金で内側を蒸着した 2 枚のプラスチック円板（$6\,mg/cm^2$）で ^{14}C などをはさんで熱シールし，それを金属リングで保持している．α 線源の場合と同様，非常に壊れやすい構造である．線源として，^{36}Cl，^{90}Sr，^{147}Pm などがある（図 8・36(b)）．

〔3〕 γ 線源

γ 線源は金蒸着したプラスチック円板として，それぞれ $12\,mg/cm^2$ と厚手の密封材が使用されている以外は β 線源と同じ構造である．線源としては，^{57}Co，^{133}Ba，^{60}Co などがある（図 8・36(c)）．

8・6・3 メスバウアー分光用線源

物理・化学・生化学・冶金・鉱物学などの研究に盛んに利用されているメスバウアー分光用線源は，利用価値の拡大と相まって多種類の線源が市販されている．実験目的に応じた無反跳マトリクス（$3\sim25\,\mu m$ 厚）に放射性同位元素〔^{119m}Sn（^{119}Sn 用），^{151}Sm（^{151}Eu 用），^{125}Sb（^{125}Te 用），^{57}Co（^{57}Fe 用）など〕を電着して 900～1 000℃ でマトリクス中に拡散させてある．マトリクスはアル

ミニウムなどの支持体に接着剤で固定してある．表面は同じ接着剤でカバーしたり0.5 mm程度のアクリル樹脂で別に覆ったりしてある．かつて市販されたものの中には表面がむき出しで周囲の空気・水分・ガスなどによって表面が侵されて放射性同位元素が脱落四散した事例もあるので注意を要する．

8・6・4 放射性同位元素装備機器用の線源

放射線利用計測機器を測定原理から分類すると，吸収現象を利用する透過型，散乱現象を利用する反射型，励起現象を利用する励起型がある．

〔1〕 厚さ計

β線あるいはγ線の吸収を利用する透過型厚さ計と，後方散乱の現象を利用する散乱型厚さ計（反射型ともいう）がある．図8・37(a)に背面散乱型厚さ計の原理図を示す．ポリエチレンシート，塩化ビニルシート，紙などに対しては低エネルギーのβ線源（^{14}C，^{147}Pm，^{85}Kr，^{204}Tlなど）が使用される．

また，薄い鋼板にはエネルギーの高いβ線源（^{90}Sr，^{106}Ruなど）や低エネルギーγ線源（^{241}Amなど）が用いられ，厚めの鋼板にはエネルギーの高いγ線

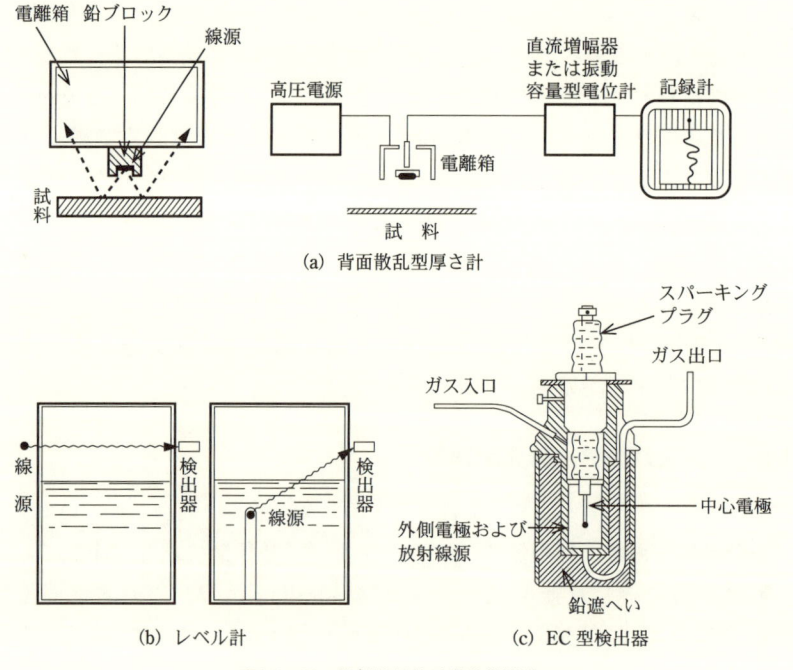

(a) 背面散乱型厚さ計

(b) レベル計

(c) EC型検出器

図 8・37 放射性同位元素装備機器

源（^{137}Cs，^{60}Co など）が用いられる．

〔2〕 **密度計**

厚さがわかっている試料の単位面積当りの重量を，厚さ計の原理によって測定し，試料の密度を知ることができる．パイプの内部を流れる物質の密度を測定したり，コンクリートや土壌の密度を測定するのに使用される．γ線源としては，^{137}Cs がよく利用され，^{60}Co も利用されることがある．

〔3〕 **レベル計**

タンク内の液面の高さや粉体の高さを測定したり，制御したりするための装置であり，γ線の透過を利用することが多い（図 8·37(b)）．γ線源としては ^{60}Co および ^{137}Cs がよく利用される．特殊な小型容器の液面の測定には ^{241}Am も用いられる．

〔4〕 **硫黄計**

燃料中の硫黄含有量をすみやかに測定するものである．透過型の原理は，低エネルギー（数十 keV）のγ（X）線に対する硫黄の吸収が，油（炭化水素）の構成成分である水素および炭素の吸収に比べて，かなり高いことを利用して，試料中のγ（X）線の減弱量から硫黄の含有量を求めるものである．透過型の線源としては ^{241}Am および励起型線源としては ^{55}Fe が利用される．

〔5〕 **蛍光 X 線分析装置**

X 線管で発生した X 線で励起を行う代わりに，放射性核種から出る低エネルギーのγ線や X 線を利用して励起する方式の蛍光 X 線分析装置がある．検出器としては Si（Li）半導体検出器を用い，マルチチャンネル波高分析器で蛍光 X 線スペクトルを収集する．線源としてよく利用されるのは，^{55}Fe，^{241}Am，^{238}Pu，^{109}Cd などであり，分析対象によって適当なものが選ばれる．

〔6〕 **水分計**

水分計の原理は，高速中性子が水素原子と衝突すると減速されて熱中性子になる現象を利用するものである．

〔7〕 **ガスクロマトグラフ**

ガスクロマトグラフの原理は，ガス状成分を ^{63}Ni から出る β 線によって電離し，生じる電離電流を調べることによりガス状の成分分析を行う（図 8·37(c)）．このような検出器を **ECD**（electron caputure detector）と呼んでいる．^{63}Ni 線源は，試料ガスの侵食作用により箔から離脱して，セル内が汚染することがあるので注意を要する．

〔8〕 **真空計**

　真空計は，α線による電離電流が気圧の大きさに依存することを利用して，微小な気圧を測定するものである．α線源として ^{226}Ra を用いるときは，その壊変生成物である ^{222}Rn が発生しているので部屋の換気に注意する必要がある．

〔9〕 **静電気除去装置**

　α線やβ線を利用して空気を電離し，発生したイオンによって静電気を中和させる装置である．線源としては，^{210}Po，^{226}Ra，^{3}H，^{90}Sr，^{204}Tl などが用いられている．

8・6・5　密封大線源

　密封された大線源としては大線量照射に用いる ^{60}Co，^{137}Cs などのγ線源があり，10～100 TBq に及ぶものも珍しくない．この種の密封大線源は，線源の構造を明示したうえ線源の作動状態を示す自動表示装置や出入口と線源格納容器との間のインターロックを備え，使用許可のもとに設置されている．

　実験者は，放射線障害予防の見地から定められた規定や内規を遵守する必要がある．さらに，個人被ばく線量計を着用し被ばく線量および線源の使用記録を保存する．また，不測の故障に備えていつでも状況を把握できるように常にサーベイメータ類を携行する必要がある．照射装置の管理責任者によって，線源使用時および格納時の空間線量率分布を実測した結果は，わかりやすい場所に掲示されている．したがって実験者の計測により異常が明らかになったときは，直ちに線源部から離れるとともに主任者に報告しなければならない．大線源の取扱いでは対応を間違うと重大な事故につながる可能性がある．使用前に装置の構造や保守について十分な理解を身につけておく必要がある．

9章　放射線発生装置の安全取扱い

〈理解のポイント〉
- 大強度の一次放射線に伴う二次放射線の発生および残留放射能（放射化）からの被ばく，遮へいなどの安全取扱いに十分な注意が必要である．
- 二次的に出る粒子や γ 線（二次放射線）も規制の対象となる．
- 放射線発生装置使用施設では，インターロック，安全キー，放射線モニタなどと連動して作動する安全管理システムが組まれている．
- X 線の漏れに十分に気をつけるとともに，使用する X 線発生装置の特性を理解しておく必要がある．
- X 線装置は障害防止法の規制対象外であるが，労働安全衛生法（電離則）または人事院規則 10-5（職員の放射線障害の防止）で規制される．

9・1　加速器施設

9・1・1　加速器の安全取扱い

　加速器は運転中放射線を発生し，運転停止後は残留放射能によるもの以外の放射能はなくなる．したがって，加速器運転中は密封線源の取扱いに準じ，停止後は非密封の取扱いに準ずる．一般に加速器から得られる一次放射線の強度は，放射性同位元素の線源と比べて桁違いに強いので厳重な遮へいが必要である．仮に少しでも漏れることがあれば重大な放射線事故を誘発するおそれがある．加速エネルギーが高くなると一次放射線は高速中性子や X 線などの**二次放射線**を発生する．これらの遮へいは難しい．特に 100 keV 以上の中性子は生物効果（RBE）が大きく（表 7·6 参照），人体に悪影響を与える可能性が高いので遮へいについ

て特に留意する必要がある.

〔1〕 放射化

　安定核種の原子核を高エネルギーの中性子,陽子,重陽子,α粒子などの粒子あるいはγ線で衝撃すると,核反応が起こり,放射性核種が生成される.これを**放射化**という.加速器から出たビームをターゲットに導く場合,加速電極や導管の管壁に当たり,照射された物質が放射化する.そこから出る放射線は加速器を停止しても残る(**残留放射能**).

　空気中には^{11}C,^{13}N,^{15}O,^{39}Cl,^{41}Ar,アルミニウム中には^{24}Naなどの放射性同位元素が生成される.これらの放射性同位元素は短半減期のものが多く,運転停止後は急激に減少する.しかし,ステンレス鋼材や銅材中に生成される^{60}Co,^{65}Znなどの長半減期のものは日々運転を重ねると蓄積され長い間残留放射能を示すことになるので注意を要する.**放射化物**の取扱いは,非密封放射性同位元素の取扱いに準じ,放射化物からのγ線,β線による被ばく管理が重要となる.

　なお,核子当りの最大加速エネルギーが2.5 MeV未満のイオン加速器,最大加速エネルギー6 MeV未満の電子加速器では,放射化物の発生はほとんどない.

〔2〕 二次放射線

　一次放射線であるビームがターゲットなどに当たると,核反応による放射線や制動X線などの二次放射線が発生する.電子加速器において,高エネルギー電子がターゲットに当たる際に,X線発生量は急激に増加する.イオン加速器の場合,エネルギーが1 MeV以下では放射線の発生は少ないが,加速されたイオンがターゲットや加速電極に衝突し二次電子を発生する.加速エネルギーが陽子で1 MeV,重陽子で0.2 MeV,ヘリウムで2 MeV以上になると,原子核反応を起こし,二次放射線を発生する.

〔3〕 中性子の発生

　二次放射線のうちでも中性子は遮へいなどが困難で,空気を含む周囲の物質を中性子捕獲反応により放射化してしまう.また,原子核との弾性散乱により容易にその方向を変え,遮へい体のすき間から外に出てきたりする.電子エネルギーが15 MeVを超えると,発生X線による光核反応が起こり高速中性子を発生する.重陽子加速の場合は,加速エネルギーが低くても高速中性子を発生するので注意を要する.

〔4〕 **ナロービーム**

通常ビームラインにはビームを止めたり絞ったりするためにシャッタやスリットが置かれているが，それらが不完全であると，周囲のすき間からビームが漏れ出す（**ナロービーム**）ことがあるので注意を要する．

〔5〕 **放射線遮へい**

加速器施設では，荷電粒子の加速中に軌道からそれた粒子と加速器構成材鋼材などとの相互作用およびターゲットに衝突した際に発生する二次放射線を遮へいする必要がある．この放射線は，主として制動放射X線と中性子線である．加速器の遮へいを行う場合，放射線の発生場所と指向性について十分検討する必要がある（図9・1）．

図 9・1　本体室出入り口遮へい扉

特に，天井の遮へいが薄いと放射線が天井を透過し，上方の大気で反射して周辺の放射線レベルを増加させる（**スカイシャイン**（sky shine）**現象**）．また，中性子線は加速室の壁のすき間から**ストリーミング**（streaming）**現象**により漏れてくることがある．

9・1・2　加速器施設での安全管理

加速器施設で放射線障害の発生を防ぐためには，安全管理設備と安全管理体制のハードウェアとソフトウェア両面からなる安全管理システムの構築が不可欠である（図9・2）．

〔1〕 **放射線被ばく管理**

事故などの過剰被ばくを除けば，外部被ばくは，加速エネルギーが 30 MeV

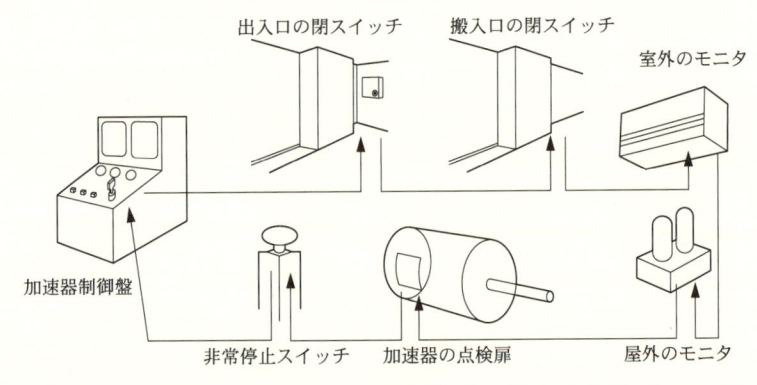

図 9・2　加速器施設の安全管理システムの概要
［出典：日本アイソトープ協会編「放射線・アイソトープを取扱う前に―教育訓練テキスト―」アイソトープ協会（2005）］

未満の施設では主としてX線，それ以上ではX線および中性子線による被ばくの管理が重要となる．加速エネルギーが100 MeVを超える施設では，特に中性子線の管理が重要になる．

　内部被ばくについては，100 MeV未満の施設の場合，全体としても放射化物生成量が少なく，その表面密度も低いため，ほとんど問題としないが，100 MeV以上の施設では，非密封放射線取扱施設と同様の汚染管理が必要となる．

〔2〕**安全管理システム**
（a）**入退管理システム**　　発生装置室を出入りする場合は，運転者に告げる．作業中は必ず個人被ばくモニタと**パーソナルキー**（**図9・3**）を携帯し，扉は開いたままとする．作業中に誤って運転が開始された場合や火災などの際には，

図 9・3　パーソナルキー

図9・4 加速器の制御盤

非常口から脱出する．加速器停止後に発生室で作業する場合は十分時間が経過した後，残留放射能について測定を行って安全を確かめた後立ち入る．

　加速器運転中の入室を禁止できるようにドアの開閉が制御されているが，加速器操作盤のキーとドアのキーを共通にしておくことで，加速器本体室や実験室をキーによって開けた人がそのキーを持ってこないかぎり加速器が運転されない利点がある．このシステムにより在室人数が常に把握できるとともに，発生装置作動による作業者の被ばくを防止することができる（図9・4）．

（b）　**自動表示装置とインターロック**　　放射線発生装置では，運転中，ランプなどの表示装置で発生装置が運転中であることを示す義務がある．自動表示装置は，加速器と連動し運転中であることを自動的に表示する．インターロックとは安全運転に必要ないくつかの条件がそろわないと発生装置の運転ができない仕掛けのことで，条件をすべて満足すると発生装置の運転が可能となる．インターロックの設置により，どれか一つでも異常になると加速器は停止する．また，いかなる場合でもインターロックを故意に解除してはならない．

（c）　**放射線モニタリングシステム**　　法令では，場所の測定と個人の被ばく線量測定が義務づけられている．加速器の運転中は本体室や実験室で放射線量が増えるので，遮へい壁の外側にγ線や中性子のモニタを設置して，放射線漏れがないかを常にチェックしている（図9・5）．放射線量（率）が設定値を超えると警報が鳴るとともに加速器運転停止などの措置がとられる．

　運転終了後も本体室や実験室の中ではビームダクトやターゲット，スリット，さらに空気も放射化しているためすぐには空間線量が下がらない．設定値より線量が下がらないと，中に入れないようになっている．

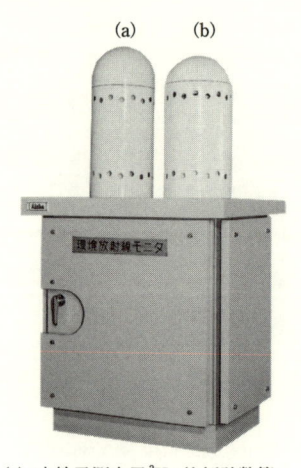

(a) 中性子測定用 ^{3}He 比例計数管
(b) γ線測定用 NaI（Tl）シンチレータ

図 9·5　放射線モニタ

9·2　X線発生装置の安全取扱い

　X線の遮へいに関する十分な知識を持ち，装置の安全対策を理解することが重要である．特に，X線の漏れには十分に注意し，X線を測定（漏れの確認）し，使用装置の特性を理解しておく（遮へいについては，2·4·4項を参照）．

9·2·1　X線発生装置の使用

〔1〕X線の線量測定

　線源形状や照射線量率範囲などの目的に応じて，空気などを媒質とした円筒（指頭）型や平行平板型などの**気体電離箱**と，半導体を媒質とした円筒型の**固体電離箱**が用いられる．平行電極型開放空気電離箱は，25～300 kV くらいまでのX線の線量を正しく測定できるが，かなり大きいので取扱いが不便である．したがって，標準電離箱で校正された実用線量計としては，円筒（指頭）型電離箱が有用である．

　実効エネルギーが 100 keV 以下のX線（軟X線）の線量測定は難しい．水にさえ吸収され減弱するので，空気中の湿度によってもその線量測定は左右される．絶対測定に近い値を簡易に求めるには，**ラドコン線量計**（ビクトリーン社）

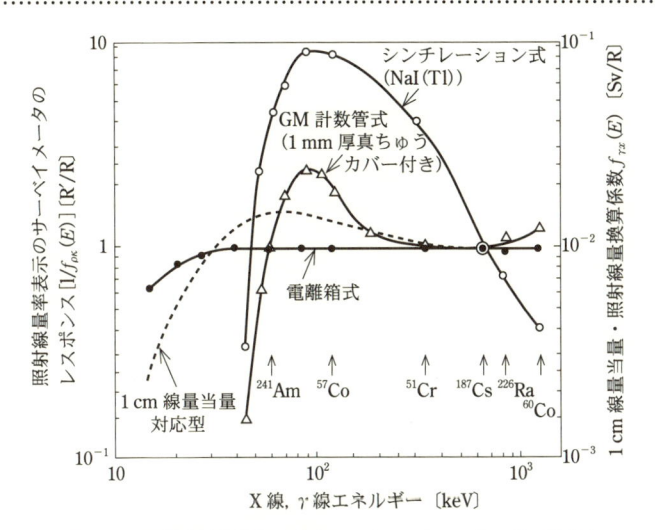

図 9・6 照射線量当量表示型サーベイメータのエネルギー特性と
1 cm 線量当量・照射線量当量換算曲線との比較
[JIS Z 4328-1984 から一部引用]

がある．GM サーベイメータなどで，軟 X 線漏れを調べることもできるが，サーベイメータのエネルギー特性に注意する必要がある（**図 9・6**）．GM サーベイメータは軟 X 線に対して感度はそれほどよくないので，低い値が出て判断を誤る危険性がある．なお，軟 X 線発生装置からの X 線の漏れを測定するのには，絶対測定は難しいが**熱ルミネセンス線量計（TLD）**が利用できる．また，蛍光ガラスも X 線に感度がよく，5・7・2 項にも述べたように，個人被ばく測定に汎用されるとともに場所の測定にもよく用いられる．

〔2〕 **X 線発生装置の使用**

X 線発生装置を安全に取り扱うために，装置のタイプによらず共通して留意すべき点をあげておく．

① 周囲の人の安全をまず確かめる（スイッチを入れるとき，発生装置の X 線窓を開けるとき）．
② X 線が思いがけない所から漏れていないか，予想以上に強い散乱線が出ていないか，チェックする．
③ 必要に応じて防護具をつける（眼鏡，防御衣など）．
④ 個人モニタリングを行う（ガラスバッジ，ポケット線量計など）．
⑤ 定められた使用記録をつける．

⑥ 健康診断を定期的に必ず受ける．
⑦ 万一，大量の被ばくを受けたとき，またはその疑いのあるときは，放射線取扱主任者またはX線作業主任者に報告する．
⑧ 以上のほか，事業所の使用規程に従う．

次に，回折用X線装置を例に，特に注意すべき点を列挙する．

① ピンホール系（スリット）と発生装置との間から強い散乱X線が放射されることがある．この部分からの漏れについて常にチェックし，必要なら鉛の小片でカバーするなど，注意が大切である．

② 試料によって散乱または吸収されずに通り抜けたX線（ダイレクトビーム）は，強い二次散乱の原因ともなるので，直射X線を受け止めると同時に散乱X線をも防ぐ構造のビームトラップを取り付けることになっている．しかし，これが変形したり，取付け方が悪くて位置がずれたりしていると，ここから強い散乱X線を生じるので注意すること．

③ 試料自身からの散乱X線は，普通はあまり強くないが，回転対陰極方式などの強力な発生装置では十分に注意する必要がある．特に単結晶を用いる回折計や，ある種のカメラでは，構造上試料からの散乱X線が防ぎきれない．全体をX線防護カバーで覆わないかぎり実験室全体に弱い散乱X線をまき散らすおそれがある．また，電圧が高いときには透過力の大きな連続X線の二次散乱にも注意する必要がある．

④ X線発生装置自体からX線が漏れていた例もある．管電圧の高いときなど，特に注意が必要である．実験を行う者自身が，そのつどサーベイメータなどでこまめにチェックを行うことが望ましい．

⑤ このほか，単結晶を用いる回折装置では，ピンホール系とX線管の焦点とのコリメーションを確かめることが重要であるが，その際に指先などに強いX線を浴びないよう，装置上の工夫と操作上の注意が必要である．

9・2・2　X線発生装置の放射線防護

X線は発生源が異なるだけで，γ線と同一である．放射線防護の三原則の「時間・距離・遮へい」は，X線に対する防護でも同じことであるが，特にX線発生装置の放射線防護では，線量低減化による安全確保が最重点事項になる．さらにX線は，放射性同位元素の取扱いと異なり内部被ばくの心配はないが，装置の誤った操作・使用などにより，瞬時に局所的に外部被ばくを受ける危険性が高

いので注意が必要である．したがって，X線発生装置の使用に際し被ばく低減化に努めるとともに，装置の作動障害などによる被ばくを防ぐために，機器作動の異常確認およびX線の漏えいなどの検査を怠ってはならない．なお，規制法令（電離則）によるX線発生装置の使用上での安全取扱いに関する諸注意は，10・13節にまとめてある．ここでは，X線の防護として，その遮へいに関して解説する．

X線の防護では，遮へい防護と散乱防護がある．**遮へい防護**とは，X線発生装置からの一次X線や散乱線の漏えいを減弱させることであり，**散乱防護**とは，構造遮へい体から跳ね返ってくるX線（散乱X線）を低減させることである．遮へいの原理は，放射線と物質の相互作用を利用して，X線のエネルギーを物質（遮へい材）に吸収させ，物質を透過するX線量を低減化することである．電磁波（X線，γ線）と物質との相互作用については，2・4・4項で解説した．通常のX線発生装置で使用されるX線のエネルギーは数百keV以下なので，このエネルギーのX線は，主に光電効果によって物質に吸収されることになる（図2・18および図2・19参照）．一般に，電磁波のエネルギーが与えられれば，質量減弱係数をもとに，電磁波の遮へいに必要な厚さを推定することができる〔式（2・15）および式（2・16）参照〕．

遮へい体の厚さに関して，X線防護では，照射線量を半分にするのに要する

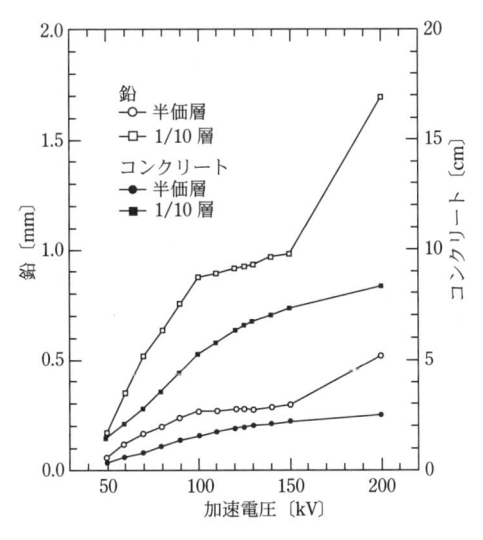

図 9・7　広いX線に対する半価層と1/10層値

吸収板の厚さ，物質に対する X 線の透過力を表すのに，**半価層**（half-value layer：HVL）が用いられる．吸収板としてはアルミニウム，銅，鉄，鉛が使用される．また，構造体の遮へい体としてコンクリートが用いられる．図 9·7 に，管電圧 200 kV までの X 線に対する鉛とコンクリートの半価層を示す．また，X 線防護では，同一照射条件で，ある物質の遮へい能力を鉛の厚さに換算して表す場合に，鉛当量（mmPb）という表現を用いることがある．例えば，鉄筋コンクリート（比重 2.35）約 10 cm で 1 mmPb である．

〔1〕 **研究用 X 線発生装置**

研究に用いられる X 線発生装置は，管電圧約 60 kV，電流 50～300 mA 程度であり管電流が多いのが特徴である．この程度のエネルギーの X 線の遮へいは鉛板で容易に行うことができる．放射線防護としては，回折格子の周辺で散乱する X 線を防護すれば十分である．例えば，加速電圧が約 60 kV の X 線は 0.12 mm の鉛で透過量を半分にすることができ（半価層），同じく 0.35 mm で透過量は約 1/10 にすることができる（図 9·7 参照）．

〔2〕 **医療用 X 線発生装置**

医療分野で利用される X 線発生装置には，診断用と治療用がある．診断用加速電圧 30～150 kV，X 線管電流 5～500 mA 程度である．吸収板としては診断用 X 線では主にアルミニウムが用いられ，治療用 X 線では銅や鉛が用いられる．放射線防護において，研究用は主に一次 X 線や漏えい X 線の遮へいが重要であるのに対し，医学用は被検者に照射された後の散乱 X 線を遮へいするために，撮影室全体を遮へいする点が異なる．遮へいに鉛を使用した場合，加速電圧 150 kV で発生した X 線の半価層は 0.3 mm である（図 9·7 参照）．通常の診察用撮影室であれば鉛の厚さ約 1 mm で法令などに定める基準値を十分満足する．

ところで，治療用の X 線発生装置は，主に電子直線加速器が使用されている．加速電圧約 10 MV で発生した X 線の半価層は鉛で約 17 mm，普通コンクリートで 120 mm であり，治療室は普通コンクリートで 500 mm 程度の遮へいが必要になる．

■ **参考文献**

- 中村尚司：放射線物理と加速器安全の工学，地人書館（1995）
- 放射線利用統計，日本アイソトープ協会（2005）
- 日本物理学会編：加速器とその応用，丸善（1981）
- 日本アイソトープ協会編：放射線管理の実際，日本アイソトープ協会（2006）

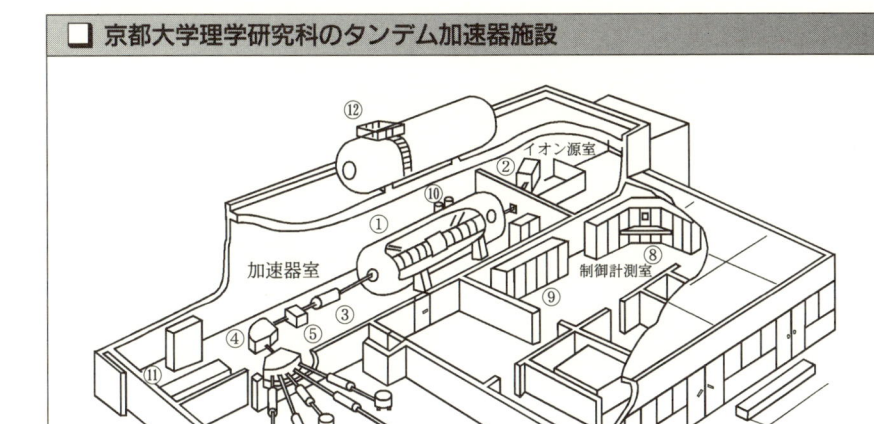

9・2 X線発生装置の安全取扱い ◆ **191**

☐ 京都大学理学研究科のタンデム加速器施設

① 加速器タンク（タンデム加速器）
② 負イオン入射器
③ 四重極電磁石
④ 分析電磁石
⑤ 振分電磁石
⑥ 反応粒子分析電磁石
⑦ 大型散乱槽
⑧ 加速器計算機制御システム
⑨ データ収集システム
⑩ ガスドライヤ
⑪ SF_6 回収システム
⑫ 回収タンク

10章 放射線障害の発生を防止するために制定された法令

〈理解のポイント〉
- 障害防止法では，ある定められた数量・濃度を超えた放射性同位元素が規制の対象となる．
- 放射線や放射性同位元素は，国に届出・許可（承認）された放射線施設でのみ利用することができる．
- 放射線や放射性同位元素が，正しくかつ安全に取り扱われていることを監督するために放射線取扱主任者が選任されている．
- 放射線施設の利用状況を調査・点検するために，立入検査，施設検査，定期検査，定期確認の制度が設けられている．

　放射線障害の発生を防止するための法律は，放射線や放射性同位元素を取り扱う人（放射線取扱者）の被ばく線量をできるだけ少なくするとともに，作業環境，一般環境の汚染の防止を目的に制定されている．この目的を達成するためには，施設，設備の充実を図ることと，放射線取扱者の放射線安全管理に対する理解と協力が大切である．本章では関係法令の中で，大学や研究機関で放射性同位元素等を利用する放射線取扱者に知っておいてほしい事項に限って説明している．法律が放射線取扱者に求めている事項を十分に理解して，放射性同位元素等の安全な取扱いに努めてもらいたい．

10・1　主な法令とその組立て

　第二次世界大戦後，欧米から放射性同位元素等が輸入され，放射線の利用が増加するとともに，利用に伴う放射線障害の防止が問題となった．そのため，放射性物質の取扱いについて基準を定め，放射線障害を防止するための規制を行う必要性が生じた．

10章 放射線障害の発生を防止するために制定された法令

　このような事態に対応するため，昭和32年6月，「放射性同位元素等による放射線障害防止に関する法律」(以下「**障害防止法**」という)が制定・公布され，翌33年4月1日から施行された．同法は，原子力の研究・開発および利用を推

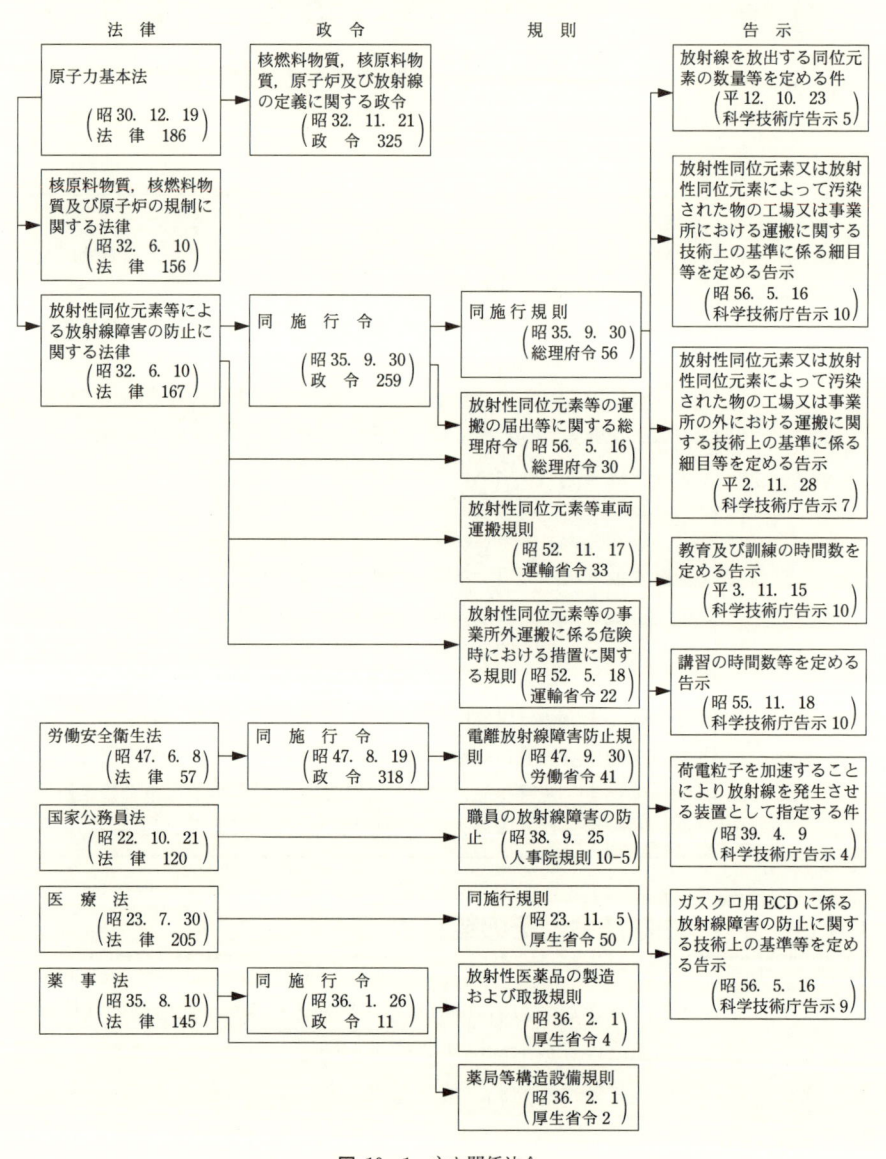

法　律	政　令	規　則	告　示
原子力基本法 (昭30.12.19 法律 186)	核燃料物質，核原料物質，原子炉及び放射線の定義に関する政令 (昭32.11.21 政令 325)		放射線を放出する同位元素の数量等を定める件 (平12.10.23 科学技術庁告示 5)
核原料物質，核燃料物質及び原子炉の規制に関する法律 (昭32.6.10 法律 156)			放射性同位元素又は放射性同位元素によって汚染された物の工場又は事業所における運搬に関する技術上の基準に係る細目等を定める告示 (昭56.5.16 科学技術庁告示 10)
放射性同位元素等による放射線障害の防止に関する法律 (昭32.6.10 法律 167)	同施行令 (昭35.9.30 政令 259)	同施行規則 (昭35.9.30 総理府令 56)	
		放射性同位元素等の運搬の届出等に関する総理府令 (昭56.5.16 総理府令 30)	放射性同位元素又は放射性同位元素によって汚染された物の工場又は事業所の外における運搬に関する技術上の基準に係る細目等を定める告示 (平2.11.28 科学技術庁告示 7)
		放射性同位元素等車両運搬規則 (昭52.11.17 運輸省令 33)	教育及び訓練の時間数を定める告示 (平3.11.15 科学技術庁告示 10)
		放射性同位元素等の事業所外運搬に係る危険時における措置に関する規則 (昭52.5.18 運輸省令 22)	講習の時間数等を定める告示 (昭55.11.18 科学技術庁告示 10)
労働安全衛生法 (昭47.6.8 法律 57)	同施行令 (昭47.8.19 政令 318)	電離放射線障害防止規則 (昭47.9.30 労働省令 41)	荷電粒子を加速することにより放射線を発生させる装置として指定する件 (昭39.4.9 科学技術庁告示 4)
国家公務員法 (昭22.10.21 法律 120)		職員の放射線障害の防止 (昭38.9.25 人事院規則 10-5)	
医療法 (昭23.7.30 法律 205)		同施行規則 (昭23.11.5 厚生省令 50)	ガスクロ用ECDに係る放射線障害の防止に関する技術上の基準等を定める告示 (昭56.5.16 科学技術庁告示 9)
薬事法 (昭35.8.10 法律 145)	同施行令 (昭36.1.26 政令 11)	放射性医薬品の製造および取扱規則 (昭36.2.1 厚生省令 4)	
		薬局等構造設備規則 (昭36.2.1 厚生省令 2)	

図 10・1　主な関係法令

進するための基本法である「**原子力基本法**」（昭和30年法律第186号）の精神にのっとり，放射性同位元素の使用・販売・賃貸・廃棄その他の取扱い，放射線発生装置の使用および放射性同位元素によって汚染された物の廃棄その他の取扱いを規制することにより，これらによる放射線障害を防止し，公共の安全を確保することを目的としている．

> ### 法体系
>
> わが国の法体系は憲法を頂点として法律，政令，省令等により全体として秩序だった統一的体系を有している．実定法のうえでは国の根本法規である憲法を別とすれば，国権の最高機関であり，唯一の立法機関である国会によって制定される法律が最も強い効力を持っている．以下，内閣によって制定される政令，各省庁の大臣によって制定される省令等の順に段階的構造を形づくっており，上位の法令は下位の法令に優先する．また，法令の内容は上位のものが基本的事項を規定するのに対し，下位のものになるにつれて，詳細な細目規定となっている．

放射性同位元素等の利用に関係する法令を**図10・1**に示す．

障害防止法は，これまで規制対象の増加や放射線利用の形態の多様化に伴い，さらには，法の規制の方法と放射線利用の実態との間のずれを是正するため，同法の改正がたびたび行われている．主な改正の要点は**表10・1**のとおりである．

表10・1 主な改正

年　月	内　　容
昭和30年12月	原子力基本法の制定
昭和32年6月	放射線障害防止法の制定（昭和33年4月1日施行）
昭和35年5月	使用の届出制，廃棄業の規制導入など
昭和55年5月	施設検査，定期検査制度の導入など
平成元年4月	国際放射線防護委員会1977年勧告（ICRP Pub. 26）の取入れに関する法令改正
平成7年9月	賃貸業における規制の導入，表示付き放射性同位元素装備機器の使用に係る管理業務の合理化など
平成12年4月	国際放射線防護委員会1990年勧告（ICRP Pub. 60）の取入れに関する法令改正
平成17年6月	国際原子力機関（IAEA）1996年のBSS免除レベルの取入れに関する法令改正

10·2 定義と数値

10·2·1 定　義

　法令では，いくつかの用語について，学術用語とは異なる定義がなされている．そのうちの主なものは以下のとおりである．

〔1〕 **放射線**

　放射線とは，電磁波または粒子線のうち，直接または間接に空気を電離する能力を持つものをいう．

① α 線，重陽子線，陽子線その他の重荷電粒子線および β 線
② 中性子線
③ γ 線および特性 X 線（軌道電子捕獲に伴って発生する特性 X 線に限る）
④ 1 メガ電子ボルト以上のエネルギーを有する電子線および X 線

〔2〕 **放射性同位元素**

　放射性同位元素は，放射線を放出する同位元素およびその化合物ならびにこれらの含有物（機器に装備されているこれらのものを含む）で，放射線を放出する同位元素の数量および濃度がその種類ごとに文部科学大臣が定める数量（「**下限数量**」という）および濃度を超えるものと定めている（**表 10·2**）．

表 10·2　告示別表第 1（抜粋）

第 1 欄		第 2 欄	第 3 欄
放射線を放出する同位元素の種類		数量〔Bq〕	濃度〔Bq/g〕
核　種	化学形など		
^{3}H		1×10^9	1×10^6
^{7}Be		1×10^7	1×10^3
^{10}Be		1×10^6	1×10^4
^{11}C	一酸化物および二酸化物	1×10^9	1×10^1
（略）	（略）	（略）	（略）
^{60}Co		1×10^5	1×10^1
（略）	（略）	（略）	（略）
^{137}Cs	放射平衡中の子孫核種を含む	1×10^4	1×10^1
（略）	（略）	（略）	（略）
その他の同位元素	α 線を放出するもの	1×10^3	1×10^{-1}
	α 線を放出しないもの	1×10^4	1×10^{-1}

表 10・3 放射性同位元素の数量と濃度

(a) 密封された放射性同位元素

1個の数量 (通常一組または一式をもって利用する物については一組または一式)	核種が1種類の場合	告示別表第1（第1条関係）の第1欄の種類に応じて第2欄に掲げる数量
	核種が2種類以上の場合	告示別表第1の第1欄の種類のそれぞれの数量の第2欄の数量に対する割合の和が1となるようなそれらの数量
1個の濃度 (通常一組または一式をもって利用する物については一組または一式)	核種が1種類の場合	告示別表第1の第1欄の種類に応じて第3欄に掲げる濃度
	核種が2種類以上の場合	告示別表第1の第1欄の種類のそれぞれの数量の第3欄の濃度に対する割合の和が1となるようなそれらの濃度

(b) 密封されていない放射性同位元素

事業所に存する数量	核種が1種類の場合	告示別表第1（第1条関係）の第1欄の種類に応じて第2欄に掲げる数量
	核種が2種類以上の場合	告示別表第1の第1欄の種類のそれぞれの数量の第2欄の数量に対する割合の和が1となるようなそれらの数量
容器1個の濃度	核種が1種類の場合	告示別表第1の第1欄の種類に応じて第3欄に掲げる濃度
	核種が2種類以上の場合	告示別表第1の第1欄の種類のそれぞれの数量の第3欄の濃度に対する割合の和が1となるようなそれらの濃度

表 10・4 規制対象外である放射性物質

1. 原子力基本法に規定する核燃料物質および核原料物質
   具体例：原子炉の核燃料，天然ウラン，劣化ウラン，トリウム化合物（モナザイト）
2. 薬事法に規定する医薬品およびその原料または材料であって薬事法の許可を受けた製造所に存するもの
   具体例：放射性医薬品，製薬工場の ^{99}Mo/^{99m}Tc ジェネレータ
3. 医療法に規定する病院または診療所において行われる治験の対象とされる薬物
4. 前2, 3のほか，陽電子放射断層撮影装置による画像診断（PET診断）に用いられる薬物またはその他の治療または診断のために医療を受ける者に対して投与される薬物で当該治療または診断を行う病院等において調剤されるもののうち，文部科学大臣が厚生労働大臣と協議して指定するもの
   具体例：PET薬剤
5. 薬事法に規定する医療機器で，文部科学大臣が厚生労働大臣または農林水産大臣と協議して指定するものに装備されているもの
   具体例：永久挿入線源（^{125}I シード，^{198}Au シード）

1事業所*1が2種類以上の放射性同位元素を所持するときは，**表10・3**に示すように障害防止法の規制対象となるかを考える．また，**表10・4**に示すものは，障害防止法の対象から除外されている．

> **□ BSS 免除レベルと下限数量**
>
> 　健康への影響が無視できるほど小さく，放射性物質として取り扱う必要がない放射性同位元素は，放射線防護の規制対象にしない．このことを**免除**という．免除の判断基準となる放射性同位元素の数量および濃度を**免除レベル**といい，IAEAは国際基本安全基準（Basic Safety Standard：BSS）として提示した．わが国では，この数値をもとにして下限数量を定めている．
>
> 　BSS免除レベルは普通の状況（通常）では年間10 μSv，最悪の状況（事故）で年間1 mSv（年間の発生確率を1％とする）という想定のもとに定められている．

　以上のことから，1事業所で障害防止法の規制を受ける放射性同位元素を所持，使用しようとする場合には，あらかじめ文部科学省に**届出**や**許可**（**承認**）の申請をしなければならない．

　ここで放射性同位元素の取扱者が注意しなくてはいけないのは，ひとたび放射性同位元素として規制を受けたものは，その後，分割，希釈などによって法令に定義された濃度や数量以下になっても法的規制を免れることはできないということである．

〔3〕 **表示付認証機器と表示付特定認証機器**

　設計認証制度は，放射性同位元素装備機器を製造，輸入しようとする者が，その装備機器の設計，構造，製造工場の品質管理から使用方法に至るまでを，あらかじめ国や国の登録を受けた機関に届け出て，審査を受けることにより，十分安全が確保されているものに対して認証が与えられるものであり，認証された機器の取扱いに対する規制を緩和する制度である．

（**a**）　**表示付認証機器**　　硫黄計その他の放射性同位元素を装備している機器を放射性同位元素装備機器といい，そのうち，ガスクロマトグラフ用エレクトロンキャプチャディテクタのように，製造メーカがあらかじめ設計，構造，使用方

---

*1 事業所とは，1工場，1研究所，総合大学では1学部などの，一つにまとまった使用の単位を事業所とする．

法，製造工場の品質管理までを国や国の登録機関に届け出て，その内容のとおり製作された機器については，認証機器として認可を与えて使用上の規制が緩和される．このような機器を**表示付認証機器**という．上記のもの以外には，下限数量を超えた校正線源なども表示付認証機器として入手することができる．

> **◻ 設計認証制度**
>
> られた．その結果，それまで法規制の対象でなかった 3.7 MBq 以下の密封の校正線源や装置に装備されている線源の中に規制対象となったものが出てきた．しかし，このような線源，装備機器の利用の現状から，実態に合わせた合理的な規制を行うために制定されたのが設計認証制度である．

　（b）**表示付特定認証機器**　　ビルや地下街には，煙感知器が設置されており，この煙感知器の中には，10 kBq を超える ^{241}Am（下限数量 $1×10^4$ Bq）が使われているものがある．本来，このような放射能を持つものは，届出等の対象となるが，その装置の放射線の安全性を，国や国の登録機関が確認することにより認証を与え，届出等の手続きもなく利用することができるようにしたものが**表示付特定認証機器**である．ただし，これを廃棄する場合には，販売業者等へ返却しなければならない．このような機器には次に示すようなものがある．
　①煙感知器，②レーダ受信部切替放電管，③集電式電位測定器，④熱粒子化式センサ[*2]

〔4〕**放射線発生装置**
　放射線発生装置は，放射線を発生させることを目的とする以下の装置をいう．ただし，その表面から 10 cm 離れた位置における最大線量当量率が 600 nSv/時以下であるものは除かれている．
　①サイクロトロン，②シンクロトロン，③シンクロサイクロトロン，④直線加速装置，⑤ベータトロン，⑥バンデグラーフ型加速装置，⑦コッククロフト・ワルトン型加速装置，⑧その他文部科学大臣が指定するもの[*3]

[*2]　その表面から 10 cm 離れた位置における 1 cm 線量当量が $1 μSv$/時以下の放射性同位元素装備機器であって文部科学大臣が指定するもの．
[*3]　変圧器型加速装置，マイクロトロン，プラズマ発生装置．

10・2・2　放射性同位元素等の許可届出使用者と取扱者

〔1〕　許可届出使用者

許可届出使用者は，放射性同位元素または放射線発生装置の使用を許可（承認）された者，または密封された放射性同位元素の使用を届け出た者を指す．ここで，許可と届出は図10・2のように使用しようとする放射性同位元素の数量によって決まる．放射線発生装置を使用しようとする者は，すべて許可使用者となる．一般的に，大学や研究機関では学長や研究所長が許可届出使用者である．

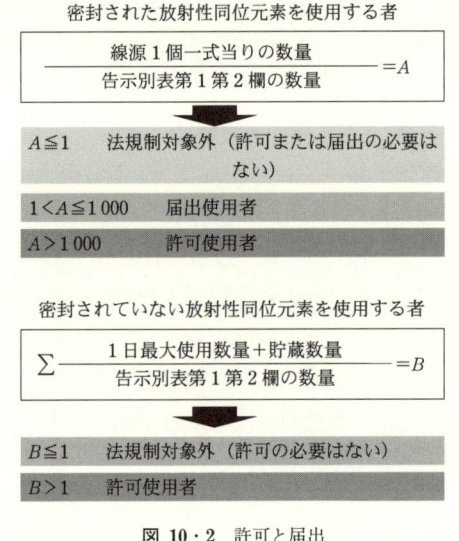

密封された放射性同位元素を使用する者

$$\frac{線源1個一式当りの数量}{告示別表第1第2欄の数量} = A$$

- $A \leq 1$　法規制対象外（許可または届出の必要はない）
- $1 < A \leq 1000$　届出使用者
- $A > 1000$　許可使用者

密封されていない放射性同位元素を使用する者

$$\sum \frac{1日最大使用数量＋貯蔵数量}{告示別表第1第2欄の数量} = B$$

- $B \leq 1$　法規制対象外（許可の必要はない）
- $B > 1$　許可使用者

図 10・2　許可と届出

〔2〕　管理区域立入者

研究や業務で放射線施設内の管理区域に常時立ち入り，放射性同位元素の取扱いや管理，またはこれに付随する業務に従事する者を**放射線業務従事者**という．大学では，管理区域内の実験室で研究をしている学生もこのように呼ばれる．放射線施設を見学するなどの目的で管理区域に一時的に立ち入る者については，放射線業務従事者と別に扱われる．

10・2・3　線量，濃度，表面密度の限度値など

〔1〕　場所に関する値

法令では，放射線安全管理を行わなければならない場所の範囲を図10・3，表

10·5のように定めている．

これらの限度値は，ICRPの1990年勧告に準拠して，放射線業務従事者の5年間被ばく線量が100 mSv以下，一般公衆にあっては1985年のパリ声明を取り入れて1 mSv以下になることをめどにして算定されたものである．

実効線量≦1 mSv/週
空気中濃度（1週間平均）：第4欄の数値以下

事業所境界

実効線量≦250 μSv/(3月)
排気中濃度（3月平均）：
　第5欄の数値以下
排水中濃度（3月平均）：
　第6欄の数値以下

管理区域境界

実効線量≦1.3 mSv/(3月)
物品の表面密度：
　表面密度限度の1/10以下

（第4欄，第5欄，第6欄は告示別表第2の欄を示す（表10·8参照））

図 10·3　場所に関する限度値など

表 10·5　場所に関する限度値など

	外部放射線の線量*1	放射性同位元素の濃度		放射性同位元素の表面密度
		空気中	水中	
事業所の境界	250 μSv/3月以下	（排気）3月間の平均濃度が告示別表第1第5欄の数値以下*2	（排水）3月間の平均濃度が告示別表第1第6欄の数値以下*2	
管理区域*3	1.3 mSv/3月を超える場所	週平均濃度が同上第4欄の数値の1/10を超える場所	—	表面密度限度の1/10を超える場所
放射線施設内の人が常時立ち入る場所	1 mSv/週以下	1週間平均濃度が同上第4欄の数値以下	—	表面密度限度以下（α線放出体：4 Bq/cm²，α線非放出体：40 Bq/cm²以下）

＊1：実効線量
＊2：文部科学省告示「放射線を放出する同位元素の数量等を定める件」
＊3：外部放射線に被ばくするおそれがあり，かつ空気中の放射性同位元素を吸入摂取するおそれがあるときは，それぞれの規制値との比をとり，その合計が1を超える場所を管理区域とする．

〔2〕 人の被ばくに関する値

放射線業務従事者の被ばくは，外部放射線によるものと内部被ばくとを合わせて，一定期間内に実効線量限度と等価線量限度を超えないようにしなければならない．これらの数値を**表 10・6** に示す．

これらの被ばく線量を測定し，評価するにあたっては，診療や自然放射線による被ばくは除くことになっている．

放射性同位元素を体内に摂取するおそれのある場合には，内部被ばくによる線量を測定あるいは算出し，これを加えて実効線量や等価線量を求めなければならない．法令では，空気吸入の際の摂取と，水などの経口摂取とに分けて算出法を記してある．ここで必要となる放射性同位元素の摂取量は，体外計測法（ヒューマンカウンタ，ホールボディーカウンタなどによる計測），バイオアッセイ法（排泄物の分析による），あるいは計算法のいずれかを用いて求める．これらの算出方法は，「被ばく線量の測定・評価マニュアル」（編集・発行：(財)原子力安全技術センター）を参照されたい．

表 10・6 放射線業務従事者の線量限度

線 量 限 度	関 連 条 項
(1) 実効線量限度	
① 　　　　　　　　　　100 mSv/5 年[*2]	告示[*1]第 5 条第 1 号
② 　　　　　　　　　　　50 mSv/年[*3]	告示第 5 条第 2 号
③ 女子[*4] 　　　　　　　5 mSv/3 月[*5]	告示第 5 条第 3 号
④ 妊娠中である女子	告示第 5 条第 4 号
本人の申出等により使用者等が妊娠の事実を知ったときから出産までの間につき，内部被ばくについて　1 mSv	
(2) 等価線量限度	
① 眼の水晶体 　　　　　150 mSv/年[*3]	告示第 6 条第 1 号
② 皮膚 　　　　　　　　500 mSv/年[*3]	告示第 6 条第 2 号
③ 妊娠中である女子の腹部表面	告示第 6 条第 3 号
(1)④に規定する期間につき　2 mSv	

*1：放射線を放出する同位元素の数量等を定める件（平成 12 年科学技術庁告示第 5 号）．以下同じ．
*2：平成 13 年 4 月 1 日以後 5 年ごとに区分した各期間．
*3：4 月 1 日を始期とする 1 年間．
*4：妊娠不能と診断された者，妊娠の意思のない旨を使用者等に書面で申し出た者および妊娠中の者を除く．
*5：4 月 1 日，7 月 1 日，10 月 1 日および 1 月 1 日を始期とする各 3 月間．

10·3 放射線施設と放射線取扱主任者

10·3·1 放射線施設

放射性同位元素や放射線発生装置を使用する施設を**放射線施設**といい，使用施設，廃棄物詰替施設，貯蔵施設，廃棄物貯蔵施設，廃棄施設がある．これらの放射線施設は，法令によって構造，設備などの基準が定められている．

10·3·2 放射線取扱主任者

放射性同位元素等を使用する事業所は，放射性同位元素等の取扱いや放射線障害の防止について監督を行わせるために，少なくとも1名の**放射線取扱主任者**（**取扱主任者**）を選任して，文部科学大臣に届け出なければならない．取扱主任者が病気や旅行で不在のときには，代理者が選任されることとなり，複数の主任者を選任する場合には，それぞれの職務分担を決めることが求められる．

放射線施設に立ち入る者は，取扱主任者が職務上から行う指示に従わなければならない．また，使用者や事業所の長は，放射線障害の防止に関する主任者の意見を尊重しなければならない．取扱主任者には，第1種，第2種，第3種の区分があり，事業所が取り扱う放射性同位元素等の種類や数量によって選任できる区分が決まっている（**表10·7**）．放射性同位元素等の取扱者は，放射性同位元素等の専門的知識を有するだけでなく，放射線障害の防止に関する法令に対する理解も要求されている．取り扱う放射性同位元素等の種類と数量によっては，取扱者であっても，いずれかの取扱主任者資格を取得しておくことが強く望まれる場合

表 10·7 放射線取扱主任者免状と放射線取扱主任者の選任の区分

主任者免状の区分	免状取得に必要な試験等	特定許可使用者	非密封許可線源の許可使用者以外の使用者	密封線源の許可使用者以外の許可使用者	届出使用者	届出販売業者	届出賃貸業者	許可廃棄業者	表示付認証機器届出使用者	表示付特定認証機器の使用をする者
第1種	第1種試験，第1種講習	○	○	○	○	○	○	○	選任不要	
第2種	第2種試験，第2種講習			○	○	○	○			
第3種	第3種講習				○	○	○			

がある．

10・3・3　放射線取扱主任者の定期講習

選任された取扱主任者は，法令改正の詳細や放射線事故から得られた教訓などを周知することを目的とした**定期講習**を受けなければならない．受講期間は，選任されて1年以内，その後は3年以内（届出販売・賃貸業は選任後5年以内）となっている．

10・4　取扱いの基準

放射線障害の発生を防止するには，放射性同位元素等の取扱いを一定の基準に従って行う必要がある．そのために法令では，使用の基準，保管の基準，運搬の基準，廃棄の基準が定められている．

放射性同位元素の使用・保管・運搬・廃棄が事業所内に限らず，複数の事業所にまたがることがある．そのような場合，そのつど，それぞれの事業所の管理者，取扱主任者の指示や承認を必ず受ける必要がある．放射性同位元素の譲渡し・譲受けに関しても，管理者や取扱主任者の指示や承認を受けないでかってに行ってはならない．

10・4・1　使用の基準

放射性同位元素等を使用する場合の技術的基準については，障害防止法施行規則第15条に詳細に規定されている．その主要な点は次のとおりである．
① 放射性同位元素等を使用する場所は，使用施設に限定する．
　　この規定が適用されないのは，漏水の調査，昆虫の疫学的調査，原料物質の生産工程中における移動状況の調査などで，一時的に広範囲に分散移動させて使用する場合や，密封された放射性同位元素または放射線発生装置を随時移動させて使用する場合がある．
② 密封されていない放射性同位元素の使用は，作業室で行う．
③ 密封された放射性同位元素を使用する場合は，次のことに注意する．
　・正常な使用状態において，開封または破壊のおそれがない．
　・密封された放射性同位元素が漏えい，浸透などにより散逸して汚染するおそれがない．

④ 放射線業務従事者の被ばく線量は，次の措置のいずれかを講ずることにより，実効線量当量限度および等価線量限度を超えないようにする．
　・放射線の遮へいを行う．
　・距離を設ける．
　・被ばくする時間を短くする．
⑤ 作業室内の空気中の放射性同位元素の濃度を浄化，排気することにより空気中濃度限度を超えないようにする．
⑥ 作業室内での飲食および喫煙を禁止する．
⑦ 作業室内では，作業衣，保護具などを着用して作業し，着用したまま退出しない．
⑧ 作業室から退出するときは，人体および作業衣，履物，保護具の汚染を検査し，汚染があった場合はその汚染を除去する．
⑨ 表面の汚染が表面汚染密度限度を超えるものは，みだりに作業室から持ち出さない．
⑩ 表面汚染が表面汚染密度限度の1/10を超えるものは，みだりに管理区域から持ち出さない．
⑪ 密封された放射性同位元素を移動させて使用する場合（**図10・4**）には，使用後直ちに，放射線測定器を用いて紛失，漏えい等の有無を点検する．
⑫ 使用施設，管理区域の目につきやすい場所に，放射線障害の防止に必要な注意事項を掲示する．

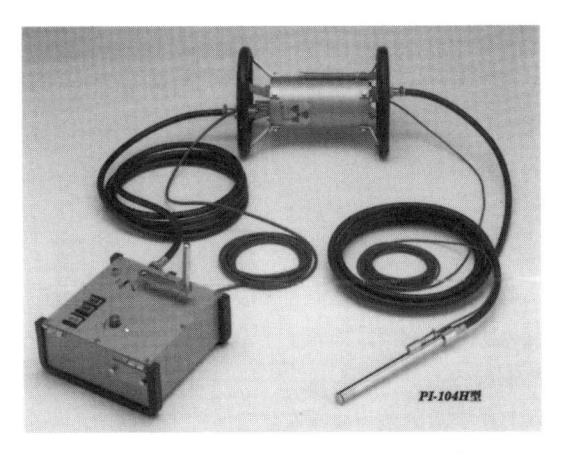

図 10・4　γ線透過検査装置（PI-104 H 型）

⑬　管理区域には，放射線業務従事者以外の者がみだりに立ち入らないように措置を講ずる．

10・4・2　保管の基準

放射性同位元素または放射性汚染物を貯蔵・保管する場合の基準は，障害防止法施行規則第17条に定められている．保管の基準は，大筋において使用の基準と同じである．

①　放射性同位元素の保管は，容器に入れ，貯蔵室または貯蔵箱で保管する．ただし，密封された放射性同位元素の場合は，耐火性の容器に入れて保管することもある．
②　貯蔵施設の貯蔵能力を超えて保管することはできない．
③　貯蔵箱は，放射性同位元素を保管中にみだりに持ち運ぶことができないように措置を講ずる．
④　液体状の放射性同位元素は，液体がこぼれにくい構造であり，液体が浸透しにくい材料を用いた容器に入れる．
⑤　液体状または固体状の放射性同位元素を入れた容器で，亀裂，破損などの事故の生じるおそれのあるものには，受皿，吸収材などを用いることにより汚染の広がりを防止する．

10・4・3　運搬の基準

放射性同位元素等の運搬については，国際的に整合性のある法体系のもとに行われている．その概要を図10・5に示す．

このような法体系の下で，放射性同位元素や放射性汚染物を運搬するために，**事業所内運搬**と**事業所外運搬**とに分けて技術上の基準が定められている．

〔1〕　事業所内運搬の基準

放射性同位元素等を事業所内で運搬する場合には，容器に封入して行うように定められているが，放射性汚染物であって飛散もしくは漏えいの防止措置を講じた場合は，容器に封入しなくてもよいことになっている．なお，事業所外運搬の技術上の基準を満たす運搬物は，そのままで事業所内を運搬することができる．

〔2〕　事業所外運搬の基準

放射性同位元素および放射性汚染物を事業所外で運搬する場合，L型，A型，B型の3種類に分類された輸送物として運搬しなければならない（図10・6）．ま

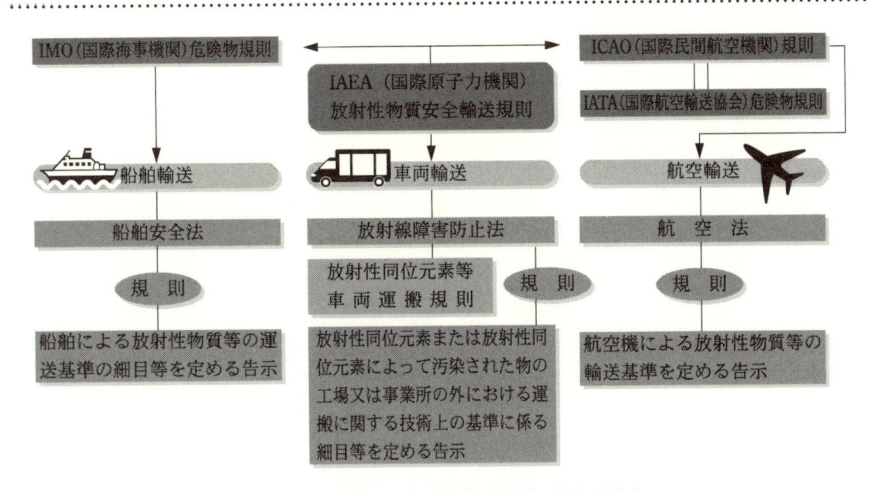

```
IMO(国際海事機関)危険物規則    IAEA(国際原子力機関)    ICAO(国際民間航空機関)規則
                              放射性物質安全輸送規則    IATA(国際航空輸送協会)危険物規則
        ↓                            ↓                        ↓
     船舶輸送                      車両輸送                  航空輸送
        ↓                            ↓                        ↓
     船舶安全法                 放射線障害防止法              航空法
        ↓                  放射性同位元素等               ↓
       規則                  車両運搬規則        規則      規則
        ↓                            ↓                        ↓
 船舶による放射性物質等の運  放射性同位元素または放射性同  航空機による放射性物質等
 送基準の細目等を定める告示  位元素によって汚染された物の  の輸送基準を定める告示
                           工場又は事業所の外における運
                           搬に関する技術上の基準に係る
                           細目等を定める告示
```

図 10・5　放射性同位元素等の運搬に関する法令
［出典：日本アイソトープ協会ホームページ］

L 型輸送物　1輸送物中の放射性物質の収納量を極少量に制限することにより，その危険性をきわめて小さなものに抑えたもの

A 型輸送物　1輸送物中の放射性物質の収納量を一定量に制限するとともに，通常予想されるでき事(降雨，振動，取扱中の衝撃)に対する強度を持たせたもの

B 型輸送物　1輸送物中に大量の放射性物質を収納しているので，輸送中に遭遇する大事故(火災，衝突，水没など)にも十分に耐えられるように，きわめて強固な放射性輸送物としたもの

	法令規制値			表　示	
	特別形数量	非特別形数量	表面における1cm線量当量率		各輸送物ごとに国連番号(UN)と品名(L型を除く)を表示する.
L 型	$A_1 \times \dfrac{1}{1\,000}$	気体・固体 $A_2 \times \dfrac{1}{1\,000}$ 液体 $A_2 \times \dfrac{1}{10\,000}$	5 μSv/h 以下	なし 開封時に見やすい位置に「放射性」の表示	◆その他重量物 50 kgを超す輸送物には重量"○○"を表示する
A 型	A_1 値以下	A_2 値以下	2 mSv/h 以下	A 型 (1か所)	
B 型	A_1 値超え	A_2 値超え		BM 型または BU 型 (1か所)	

A_1, A_2：放射性同位元素の種類または区分に応じた運搬のために定められた数値である（告示に明記している）.

図 10・6　輸送物の区分

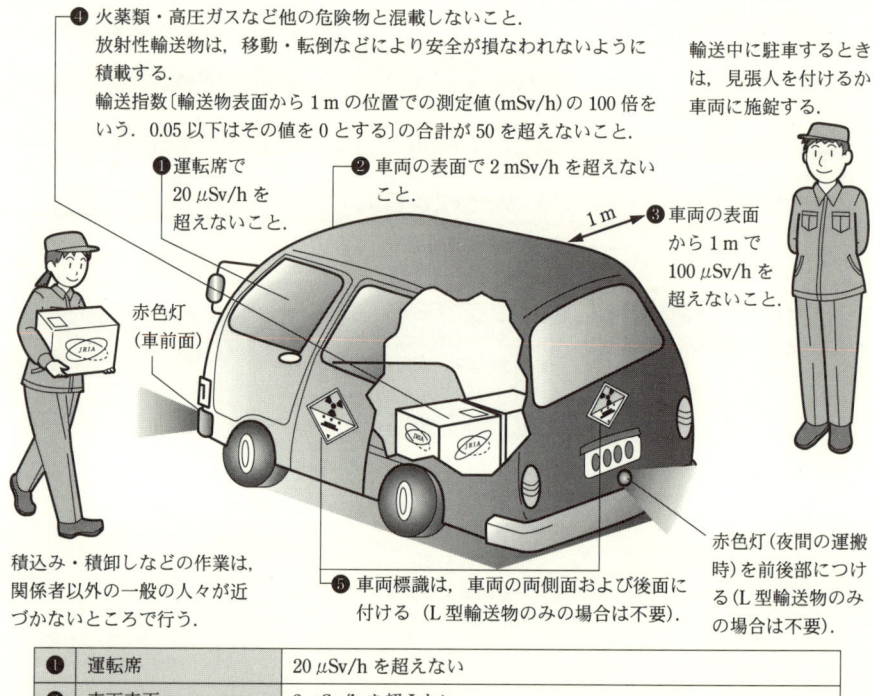

❹ 火薬類・高圧ガスなど他の危険物と混載しないこと．
放射性輸送物は，移動・転倒などにより安全が損なわれないように積載する．
輸送指数〔輸送物表面から1mの位置での測定値(mSv/h)の100倍をいう．0.05以下はその値を0とする〕の合計が50を超えないこと．

輸送中に駐車するときは，見張人を付けるか車両に施錠する．

❶ 運転席で20 μSv/h を超えないこと．

❷ 車両の表面で2 mSv/h を超えないこと．

❸ 車両の表面から1 m で100 μSv/h を超えないこと．

赤色灯（車前面）

積込み・積卸しなどの作業は，関係者以外の一般の人々が近づかないところで行う．

❺ 車両標識は，車両の両側面および後面に付ける（L型輸送物のみの場合は不要）．

赤色灯（夜間の運搬時）を前後部につける(L型輸送物のみの場合は不要)．

❶	運転席	20 μSv/h を超えない
❷	車両表面	2 mSv/h を超えない
❸	車両表面から1 m の所	100 μSv/h を超えない
❹	輸送物	輸送指数の合計が50を超えない
❺	車両標識	車両の両側面および後面に付ける（L型輸送物のみの場合は不要）

図 10・7　輸送物運搬車両

た，運搬する車両についても図 10・7 に示すように法令で定められている．

10・4・4　廃棄の基準

　放射性同位元素やその汚染物の廃棄に関し，法令の条項では廃棄物の物理的状態，すなわち気体・液体・固体に分けて述べている．障害防止法第19条に廃棄について一般的な記述があり，これを受けて障害防止法施行規則第19条に具体的な記述がある．

〔1〕　気体状のものの廃棄

　気体状の放射性同位元素等は，排気設備において浄化し，または排気する．このとき排気中の放射性同位元素の3月間の平均濃度が，排気中の濃度限度を超え

表 10・8 排気中, 排水中の濃度限度など

第 1 欄		第2欄	第3欄	第4欄	第5欄	第6欄
放射性同位元素の種類		吸入摂取した場合の実効線量係数 〔mSv/Bq〕	経口摂取した場合の実効線量係数 〔mSv/Bq〕	空気中濃度の限度 〔Bq/cm³〕	排気中または空気中の濃度限度 〔Bq/cm³〕	排液中または排水中の濃度限度 〔Bq/cm³〕
核 種	化 学 形 等					
³H	元素状水素	1.8×10^{-12}		1×10^4	7×10^1	
³H	メタン	1.8×10^{-10}		1×10^2	7×10^{-1}	
³H	水	1.8×10^{-8}	1.8×10^{-8}	8×10^{-1}	5×10^{-3}	6×10^1
³H	有機物（メタンを除く）	4.1×10^{-8}	4.2×10^{-8}	5×10^{-1}	3×10^{-3}	2×10^1
³H	上記を除く化合物	2.8×10^{-8}	1.9×10^{-8}	7×10^{-1}	3×10^{-3}	4×10^1
⁷Be	酸化物, ハロゲン化物および硝酸塩以外の化合物	4.3×10^{-8}	2.8×10^{-8}	5×10^{-1}	2×10^{-3}	3×10^1
⁷Be	酸化物, ハロゲン化物および硝酸塩	4.6×10^{-8}	2.8×10^{-8}	5×10^{-1}	2×10^{-3}	3×10^1
¹⁰Be	酸化物, ハロゲン化物および硝酸塩以外の化合物	6.7×10^{-6}	1.1×10^{-6}	3×10^{-3}	1×10^{-5}	7×10^{-1}
¹⁰Be	酸化物, ハロゲン化物および硝酸塩	1.9×10^{-5}	1.1×10^{-6}	1×10^{-3}	4×10^{-6}	7×10^{-1}
¹⁴C	蒸気	5.8×10^{-7}		4×10^{-2}	2×10^{-4}	
¹⁴C	有機物〔経口摂取〕		5.8×10^{-7}			2×10^0
¹⁴C	一酸化物	8.0×10^{-10}		3×10^1	1×10^{-1}	
¹⁴C	二酸化物	6.5×10^{-9}		3×10^0	1×10^{-2}	
¹⁴C	メタン	2.9×10^{-9}		7×10^0	5×10^{-2}	
¹³N	〔サブマージョン〕			2×10^{-1}	7×10^{-4}	
¹⁶N	〔サブマージョン〕			3×10^{-2}	1×10^{-4}	
¹⁴O	〔サブマージョン〕			4×10^{-2}	2×10^{-4}	
¹⁵O	〔サブマージョン〕			2×10^{-1}	7×10^{-4}	
¹⁹O	〔サブマージョン〕			2×10^{-1}	7×10^{-4}	
¹⁸F	H, Li, Na, Si, P, K, Ni, Rb, Sr, Mo, Ag, Te, I, Cs, Ba, La, W, Pt, Tl, Pb, Po, Fr のフッ化物, Se の無機化合物のフッ化物, Hg の有機化合物のフッ化物および大部分の六価のウラン化合物（六フッ化ウラン, フッ化ウラニルなど）のフッ化物	5.4×10^{-8}	4.9×10^{-8}	4×10^{-1}	4×10^{-3}	2×10^1

出典：告示（放射線を放出する同位元素の数量等を定める件）別表第2より

てはならない．排気中の濃度限度は，**表10・8**に示すように核種，化学形ごとに定められている．

〔2〕 **液体状のものの廃棄**

液体状の放射性同位元素等は，次に示す方法で廃棄しなければならない．

① 排水設備で浄化し，排水する．このときの排水中の放射性同位元素の3月間の平均濃度が，排水中の濃度限度を超えてはならない．
② 容器に封入し保管廃棄設備で保管廃棄する．
③ 液体シンチレーションカウンタによる測定後の有機廃液は，焼却炉で焼却する．

障害防止法施行規則第19条には，固形化処理設備においてコンクリートで固形化処理することが定められているが，大学などの事業所では，通常そのような行為を行うことはない．

〔3〕 **固体状のものの廃棄**

固体状の放射性同位元素等は，容器に封入して保管廃棄する．すなわち，大学等の事業所では，密閉できるドラム缶に廃棄物の種類ごとに区分して収納している．詳細については，8章を参照されたい．保管廃棄設備で保管廃棄されている廃棄物や一部の有機廃液は，(社) 日本アイソトープ協会に集荷を依頼し引き渡すこととなっている．

10・5 測定の義務

場所と人を対象とする測定の義務は，障害防止法第20条に定められており，いずれについても放射線の量と汚染の状況について測定しなければならない．この中には，記録に関することや保存等についても定められている．これらの詳細は障害防止法施行規則第20条に示されている．

〔1〕 **場所等を対象とする場合**
① 放射線の量の測定は，1 cm 線量当量率について行う．ただし，70 μm 線量当量率を測定しなければならない場合がある．
② 測定には，放射線測定器を用いる．ただし，そのような測定が著しく困難な場合は，計算で算出してよい．
③ 測定の項目と場所は**表10・9**のとおりである．
④ 測定の時期については，作業開始前に1回，作業開始後は次のとおりである．
・非密封放射性同位元素を取り扱う場合：1か月を超えない期間ごとに1回．ただし排気口・排水口およびそれぞれの監視設備のある場所の汚染状況の測定は，排気・排水するつど行う．排出が連続的な場合は，連続的に行う．

表 10・9 測定項目と場所

項　目	場　所
放射線の量	イ　使用施設
	ロ　廃棄物詰替施設
	ハ　貯蔵施設
	ニ　廃棄物貯蔵施設
	ホ　廃棄施設
	ヘ　管理区域の境界
	ト　事業所等内において人が居住する区域
	チ　事業所等の境界
放射性同位元素による汚染の状況の測定	イ　作業室
	ロ　廃棄作業室
	ハ　汚染検査室
	ニ　排気設備の排気口
	ホ　排水設備の排水口
	ヘ　排気監視設備のある場所
	ト　排水監視設備のある場所
	チ　管理区域の境界

- 密封放射性同位元素や放射線発生装置を固定して取り扱う場合：放射線の量の測定を6か月を超えない期間ごとに1回行う．

⑤　測定の結果には，次の事項を記録し，5年間保存することが義務づけられている．すなわち，測定日時・測定箇所・測定をした者の氏名・放射線測定器の種類および型式・測定方法・測定結果の各事項である．

〔2〕　人を対象とする場合

①　外部被ばくの測定[*4]は，原則として胸部（女性は腹部）について，1 cm 線量当量および 70 μm 線量当量を管理区域に立ち入っている間，継続して測定する（**表 10・10**）．

測定は，放射線測定器（例えば，ガラスバッジ，ポケット線量計）を用い

表 10・10　外部被ばくにおける線量

実効線量	1 cm 線量当量の値をもって外部被ばくによる実効線量とする．
等価線量	皮膚の等価線量は 70 μm 線量当量の値，眼の水晶体の等価線量は 1 cm 線量当量または 70 μm 線量当量のうち適切なほうの値，妊娠中である女子の腹部表面の等価線量は 1 cm 線量当量の値をもって算定する．

[*4] 管理区域に一時的に立ち入るもので，放射線業務従事者でないものについては，外部被ばく線量，内部被ばく線量がそれぞれ 100 μSv を超えるおそれのないとき測定の必要はない．

て行うが，放射線測定器を用いて測定することが著しく困難な場合は，計算により算出する．

② 内部被ばくの線量の測定*5は，放射性同位元素を誤って吸入摂取し，または経口摂取したときや，摂取するおそれのある場合に実施し，体外計測法，バイオアッセイ法，または空気中放射性同位元素濃度等からの計算法によって求める．これは3月を超えない（女子にあっては1月を超えない）期間ごとに行うこととなっているが，放射性同位元素を誤って摂取した場合には，速やかに測定するのはいうまでもない．

③ 汚染の状況の測定は，手，足その他放射性同位元素によって汚染されるおそれのある人体部位の表面や作業衣，保護具などを放射線測定器を用いて測定する．測定することが著しく困難な場合は，計算によって値を算出する．
　非密封放射性同位元素を使用する施設に立ち入った場合は，管理区域から退出するときに汚染検査を行う．

④ 外部被ばく線量，内部被ばく線量，および汚染の状況の測定結果は，定められた事項に合わせて記録し，保存しなければならない．これらの人に関する測定の記録は，保存し，永年保存することが義務づけられている．

10・6　放射線障害予防規程

10・1節で述べたように障害防止法関係の法令は，法律，政令，省令，告示と体系的にかなり細目にわたって定められているが，大学，研究機関などにおける放射性同位元素等の使用の形態は目的に応じてさまざまであるため，それぞれの使用者ごとに使用の細目を定めた内部規定である**放射線障害予防規程（予防規程）**を定める必要がある．

使用者は放射性同位元素等の使用を開始する前に，**表10・11**の項目について予防規程を定め，文部科学大臣に届け出る*6．

放射性同位元素等の取扱いをする者は，放射線障害の防止に関する法令はもとより，この放射線障害予防規程を遵守し，研究・教育を推進しなければならない．

---

*5　管理区域に一時的に立ち入るもので，放射線業務従事者でないものについては，外部被ばく線量，内部被ばく線量がそれぞれ $100\,\mu Sv$ を超えるおそれのないとき測定の必要はない．
*6　予防規程の届出は放射性同位元素等を使用する前に，予防規程を変更したときは，変更した日から30日以内に行わなければならない．

表 10・11 規程に定める項目

① 取扱者の職務，組織（放射線取扱主任者，代理者，放射線施設の維持管理と点検）
② 放射性同位元素または放射線発生装置の使用
③ 放射性同位元素などの受入れ，払出し，保管，運搬，廃棄
④ 放射線の量，汚染の状況の測定と測定結果の記録，保存
⑤ 放射線障害を防止するための教育，訓練
⑥ 健康診断
⑦ 放射線障害を受けた者，おそれのある者に対する保健上の措置
⑧ 記帳と保存
⑨ 地震，火災その他災害時の措置
⑩ 危険時の措置
⑪ 放射線管理の状況の報告
⑫ その他放射線障害の防止に関する事項

10・7 教 育 訓 練

使用者等は，使用施設等に立ち入る者に対し，放射線障害予防規程の周知その他をはかるほか，放射線障害を防止するために必要な教育および訓練を施さなければならない（放射線障害防止法第22条）．

〔1〕 **教育訓練の時期**

放射性同位元素等取扱業務に従事する者に対する教育および訓練は，管理区域に立ち入る前または取扱い等業務に従事する前に行わなければならない．その後にあっては，1年を超えない期間ごとに行うように定められている．

〔2〕 **教育訓練の内容**

放射線業務従事者に対する教育および訓練は，**表10・12**のとおり行う．

放射線発生装置を運転するような業務を行う者（管理区域に立ち入らない者）に対しては，安全取扱いと法令の時間数が短くなっている．管理区域に一時的に立ち入る者に対する教育および訓練は，放射線施設で放射線障害が発生すること

表 10・12 教育訓練の項目と時間数

項　　目	時間数
放射線の人体に与える影響	30分以上
放射性同位元素等または放射線発生装置の安全取扱い	4時間以上
放射性同位元素および放射線発生装置による放射線障害の防止に関する法令	1時間以上
放射線障害予防規程	30分以上

〔注〕 時間数は，初めて管理区域に立ち入る前または取扱い等業務を開始する前に行わなければならない教育および訓練の時間数である．

を防止するために必要な事項について行う．教育および訓練で必要な知識や技能を有していると認められる者に対しては，教育および訓練の全部または一部を省略することができる．

10・8 健康診断および放射線障害を受けた者等に対する措置

　使用者等は，使用施設等に立ち入る者に対し，**健康診断**を行わなければならない（放射線障害防止法第23条）．

〔1〕 **健康診断の時期**

　放射線業務従事者に対し，次のように健康診断を行うよう定められている（**表10・13**）．

- 初めて管理区域に立ち入る前
- 管理区域に立ち入った後は1年を超えない期間ごと

表10・13　法令の違いによる健康診断の実施内容

項　目		障害防止法	人事院規則・電離則
管理区域に立ち入る前	問診	実　施	実　施
	血液		
	皮膚		
	眼	医師が必要と認める場合実施	線源の種類に応じて省略
管理区域に立ち入った後	実施時期	1年を超えない期間ごと	6月を超えない期間ごと
	問診	実　施	実　施
	血液	医師が必要と認める場合にかぎり実施	前年度の実効線量が5 mSvを超えず，当該年度も超えるおそれがない場合は，医師が必要と認める場合に実施（省略可）．それ以外は，医師が必要でないと認める場合は省略
	皮膚		
	眼		

❏ 異なる法令による規制

　大学や研究機関では，放射性同位元素等の取扱いに対しては，障害防止法以外の法令でも規制を受けている．例えば，電離放射線障害防止規則や人事院規則10-5（職員の放射線障害の防止）でも健康診断の実施について定められているが，内容に多少の違いがある．このような場合には，厳しい法令に合わせて実施するので注意しなければならない．

次に示すような事故が生じた場合には，速やかに健康診断を行わなければならない．
- 放射性同位元素を誤って飲み込み，または吸い込んだとき
- 放射性同位元素により表面密度限度を超えて皮膚が汚染され，その汚染を容易に除去することができないとき
- 放射性同位元素により皮膚の創傷面が汚染され，またはそのおそれのあるとき
- 実効線量限度または等価線量限度を超えて放射線に被ばくし，またはそのおそれのあるとき

〔2〕 **健康診断の方法**
健康診断の方法は，問診および検査または検診とする．
(a) **問診**
- 放射線（1 MeV 未満のエネルギーを有する電子線および X 線を含む）の被ばく歴の有無
- 被ばく歴を有する者には，作業の場所，内容，期間，線量，放射線障害の有無その他放射線による被ばく状況

(b) **検査または検診**
- 末梢血液中の血色素量またはヘマトクリット値，赤血球数，白血球数および白血球百分率
- 皮膚
- 眼
- その他文部科学大臣が定める部位および項目

〔3〕 **健康診断の結果に関する措置**
使用者等は，健康診断の結果を記録し，健康診断を受けた者に対し健康診断のつど，その記録の写しを交付し，この健康診断記録を保存しなければならない．ただし，健康診断を受けた者が使用者等の従業者でなくなった場合などで，これを指定機関に引き渡すときは保存の義務は消滅する．

〔4〕 **放射線障害を受けた者または受けたおそれのある者に対する措置**
使用者等は，放射線業務従事者が放射線障害を受け，受けたおそれのある場合には，その程度に応じて次のような措置を取らなければならない．
- 管理区域への立入り時間の短縮
- 立入りの禁止

- 放射線に被ばくするおそれの少ない業務への配置転換
- 必要な保健指導

　放射線業務従事者以外の者に対しても，遅滞なく，医師による診断，必要な保健指導等の適切な措置を講じなければならない．

10・9　記帳・記録の義務

　放射性同位元素等の安全取扱いの状況は，それらの使用・保管・廃棄について正確に記帳し，放射線量率等の測定記録を確実に記録することにより，証明することができる．そのため，使用者には，これらの記帳・記録が義務づけられ，その細目が定められている．しかし，日々変化する放射性同位元素の使用状況の実態を正確に記帳することは，取扱者自身でないとできるものではない．

　使用者が記帳する事項は，**表 10・14** に示すとおりである．これらの事項を記した帳簿は，1 年ごとに封鎖し，5 年間保存することになる．

　障害防止法では，放射線障害のおそれのある場所について，放射線の量および放射性同位元素による汚染の状況を測定し，記録しなければならない．一方，放射線取扱者に対しては，外部被ばくの測定，内部被ばくの測定および表面汚染の測定を行い，記録することが定められている．これらの測定の記録は，場所に関するものは 5 年間の保存期間，放射線取扱者に関するものは永久に保存しなければならない．また，事故，危険時の記録も永久保存することが望まれている．

　放射線取扱者に対する測定の結果は，コンピュータを利用して記録し，電磁的方法によって保存することができる（障害防止法施行規則第 20 条の 2）．

表 10・14　使用者の記帳

記帳する事項
● 放射性同位元素の使用に関する事項
● 放射線発生装置の使用に関する事項
● 放射性同位元素の保管に関する事項
● 放射性同位元素等の運搬に関する事項
● 放射性同位元素等の廃棄に関する事項
● 教育および訓練に関する事項
● 放射線施設の点検に関する事項

10・10　施設検査・定期検査・定期確認・立入検査

〔1〕 施設検査

使用者がある基準を超える放射線施設を設置，増設したときは，文部科学大臣または登録検査機関により施設・設備の検査（**施設検査**）を受け，これに合格した後でなければ使用することができない（**表10・15**）．

表10・15　施設検査の受検基準

種　類	受　検　基　準
密封された放射性同位元素の貯蔵能力	線源1個または装備機器1台の数量が10 TBq以上
密封されていない放射性同位元素の貯蔵能力	下限数量の10万倍以上
放射線発生装置	使用しようとするもの

〔注〕　施設検査を受ける必要のある使用者を特定許可使用者という．

〔2〕 定期検査

特定許可使用者は，政令で定められた期間ごとに文部科学大臣または登録検査機関により，放射線施設が技術上の基準に適合しているかどうかについて検査（**定期検査**）を受けなければならない（**表10・16**）．

表10・16　定期検査の受検期間

事業所	受　検　期　間
特定許可使用者（密封放射性同位元素または放射線発生装置のみを使用するものを除く）	設置時施設検査に合格した日または前回定期検査を受けた日から3年以内
密封放射性同位元素または放射線発生装置のみを使用するもの	設置時施設検査に合格した日または前回定期検査を受けた日から5年以内

〔3〕 定期確認

特定許可使用者は，政令で定められた期間ごとに文部科学大臣または登録検査機関により，記帳・記録が正しく実施され，保存されているかどうかについて確認（**定期確認**）を受けなければならない．定期確認を受ける期間は，定期検査と同時に実施する場合が多い．

施設検査，定期検査は，放射線施設の技術上の基準に適合しているかどうかを検査し，定期確認では，事業者が行為基準を守っているかどうかを確認するものである．

〔4〕 立入検査

文部科学大臣は，すべての使用者に対して放射線検査官を事業所に立ち入らせ，記帳・記録その他必要なものを検査（**立入検査**）することができる．

10・11　事故届・危険時の措置・報告の徴収

障害防止法では，**事故**とは放射性同位元素が盗難，所在不明になった場合で，**危険時**とは地震，火災その他の災害で放射線障害のおそれがある場合としている．取扱者は，このような緊急時には適切な応急の措置を速やかにとれるようにしておかなければならない．

■ 危険時の応急措置の原則

応急措置の原則は，① 自分あるいは周辺の人の危険の回避と安全確保，② 速やかな通報，③ 事故の拡大防止といわれている．

---

〔1〕 事故届

放射性同位元素の盗難，行方不明，その他の事故が発生した場合には，使用者は遅滞なく，警察官または海上保安官に届け出なければならない（障害防止法第32条）．

〔2〕 危険時の措置

地震，火災などの災害の発生によって，放射線障害が発生し，また発生するおそれのある危険な事態に至った場合には，使用者は放射線施設から取扱者を退避・避難させ，放射性同位元素による汚染が生じた場合には，汚染の除去，汚染の広がりの防止等の措置（**危険時の措置**）を講じなければならない（障害防止法第33条）．

危険事態を発見した者は，直ちに警察等に通報するとともに，管理者・主任者等の関係者にも連絡しなければならない．事故，危険時の措置，連絡網，通報手段，緊急対策に関しては，事業所の放射線障害予防規程やその他の取決めに定められているので，取扱者は平素からこれを理解しておくべきである．

〔3〕 報告の徴収

障害防止法施行規則の第39条には，放射線施設等で起こった事故・故障等に

関する報告（**報告の徴収**）の基準が，次のように定められている．
- 放射性同位元素の盗取または所在不明
- 排気・排水の濃度限度または線量限度を超えたとき
- 管理区域外の漏えい（許可を受けて，管理区域外の下限数量以下の非密封線源の使用をする場合を除く）
- 管理区域内の漏えい（管理区域外に拡大しなかったときは，以下の場合を除く）
  ―漏えい拡大防止のために設置された容器，設備等の外に拡大しなかったとき
  ―空気中濃度限度を超えない気体の漏えい
- 施設の遮へいに係る線量限度を超えたときまたは超えるおそれがあるとき
- 以下の計画外の被ばくがあったときまたはそのおそれがあるとき
  ―放射線業務従事者：5 mSv
  ―放射線業務従事者以外の者：0.5 mSv
- 放射線業務従事者の実効線量限度または等価線量限度を超える被ばくがあったときまたはそのおそれがあるとき
- 廃棄物埋設地の管理期間終了後の線量限度を超えるおそれのあるとき

10・12 管理区域外における密封されていない放射性同位元素の利用

　10・2節で述べたように下限数量以下の密封されていない放射性同位元素は，障害防止法の規制のうえでは放射性同位元素に含めない．そのため，管理区域を有しない大学や研究機関では，下限数量以下の非密封の放射性同位元素を利用することができる．しかし，事業所を有する大学等では，事業所が行っている安全管理との関係から，次に示すような条件を設けたうえで下限数量以下の非密封の放射性同位元素が利用できる．
- 管理区域外の使用する場所とその場所に下限数量以下の非密封の放射性同位元素を持ち出す旨の許可を得る．
- 管理区域外で使用可能な数量（存在する数量）は，使用施設の1日最大使用数量か下限数量以下の数量のうち，いずれか小さいほうの数量である．
- 固体状の放射性同位元素によって汚染された物は，管理区域内の廃棄施設において廃棄する．

大学や研究機関においては，放射性同位元素等に対する安全管理体制が整備されている．下限数量以下の非密封の放射性同位元素は，障害防止法で規制を受けないが放射性同位元素に変わりはない．そのため，大学等の安全管理体制の枠組みの中で利用することはいうまでもないことである．

10・13 X線装置の安全取扱いに関する法令——電離放射線障害防止規則

障害防止法は透過撮影や回折実験などに用いるX線装置を規制の中に含めていない．これらのX線装置による障害の防止に関しては，電離放射線障害防止規則，人事院規則10-5（職員の放射線障害の防止），医療法などで規制している．しかし，これらの法令では規定のしかたが相互に統一されておらず，あいまいなところがあり，実際の運用は機関ごとに決めることとなる．ここでは，大学等の多くが規制を受けている電離放射線障害防止規則についてX線装置の取扱いに関係するところを解説する．

電離放射線障害防止規則は労働安全衛生法に基づいた規則であるため，労働者の健康保持が主目的である．したがって，放射線によって人体が被ばくする線量当量がこの規則に定める線量以下であっても，人体がなんらかの有害な影響を受けるおそれもあるので，基本原則で「事業者は，労働者が電離放射線を受けることをできるだけ少なくするように努めなければならない」と述べている．

〔1〕 **X線装置を取り扱う業務**

この規則でX線装置を取り扱う業務を次のように規定している．

- X線装置の使用またはX線の発生を伴う当該装置の検査の業務
- X線管もしくはケノトロンのガス抜きまたはX線の発生を伴うこれらの検査の業務

蛍光X線装置やX線回折装置は，装置内に高電圧発生装置とX線管を備えていることから，危険性においてはX線装置と全く同じであり，X線装置の範ちゅうに入れている．

〔2〕 **管理区域**

管理区域はX線発生源を中心に実効線量が3月につき1.3 mSvを超えるおそれのある区域を立体的に設定し，放射線障害を未然に防ぐようにする．

管理区域の設定は，柵を設けたり，ロープを張ったり，白線を引くなどして区画し，その場所に管理区域と明示した標識をつけるとともに緊急連絡先などを記

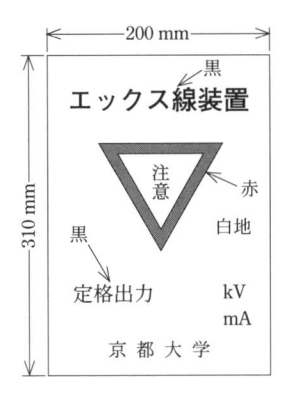

図 10・8　X 線装置の標識例

載した注意事項を掲示する．標識の形式は法令では定まっていない（図 10・8）．

〔3〕 放射線装置室

X 線装置を設置する場合は，原則として専用の部屋を設ける．したがってこの部屋の中には他の目的に使う装置を設置することはできない．もちろん 2 台の X 線装置を設置することは差し支えない．ただし，次のような場合は専用の部屋を設けなくてもよい．

- 装置の外側が 20 μSv/時を超えないように遮へいを施した装置
- 装置を随時移動させて使用する
- 室内に設置することが著しく使用の目的を妨げるか，作業の性質上困難である

〔4〕 警報装置

X 線装置が X 線照射中であることを周囲の人に知らせるために，警報を発することを規定している．また，150 kV を超える装置を放射線装置室で使用するときは自動警報装置の設置が義務づけられている．警報の方法には，表示灯，電鈴，ブザーなどがある．

〔5〕 立入禁止

X 線装置は専用の放射線装置室で使用することが原則であるが，専用室以外で使用する場合もある．この場合，遮へいのための壁など周囲の人に対する放射線障害防止の立場から，X 線発生源から 5 m 以内に立入禁止区域を設ける規定がある．ただし，半径 5 m 以内の区域で 0.5 mSv/時以下の場所であれば立入禁止区域から除外することができる．

〔6〕 **X線作業主任者の選任**

X線を取り扱う業務をする場合，X線作業主任者免許を受けた者のうちから，管理区域ごとに，X線作業主任者を選任しなければならない．しかし，医療用のもの，波高値による定格管電圧が1000 kV以上のX線を発生する装置については除かれている．

■ **医療用X線と1 MeV以上のX線**

医療用X線装置は，照射する対象が人体であるため，医師，歯科医師，診療放射線技師の免許所有者のみが取り扱うことができる．医療以外で使用する1 MeVを超えるX線装置は，放射線障害防止法で規制を受けるものであり，第1種放射線取扱主任者の選任が必要となる．

〔7〕 **X線に対する防護措置**

X線に対する**防護措置**は，散乱X線を十分に遮へいし，漏えい線量を下げる工夫が必要である．X線装置を用いる実験で最も被ばくする機会が多いのは，うっかりミスやシャッター故障でダイレクトビームを上げるときである．シャッターを上げても被ばくを防げるようなX線カバーを設置する必要がある．

〔8〕 **X線装置の検査と漏えい線量率分布の測定**

X線装置を使用する場合には，常に，装置を設置している部屋や管理区域境界等の状況の再確認と，サーベイメータ等による**漏えい線量率分布の測定**が求められる．漏えい線量率の測定結果は保存するだけでなく，目につく場所に掲示して，装置使用者の注意を促さなければならない．また，回折装置でのカメラ交換のような使用条件の変更に際しては，漏えい線量率の測定をし直すべきである．

11 章 放射線の応用*

11・1 イネ種子中元素分布

被写体：イネ種子切片

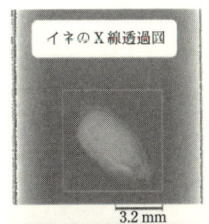

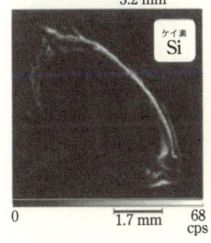

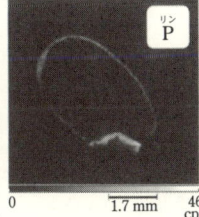

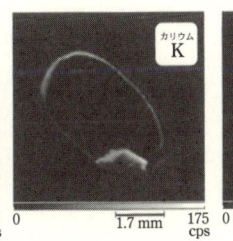

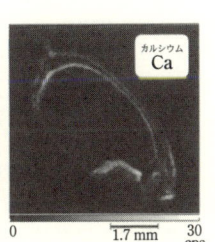

元素の違いによって集積場所や濃淡が異なることが画像から読み取れる．

■**画像の特徴**：放射線の種類＝蛍光 X 線

　X 線分析顕微鏡によるイネの X 線透過図ならびに Si, P, K および Ca の相対濃度分布（白色部が濃度の高い部位）

■**使用装置**：X 線分析顕微鏡（HORIBA，XGT-2000W）

■**撮影条件**：大気存在下で 100 μm のガラス製モノキャピラリで細く絞った X 線を可動ステージ（最大 10 cm×10 cm）に照射し，測定を行った．

塚田　祥文　[(財) 環境科学技術研究所　環境動態研究部]

＊引用文献：ISOTOPE　NEWS（日本アイソトープ協会）「いま放射線でどこまで見えるか？　2006」No. 621（2006/01）

11・2 実現した半導体検出器によるPET画像

被写体：ラット（体重240 g）

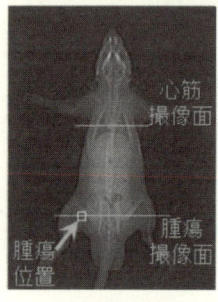

X線全身画像

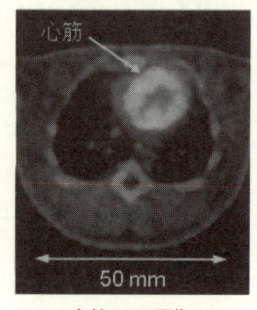

心筋PET画像
（X線CTと重ね合わせて表示）

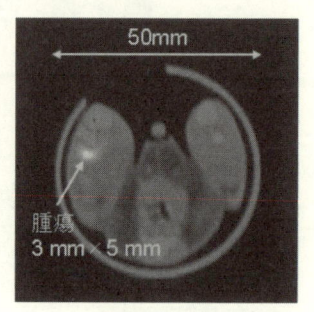

腫瘍PET画像
（X線CTと重ね合わせて表示）

> 微小ながん病巣を確実に検出し，早期に治療を開始すれば，今までよりもさらに予後の向上が期待できる．半導体検出器を用いたPETが将来，人体にも応用されれば，さまざまな病態の解明・治療に役だつであろう．

■**画像の特徴**：放射線の種類＝消滅γ線

　日立製作所は，世界初の半導体検出器を使用し，γ線を直接電気信号に変換してエネルギー分解能，空間分解能を向上させたPET装置を実用化した．そしてラットの心臓や3 mm×5 mmの大きさの腫瘍を明瞭に描出することに成功した．

■**使用装置**：日立製作所製　半導体素子2D収集専用PET装置　プロトタイプ
■**撮影条件**：撮像開始時FDG量　37 MBq／収集時間　60分／コインシデンスカウント数　$2.0×10^5$

久保　直樹［北海道大学　医学部保健学科　放射線技術科学専攻］
玉木　長良［北海道大学　大学院医学研究科　病態情報学講座　核医学分野］
森本　裕一［(株)日立製作所　電力・電機開発研究所］

11・3 粒子線（炭素イオン線）治療後のPET装置による照射範囲の画像化

被写体：炭素イオン線治療後の患者

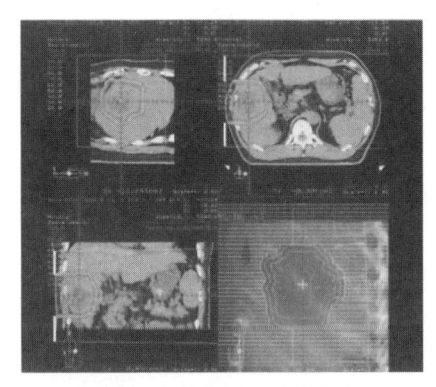

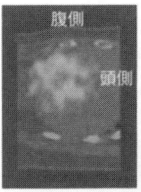

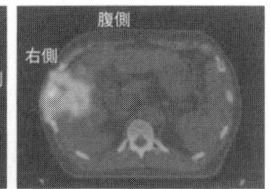

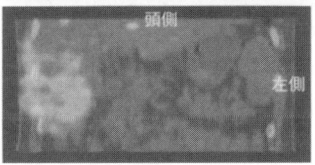

炭素イオン線治療時の線量分布　　炭素イオン線治療後の画像

> 放射線治療では患者に与える電離エネルギーの三次元分布が重要である．この画像はその範囲を示す．加速器を使った治療は有望な反面，高額な初期費用，維持費用を要する．社会資源をどのように投資するか課題である．

■**画像の特徴**：放射線の種類＝炭素イオン線

　粒子線治療では，ブラッグピークという物理的特性により病巣への線量集中と正常組織への投与線量の減少が期待できる．しかし，通常の放射線治療とは異なり，照射した粒子線は体外へ透過しないためにリニアックグラフィなどの照射野確認画像を得ることができない．そこで，粒子線（炭素イオン線：^{12}C）治療を行った後に，自己放射化反応により患者体内にて副次的に発生した^{11}CをPET装置で撮像することによって粒子線（炭素イオン線）治療範囲の画像を得ることができる．得られた画像からは，粒子線のブラッグピークの特性を生かした，線量集中性のよさがわかる．

■**使用装置**：粒子線治療装置　三菱電機／PET装置　HEADTOME-V　SET 2300W　島津製作所
■**撮影条件**：250 MeV炭素イオン線を患者の右方向より6.6 Gyを患者に照射．照射終了から5分40秒後に撮像を開始し，体軸方向15 cmを5分間撮像．得られたデータは，外部線源（^{68}Ge）により患者吸収補正を行い，FORE法にて画像再構成を行った．

清水　勝一［兵庫県立粒子線医療センター　医療部　放射線技術科］

11・4　胸部ファントムの10倍拡大撮像

被写体：胸部ファントム（肋骨内に繊維質肺等価材を詰め，がん組織を模した結節（ウレタン製）を詰めている）

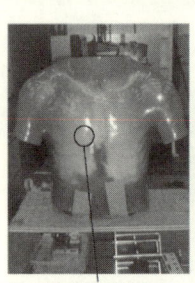

胸部ファントム・10倍拡大撮影

結節（ウレタン）　5 mm

肋骨

この付近に手前から X 線を照射（後方にイメージングプレート）

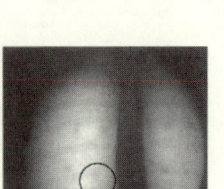

この付近を撮影

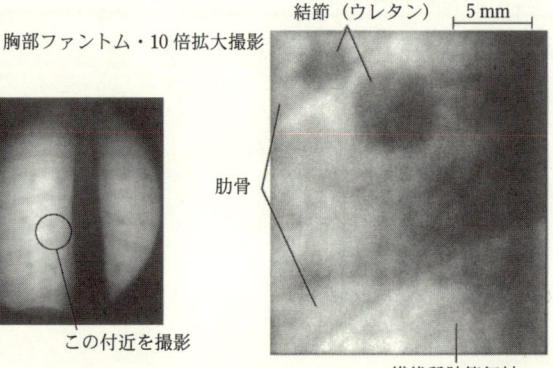

繊維質肺等価材

> ターゲットを絞っての局部の10倍拡大撮影は驚異的である．拡大率が大きい分だけ，イメージングプレートのサイズの都合で撮影できる範囲が限定されるだろう．人体の場合は，呼吸の体動が画像のぼけとして現れる．撮影時間の短縮が望まれる．

■画像の特徴：放射線の種類＝数 keV～6 MeV の制動放射線

　従来の医療用 X 線管球は光源点サイズが大きく，人体サイズの被写体に対して2倍以上の拡大率でぼやけてしまい詳細な診断ができない．本装置による高エネルギー，微小光源点および位相コントラストを利用した10倍拡大撮像では，肋骨裏側の数 mm サイズのがん組織の形状を認識でき，また繊維質肺等価材の密度むらも確認できる．これにより生検を必要としない新しい診断学の構築が期待される．

■使用装置：卓上型高輝度 X 線発生装置みらくる-6X
■撮影条件：光源サイズ100 μm／光源-被写体間距離　350 mm／光源-検出器間距離　3 500 mm／撮像時間　15秒／検出器　イメージングプレート（FCR　XG-1 富士フイルム社製）ピクセルサイズ150 μm

佐々木　誠［立命館大学　理工学研究科］
平井　暢［立命館大学　理工学研究科］
山田　廣成［立命館大学 21 世紀 COE 生命科学研究センター，立命館大学　理工学研究科］

11・5　n/γカラー同時ラジオグラフィ

被写体：インジケータ（BPI, BQI），レンズ，シェーバー，玩具（ミニ4駆），シャープペン

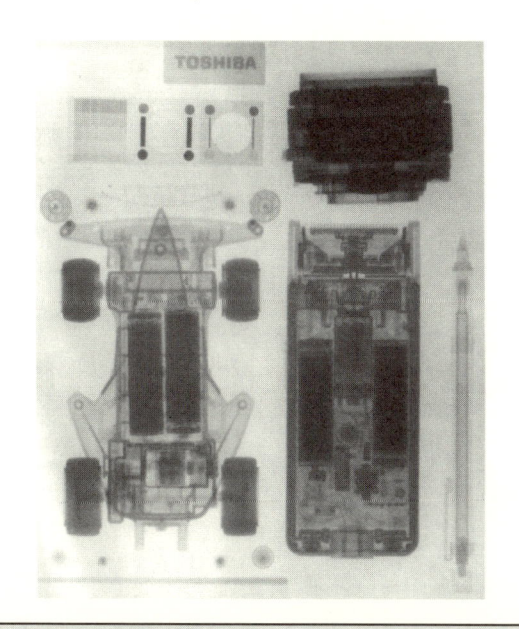

中性子，γ線のみでは撮影しにくいものを相補的にフィルムを組み合わせたところがおもしろい．硬いものを写しているのに，軟らかく見えるのもラジオグラフィの成せる技である．

■画像の特徴：放射線の種類＝中性子線，γ線

　金属（鉛）など中性子で撮影しにくいものはγ線で撮影し，樹脂など水素成分でγ線で見にくいものを中性子で撮影を行う．中性子に対して赤色で発光するシンチレータとγ線に対して緑色で発光するシンチレータ（中性子に対して感度のないもの）が1枚になっているものを発光させて，カラーフィルムを組み合わせて同時に中性子とγ線で撮影．

■使用装置：スイミングプール型原子炉
■撮影条件：ラジオグラフィ照射ポート：フラックス：1×10^8／マルチカラーシンチレータ：中性子：Gd_2O_2S：Eu, γ線：Y_2O_2S：Tb／撮影時間：20秒

日塔　光一　[（株）東芝　電力・社会システム開発センター]

11・6 環境放射線ミュオンによる火山帯・溶鉱炉のレントゲン写真

被写体：（1）浅間山の山頂近辺の透過像から内部の噴火道の様子を探る
　　　　（2）溶鉱炉の透過像から炉壁・炉底のレンガ部の厚さを知る

　空から地表にふりそそぐ高エネルギーの素粒子ミュオンを使って巨大物質の内部探索ができる．そのための測定装置（右図）が開発され，浅間山の噴火道の様子（左下図）や，運転中の溶鉱炉の内部（次ページの図）を外から調べることができている．火山の噴火予知や，溶鉱炉の耐用年数の推定などに活用が期待される．

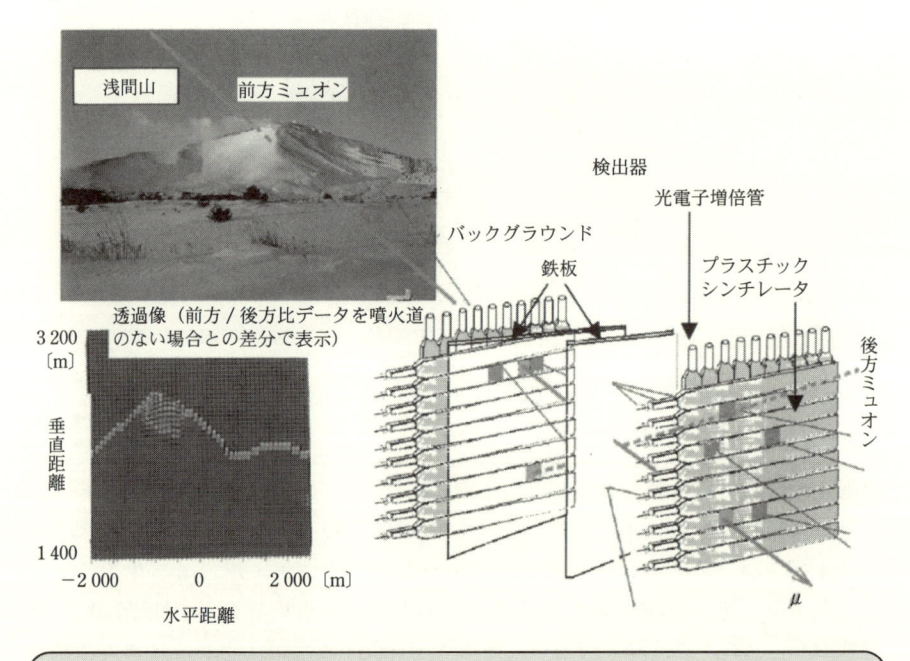

浅間山　前方ミュオン

透過像（前方/後方比データを噴火道のない場合との差分で表示）

垂直距離 3 200〔m〕〜 1 400
水平距離 −2 000　0　2 000〔m〕

検出器　光電子増倍管　バックグラウンド　鉄板　プラスチックシンチレータ　後方ミュオン　μ

> ミュオンが透過性の高い宇宙線であることを利用したもので，火山の噴火に伴うマグマの移動を透視するという，まさに天然のレントゲン写真像である．

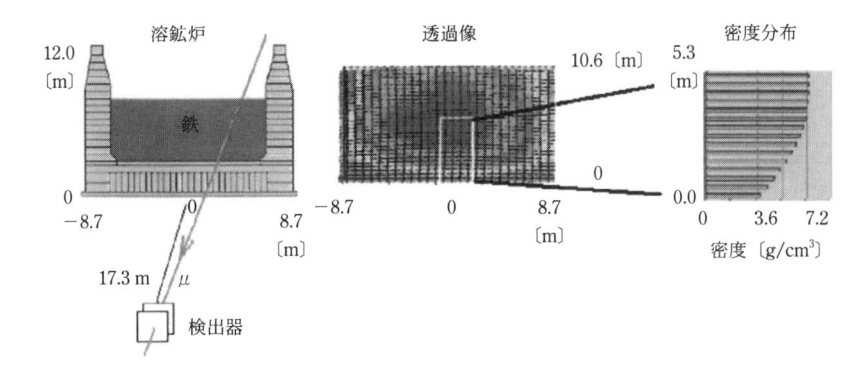

溶鉱炉中で鉱石中の鉄が還元されて銑鉄になる密度の高い部分と，周囲の耐熱れんがの部分を，物質の密度の違いを利用して透視しているという，これまた，まさに溶鉱炉のレントゲン写真像である．

■**画像の特徴**：放射線の種類＝宇宙線ミュオン
今まで誰も見たことがなかった巨大物質である火山帯や溶鉱炉の内部を初めてとらえることができている．
■**使用装置**：多重分割プラスチックシンチレータ複合体
■**撮影条件**：浅間山山頂から 3.75 km の位置で測定 (1)，新日鐵大分製鉄所第二高炉の中心から 17.3 m の位置で測定 (2)

永嶺　謙忠　[理化学研究所原子物理研究室・カリフォルニア大学リバーサイド校，高エネルギー加速器研究機構物質構造科学研究所]

付 録

☐ 付録1　密封線源の種類と構造（α, β, γ）

［放射線安全管理の実際（日本アイソトープ協会）より］

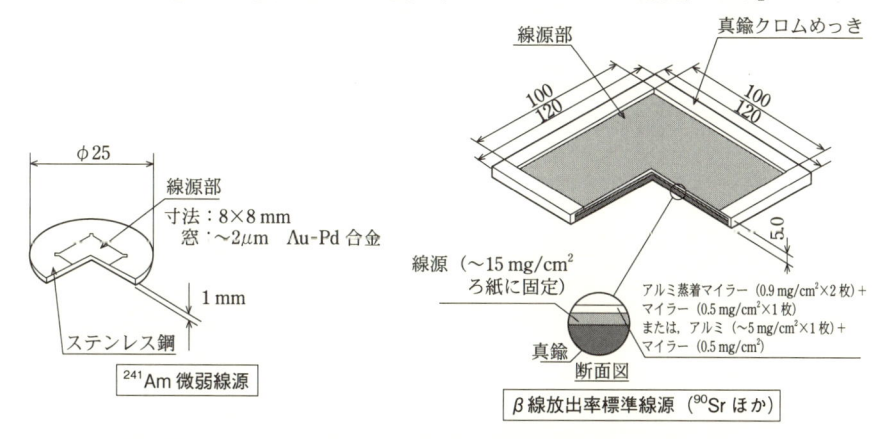

^{241}Am 微弱線源

- $\phi 25$
- 線源部
- 寸法：8×8 mm
- 窓：$\sim 2\mu$m Au-Pd 合金
- 1 mm
- ステンレス鋼

β 線放出率標準線源（^{90}Sr ほか）

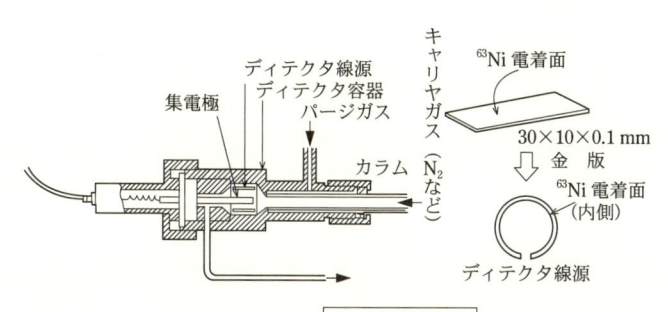

- 線源部
- 真鍮クロムめっき
- 100, 120, 100, 120
- 5.0
- 線源（~ 15 mg/cm^2 ろ紙に固定）
- アルミ蒸着マイラー（0.9 mg/cm^2×2枚）＋マイラー（0.5 mg/cm^2×1枚）
- または，アルミ（~ 5 mg/cm^2×1枚）＋マイラー（0.5 mg/cm^2）
- 真鍮
- 断面図

ECD 用 ^{63}Ni 線源

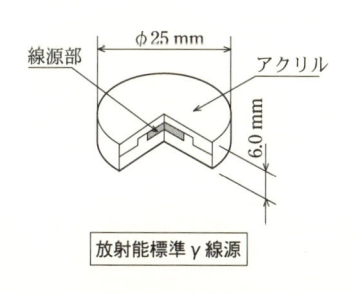

- 集電極
- ディテクタ線源
- ディテクタ容器
- パージガス
- カラム
- キャリヤガス（N$_2$ など）
- ^{63}Ni 電着面
- $30\times 10\times 0.1$ mm
- 金版
- ^{63}Ni 電着面（内側）
- ディテクタ線源

放射能標準 γ 線源

- 線源部
- $\phi 25$ mm
- アクリル
- 6.0 mm

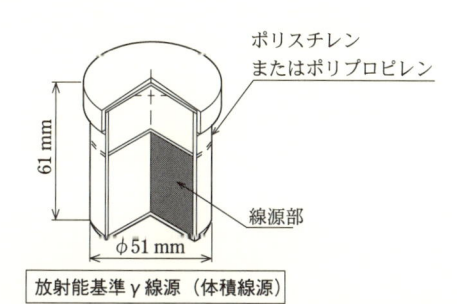

放射能基準 γ 線源（体積線源）

- ポリスチレンまたはポリプロピレン
- 61 mm
- $\phi 51$ mm
- 線源部

付録2　RI利用機器と放射線源

[アイソトープ手帳　p.114（日本アイソトープ協会）より]

種類	線源	
	核種	数量
透過形厚さ計	^{147}Pm, ^{85}Kr, ^{204}Tl, ^{90}Sr, ^{241}Am, ^{137}Cs	3.7 MBq～1.11 TBq
散乱形厚さ計	^{147}Pm, ^{85}Kr, ^{204}Tl, ^{90}Sr, ^{241}Am, ^{137}Cs	3.7 MBq～3.7 GBq
密度計	^{137}Cs, ^{60}Co	3.7 MBq～74 GBq
たばこ量目計	^{90}Sr	約0.2 GBq
レベル計	^{60}Co, ^{137}Cs	3.7 MBq～370 GBq
水分計	^{241}Am-Be, ^{252}Cf	1.85 MBq～18.5 GBq
硫黄計	^{241}Am	3.7～22.2 GBq
ガスクロマトグラフ	^{63}Ni	0.37 GBq
蛍光X線分析装置	^{55}Fe, ^{244}Cm, ^{109}Cd, ^{241}Am など	3.7 MBq～37 GBq
骨成分分析装置	^{125}I, ^{241}Am, ^{153}Gd など	0.37～37 GBq
煙感知器	^{241}Am	約0.2 MBq

付録 3　ライフサイエンスで使用される主な RI

核　種		^3H	^{14}C	^{35}S	^{33}P	^{32}P	^{125}I	^{51}Cr
壊変形式		β	β	β	β	β	EC	EC
最大β線エネルギー (MeV)		0.0186	0.156	0.167	0.248	1.709	—	—
半減期		12.3 年	5730 年	87.5 日	25.3 日	14.3 日	59.4 日	27.7 日
最大比放射能		9.6 Ci/mg	4.4 mCi/mg	43 Ci/mg	156 Ci/mg	285 Ci/mg	14.2 Ci/mg	92.2 Ci/mg
β線の最大飛程 (mm)	空気中	6	240	260	490	7 900	—	—
	水中	0.006	0.28	0.32	0.6	7.6	—	—
有効な遮へい材と厚さ		特に必要なし	1 cm 厚アクリル板 (3 mm 厚でも十分)	1 cm 厚アクリル板 (3 mm 厚でも十分)	1 cm 厚アクリル板 (3 mm 厚でも十分)	1 cm 厚アクリル板 (多量に扱う場合は制動放射線の遮へいも必要)	0.02 mm 厚鉛で半減 (1.2 cm 厚の鉛入りアクリル板でもよい)	3 mm 厚鉛板で半減
実験試料の測定		LSC (液体シンチレーションカウンタ)	LSC	LSC	LSC	LSC (チェレンコフ光の測定も可能)	γ線または X 線検出器	γ線または X 線検出器
汚染の検査		スミア法を行い、LSC でモニタする (サーベイメータではモニタできない)	GM 管式サーベイメータ	GM 管式サーベイメータ	GM 管式サーベイメータ	GM 管式サーベイメータ	^{125}I γ線用シンチレーションサーベイメータ	γ線用シンチレーションサーベイメータ

注　1　エネルギーの基本的単位はジュール (J) だが、放射線のエネルギーを表すのによく用いられる単位に電子ボルト (electron volt, eV) がある。電子が 1 ボルトの電圧で加速されて得る運動エネルギーを 1 eV と定義し、1 eV＝1.60×10^{-19} J である。
　　2　単位は壊変毎秒 (1 秒当りの壊変数、disintegration per second; dps)、SI 単位ではベクレル (Bq) で表す。以前使用されたキュリー (Ci) は SI 単位ではないが、現在でも使用されている。1 Bq＝1 壊変毎秒 (dps)＝2.7×10^{-11} Ci。

付録4　^{32}P，^{33}P，^{35}S の減衰表

^{32}P　　半減期：14.3 日

日/時間	0	12	24	36	48	60	72	84
0	1.000	0.976	0.953	0.930	0.908	0.886	0.865	0.844
4	0.824	0.804	0.785	0.766	0.748	0.730	0.712	0.695
8	0.679	0.662	0.646	0.631	0.616	0.601	0.587	0.573
12	0.559	0.546	0.533	0.520	0.507	0.495	0.483	0.472
16	0.460	0.449	0.439	0.428	0.418	0.408	0.398	0.389
20	0.379	0.370	0.361	0.353	0.344	0.336	0.328	0.320
24	0.312	0.305	0.298	0.291	0.284	0.277	0.270	0.264
28	0.257	0.251	0.245	0.239	0.234	0.228	0.223	0.217
32	0.212	0.207	0.202	0.197	0.192	0.188	0.183	0.179
36	0.175	0.170	0.166	0.162	0.159	0.155	0.151	0.147
40	0.144	0.140	0.137	0.134	0.131	0.127	0.124	0.121
44	0.119	0.116	0.113	0.110	0.108	0.105	0.102	0.100
48	0.098	0.095	0.093	0.091	0.089	0.086	0.084	0.082
52	0.080	0.078	0.077	0.075	0.073	0.071	0.070	0.068

^{33}P　　半減期：25.3 日

日	0	1	2	3	4	5	6	7	8	9
0	1.000	0.973	0.947	0.921	0.896	0.872	0.848	0.826	0.803	0.782
10	0.760	0.740	0.720	0.700	0.681	0.663	0.645	0.628	0.611	0.594
20	0.578	0.563	0.547	0.533	0.518	0.504	0.491	0.477	0.464	0.452
30	0.440	0.428	0.416	0.405	0.394	0.383	0.373	0.363	0.353	0.344
40	0.334	0.325	0.316	0.308	0.300	0.292	0.284	0.276	0.269	0.261
50	0.254	0.247	0.241	0.234	0.228	0.222	0.216	0.210	0.204	0.199
60	0.193	0.188	0.183	0.178	0.173	0.169	0.164	0.160	0.155	0.151
70	0.147	0.143	0.139	0.135	0.132	0.128	0.125	0.121	0.118	0.115
80	0.112	0.109	0.106	0.103	0.100	0.097	0.095	0.092	0.090	0.087
90	0.085	0.083	0.080	0.078	0.076	0.074	0.072	0.070	0.068	0.066
100	0.065	0.063	0.061	0.060	0.058	0.056	0.055	0.053	0.052	0.051

^{35}S　　半減期：87.5 日

日	0	1	2	3	4	5	6
0	1.000	0.992	0.984	0.977	0.969	0.961	0.954
7	0.946	0.939	0.931	0.924	0.917	0.909	0.902
14	0.895	0.888	0.881	0.874	0.867	0.860	0.854
21	0.847	0.840	0.833	0.827	0.820	0.814	0.807
28	0.801	0.795	0.789	0.782	0.776	0.770	0.764
35	0.758	0.752	0.746	0.740	0.734	0.728	0.723
42	0.717	0.711	0.706	0.700	0.695	0.689	0.684
49	0.678	0.673	0.668	0.662	0.657	0.652	0.647
56	0.642	0.637	0.632	0.627	0.622	0.617	0.612
63	0.607	0.602	0.598	0.593	0.588	0.584	0.579
70	0.574	0.570	0.565	0.561	0.557	0.552	0.548
77	0.543	0.539	0.535	0.531	0.526	0.522	0.518
84	0.514	0.510	0.506	0.502	0.498	0.494	0.490

付録5　主な RI の比放射能

[アイソトープ手帳　p.104（日本アイソトープ協会）より]

核　種	半減期	1 kBq 当りの原子数	1 kBq 当りのグラム数	1 g 当りの kBq 数（比放射能）
^{3}H	12.33 y	5.61×10^{11}	2.80×10^{-12}	3.58×10^{11}
^{14}C	5.730×10^{3} y	2.61×10^{14}	6.06×10^{-9}	1.65×10^{8}
^{18}F	109.8 m	9.50×10^{6}	2.84×10^{-16}	3.52×10^{15}
^{24}Na	14.96 h	7.77×10^{7}	3.10×10^{-15}	3.23×10^{14}
^{32}P	14.26 d	1.78×10^{9}	9.45×10^{-14}	1.06×10^{13}
^{35}S	87.51 d	1.09×10^{10}	6.33×10^{-13}	1.58×10^{12}
^{38}Cl	37.24 m	3.22×10^{6}	2.03×10^{-16}	4.92×10^{15}
^{37}Ar	35.04 d	4.37×10^{9}	2.68×10^{-13}	3.73×10^{12}
^{42}K	12.36 h	6.42×10^{7}	4.48×10^{-15}	2.23×10^{14}
^{45}Ca	162.6 d	2.04×10^{10}	1.53×10^{-12}	6.55×10^{11}
^{51}Cr	27.70 d	3.45×10^{9}	2.92×10^{-13}	3.42×10^{12}
^{54}Mn	312.1 d	3.89×10^{10}	3.49×10^{-12}	2.87×10^{11}
^{56}Mn	2.579 h	1.34×10^{7}	1.25×10^{-15}	8.03×10^{14}
^{55}Fe	2.73 y	1.24×10^{11}	1.14×10^{-11}	8.81×10^{10}
^{59}Fe	44.50 d	5.55×10^{9}	5.43×10^{-13}	1.84×10^{12}
^{60}Co	5.271 y	2.40×10^{11}	2.39×10^{-11}	4.18×10^{10}
^{63}Ni	100.1 y	4.56×10^{12}	4.77×10^{-10}	2.10×10^{9}
^{64}Cu	12.70 h	6.60×10^{7}	7.01×10^{-15}	1.43×10^{14}
^{65}Zn	244.3 d	3.05×10^{10}	3.29×10^{-12}	3.04×10^{11}
^{85}Kr	10.76 y	4.90×10^{11}	6.91×10^{-11}	1.45×10^{10}
^{89}Sr	50.53 d	6.30×10^{9}	9.31×10^{-13}	1.07×10^{12}
^{90}Sr	28.74 y	1.31×10^{12}	1.96×10^{-10}	5.10×10^{9}
^{90}Y	64.10 h	3.33×10^{8}	4.98×10^{-14}	2.01×10^{13}
^{95}Zr	64.02 d	7.98×10^{9}	1.26×10^{-12}	7.94×10^{11}
^{99m}Tc	6.01 h	3.12×10^{7}	5.13×10^{-15}	1.95×10^{14}
^{125}I	59.40 d	7.41×10^{9}	1.54×10^{-12}	6.51×10^{11}
^{131}I	8.021 d	1.00×10^{9}	2.17×10^{-13}	4.60×10^{12}
^{137}Cs	30.04 y	1.37×10^{12}	3.11×10^{-10}	3.21×10^{9}
^{147}Pm	2.623 y	1.19×10^{11}	2.92×10^{-11}	3.43×10^{10}
^{198}Au	2.695 d	3.36×10^{8}	1.10×10^{-13}	9.06×10^{12}
^{210}Pb	22.3 y	1.02×10^{12}	3.54×10^{-10}	2.82×10^{9}
^{226}Ra	1 600 y	7.28×10^{13}	2.73×10^{-8}	3.66×10^{7}
^{232}Th	1.405×10^{10} y	6.40×10^{20}	2.46×10^{-1}	4.06
^{238}U	4.468×10^{9} y	2.03×10^{20}	8.04×10^{-2}	12.4
^{241}Am	432.2 y	1.97×10^{13}	7.87×10^{-9}	1.27×10^{8}

付録6　X線の透過率

[しゃへい計算マニュアル2000　p.14（原子力安全技術センター）より]

E^{*1} 〔MeV〕	F_0^{*2}	λ 〔cm^{-1}〕	半価層 〔cm〕	1/10価層 〔cm〕	F_0	λ 〔cm^{-1}〕	半価層 〔cm〕	1/10価層 〔cm〕
普通コンクリート（密度：2.10 g/cm³）								
	利用線錐の透過率				ガントリーからの漏えいX線の透過率			
4	1.37	0.0749	9.25	30.7	1.52	0.0838	8.27	27.5
6	1.27	0.0654	10.6	35.2	1.35	0.0751	9.23	30.7
10	1.18	0.0547	12.7	42.1	1.08	0.0636	10.9	36.2
12	1.15	0.0516	13.4	44.6	1.03	0.0639	10.8	36.0
15	1.13	0.0484	14.3	47.6	1.20	0.0638	10.9	36.1
20	1.10	0.0452	15.3	51.0	1.21	0.0633	10.9	36.4
25	1.09	0.0429	16.1	53.6	1.17	0.0600	11.5	38.4
鉄（密度：7.86 g/cm³）								
	利用線錐の透過率				ガントリーからの漏えいX線の透過率			
4	1.14	0.266	2.60	8.64	1.98	0.325	2.13	7.09
6	1.14	0.243	2.86	9.49	1.06	0.263	2.64	8.77
10	1.22	0.224	3.09	10.3	1.18	0.246	2.82	9.37
12	1.25	0.220	3.15	10.5	1.14	0.247	2.81	9.32
15	1.29	0.217	3.20	10.6	0.941	0.233	2.98	9.90
20	1.34	0.214	3.24	10.7	1.05	0.235	2.94	9.78
25	1.40	0.213	3.26	10.8	0.971	0.228	3.04	10.1
鉛（密度：11.34 g/cm³）								
	利用線錐の透過率				ガントリーからの漏えいX線の透過率			
4	0.83	0.451	1.54	5.10	1.18	0.511	1.36	4.51
6	1.04	0.441	1.57	5.22	0.765	0.448	1.55	5.14
10	1.28	0.438	1.58	5.26	0.92	0.434	1.60	5.31
12	1.31	0.438	1.58	5.26	0.91	0.435	1.59	5.29
15	1.33	0.438	1.58	5.26	0.948	0.444	1.56	5.19
20	1.36	0.438	1.58	5.26	1.03	0.441	1.57	5.23
25	1.40	0.438	1.58	5.26	0.954	0.441	1.57	5.22

*1　E：加速電子エネルギー（MeV）
*2　透過率　$F = F_0 e^{-\lambda t}$

付録7　高エネルギー加速器施設で生成する主要放射性核種

物質	生成核種	半減期
プラスチック，オイル	^{7}Be	53.6 日
	^{11}C	20.4 分
アルミニウム	上記に加えて	
	^{18}F	110 分
	^{22}Na	2.60 年
	^{24}Na	15.0 時
鉄	上記に加えて	
	^{42}K	12.47 時
	^{43}K	22.4 時
	^{44}Sc	3.92 時
	^{44m}Sc	2.44 日
	^{46}Sc	84 日
	^{47}Sc	3.43 日
	^{48}Sc	1.83 日
	^{48}V	16.0 日
	^{51}Cr	27.8 日
	^{52}Mn	5.55 日
	^{52m}Mn	21.3 分
	^{54}Mn	300 日
	^{56}Co	77 日
	^{57}Co	270 日
	^{58}Co	72 日
	^{55}Fe	2.94 年
	^{59}Fe	45.1 日
ステンレススチール	上記に加えて	
	^{60}Co	5.27 年
	^{57}Ni	37 時
銅	上記に加えて	
	^{60}Cu	24 分
	^{65}Ni	2.56 時
	^{61}Cu	3.33 時
	^{62}Cu	9.80 分
	^{64}Cu	12.82 時
	^{63}Zn	38.3 分
	^{65}Zn	245 日

索　引

◆ ア 行 ◆

アクチニウム系列　44
亜致死損傷　115
厚さ計　178
アポトーシス　118, 120
アラームメータ　96
安全管理システム　184
安定同位体　6

硫黄計　179
イオン源　27
一次放射線　27
一本鎖切断　109
遺伝的影響　120
イメージングプレート　87
医療被ばく　136
インターロック　185

ウラン系列　44
運搬の基準　206

永続平衡　51
液体シンチレーションカウンタ　71, 81
液体シンチレーション計測法　81
エスケープピーク　78
エネルギーフルエンス　23
エリアモニタ　100
円形加速器　28

オージェ電子　10

汚染検査室　158
オートラジオグラフィ　71, 87
親核種　8
温度効果　110

◆ カ 行 ◆

ガイガー・ミュラー計数管　74
回折用X線装置　40
介入　135
外部被ばく　120
外部標準チャンネル比法　85
壊変　8
壊変系列　44
化学希釈　167
核異性体　10
核異性体転移　11
核子　5
核種　5
確定的影響　120
確率的影響　120
下限数量　196
ガスクロマトグラフ　179
ガスフローカウンタ　75
ガスモニタ　102
加速器　27, 181
加速器質量分析　42
過渡平衡　50
ガラス線量計　93
カロリメータ　25
間接作用　107
がん治療　28
がんの粒子線治療　32

管理区域　220

危険時　218
危険時の措置　218
希釈効果　110
希釈廃棄　156
気体電離箱　186
基底状態　15
揮発法　59
キャリヤ　57, 78
キャリヤフリー　57
吸収線量　23, 137
急性被ばく　120
吸着　56
キュリー　3
教育訓練　213
共沈　57
共沈法　59
許可　198

クエンチャー　83
クエンチング　71, 83
クーリッジ管　37
グローブボックス　160
クロマトグラフ法　59

蛍光X線　12, 36
蛍光X線装置　40
蛍光X線分析装置　179
蛍光ガラス線量計　25
警報装置　221
健康診断　214
原子　5
原子核　5
原子番号　5
原子力基本法　195
減衰曲線　21

高LET放射線　105
硬X線　39
行為　135
光子　10
高周波電場　28
公衆被ばく　136
光電効果　17
光電子分光　36
国際基本安全基準　198
国際放射線防護委員会　4, 121
国連科学委員会　118
固体電離箱　186
コッククロフト・ワルトン加速器　29
コリメート　19
コールドラン　152
コンプトン散乱　17, 78

◆ サ 行 ◆

サイクロトロン　30
再生係数　21
最大飛程　16
最適化　136
細胞死　113
細胞周期　111
サーベイメータ　97
サムピーク　78
酸素効果　110
酸素増感比　110
散乱防護　189
残留放射能　182

ジェネレータ　51
しきい値　121
しきい値なし直線仮説　117
事業所外運搬　206
事業所内運搬　206

ジグモイド曲線　104, 105
事故　218
事故届　218
施設検査　217
自然計数率　75
自然放射線　68
実験台　160
実効エネルギー　39
実効線量　24, 138
実効線量係数　170
実効線量限度　202
質量減弱係数　19
質量数　5
自動表示装置　185
シーベルト　137
遮へい　148
遮へい防護　189
重粒子線　33
障害防止法　194
焼却廃棄　156
照射線量　23
衝突ビーム型加速器　33
承認　198
使用の基準　204
蒸留法　59
職業被ばく　136
食品照射　28
試料チャンネル比法　85
真空計　180
シンクロトロン　30
シンクロトロン放射　34
人工放射線　68
真性Ge　71
身体的影響　120
シンチレータ　24, 76

水分計　179

スカイシャイン　183
スカベンジャー　57, 111
ストリーミング　183
スパッタリング　28
スミア法　99

静電気除去装置　180
静電場　28
正当化　135
制動放射　12, 37
生物学的効果比　24, 106, 137
設計認証制度　198
セリウム線量計　25
遷移　15
線エネルギー付与　23
全吸収ピーク　77
線形加速器　28
線減弱係数　19
潜在的損傷　115
染色体異常　111
全身被ばく　120
前段加速器　31
線量限度　136, 139
線量・線量率効果係数　140
線量率効果　116

相加モデル　141
早期影響　120
相乗モデル　141
測定の義務　210
組織荷重係数　139

◆ タ 行 ◆

ダストモニタ　102
立入禁止　221
立入検査　218
担体添加　167

チェレンコフ光　86
チェレンコフ発光　25
致死的損傷　115
窒息現象　69
中性子　5, 22
直接作用　107
直線加速器　30
直線しきい値なし仮説　121
直線-二次曲線モデル　129
直線モデル　129
貯蔵リング　35

低LET放射線　105
定期確認　217
定期検査　217
定期講習　204
適応応答　118
電子　5
電子シンクロトロン加速器　35
電子線形加速器　32
電子対生成　17
電子捕獲　10
電子ボルト　28
電子リニアック　41
電離　15
電離箱　73
電離放射線障害防止規則　220

同位体　6
同位体希釈法　66
同位体担体　57
同位体比　6
等価線量　24, 137
等価線量限度　202
同重体　7
同中性子体　7
特性X線　10, 12, 36

特定許可使用者　217
突然変異　113
届出　198
トリウム系列　44
トレーサ法　3
トレーサ量　56

◆ ナ 行 ◆

内部転換　11
内部被ばく　120, 169
内部標準法　85
流し　160
ナロービーム　183
軟X線　39
軟X線発生装置　40

二次曲線モデル　129
二次放射線　181
二本鎖切断　109
入退管理システム　184

熱中性子　22
熱電子　37
熱ルミネセンス　89
熱ルミネセンス現象　25
熱ルミネセンス線量計　89
ネプツニウム系列　48

◆ ハ 行 ◆

バイオアッセイ法　170
倍加線量　131
廃棄の基準　208
排気モニタ　102
排水モニタ　102
白色X線　12
波高分析装置　81
パーソナルキー　184

索引 ◆ **243**

バックグラウンド　75
パルス波高値　81
半価層　39, 190
半減期　13
反跳エネルギー　52
バンデグラーフ加速器　29
半導体検出器　71
ハンドフットクロスモニタ　101, 158
晩発影響　120

ヒット理論　114
飛程　15
非同位体担体　57
非破壊検査　40
比放射能　52
非密封放射性同位元素　173
標識化合物　60
表示付認証機器　199
表示付特定認証機器　199
標的理論　114
微量元素分析　36
比例計数管　71, 74

フィルムバッジ　92
フェーディング　88
フード　158
部分被ばく　120
プラズマ　28
プラトー　75
フリッケ線量計　25, 88
フリーラジカル　105
分裂遅延　113

平均致死線量　115
ベクレル　2
ベータトロン　30

変圧器型加速器　29
崩壊　8
崩壊曲線　13
崩壊形式図　13
崩壊定数　13
報告の徴収　219
放射化学的純度　60
放射化物　182
放射化分析　64
放射光　34
放射光施設　35
放射光実験用加速器　33
放射性同位元素　196
放射性同位元素装備機器　198
放射性同位体　7
放射線　196
放射線化学　53
放射線化学収率　55
放射線荷重係数　137
放射線業務従事者　200
放射線施設　203
放射線障害予防規程　153, 212
放射線装置室　221
放射線取扱主任者　188, 203
放射線発生装置　199
放射線防護　135
放射線防護剤　111
放射線ホルミシス　117
放射能　2, 22
放射分析　63
放射平衡　50
捕獲 γ 線　22
捕獲断面積　22
保管の基準　206
保管廃棄　155
ポケット線量計　95

ホットアトム化学反応　51
ポリエチレンろ紙　160
ホールボディーカウンタ　170

◆ マ 行 ◆

マイクロトロン　30
慢性被ばく　120

密度計　179
密封大線源　180
密封放射性同位元素　175
ミルキング　51

娘核種　8

メスバウアー分光用線源　177
免除　198
免除レベル　198

◆ ヤ 行 ◆

床モニタ　101

陽子　5
陽子線治療用加速器　32
陽電子消滅　16
溶媒抽出法　59
預託実効線量　139
預託等価線量　139
予防規程　212

◆ ラ 行 ◆

ラジオイムノアッセイ法　64
ラジオコロイド　58
ラドコン線量計　186

利益　147
リスク　147

粒子加速　27
粒子フルエンス　23

励起　15
レーザ光線　88
レベル計　179
連続X線　12

◆ 英数字 ◆

1 cm 線量当量率　98

2π ガスフローカウンタ　75

ALARA の原則　136

Bergonié と Tribondeau の法則
　　123
BSS　198

ECD　179
Elkind 回復　115

Ge (Li)　71
GM 計数管　71, 74
G 値　55

ICRP　4

K 吸収端　18

LET　137
LNT 仮説　117
LQ モデル　129
L モデル　129

NaI (Tl) 検出器　71

PLD回復　　*115*
PLDの固定　　*117*
PRガス　　*75*

Qガス　　*73*
Qモデル　　*129*

RBE　　*106*

Si（Li）　　*71*
SLD回復　　*115*
SPring-8　　*35*
Szilard-Chalmers効果　　*52*

TLD　　*89*

UNSCREAR　　*118*

X線　　*1*

X線回折　　*36*
X線回折分析法　　*41*
X線管　　*37*
X線作業主任者　　*188, 222*
X線照射装置　　*39*
X線透過試験装置　　*39*
X線発光法　　*41*
X線発生装置　　*38*

◆ ギリシャ文字 ◆

α線源　　*176*
α崩壊　　*8*

β線源　　*177*
β崩壊　　*8*
β^+崩壊　　*10*
β^-崩壊　　*9*

γ線源　　*177*

- 本書の内容に関する質問は，オーム社出版部「(書名を明記)」係宛，書状またはFAX(03-3293-2824)にてお願いします．お受けできる質問は本書で紹介した内容に限らせていただきます．なお，電話での質問にはお答えできませんので，あらかじめご了承ください．
- 万一，落丁・乱丁の場合は，送料当社負担でお取替えいたします．当社販売管理課宛お送りください．
- 本書の一部の複写複製を希望される場合は，本書扉裏を参照してください．

JCOPY ＜(社)出版者著作権管理機構 委託出版物＞

図解　放射性同位元素等取扱者必携

平成19年5月15日　第1版第1刷発行
平成24年5月30日　第1版第3刷発行

編 著 者　放射線取扱者教育研究会
発 行 者　竹生修己
発 行 所　株式会社 オーム社
　　　　　郵便番号　101-8460
　　　　　東京都千代田区神田錦町3-1
　　　　　電　話　03(3233)0641 (代表)
　　　　　URL　http://www.ohmsha.co.jp/

© 放射線取扱者教育研究会 2007

印刷　中央印刷　製本　司巧社
ISBN978-4-274-20411-1　Printed in Japan

関連書籍のご案内

医用画像ハンドブック
HANDBOOK of MEDICAL IMAGING

◎B5判, 1616頁（フルカラー62頁）

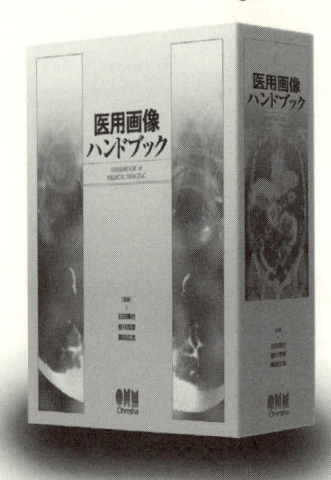

監　修
石田　隆行（広島国際大学）
桂川　茂彦（熊本大学）
藤田　広志（岐阜大学大学院）

編集委員
中森　伸行（京都工芸繊維大学大学院）……………第1編
福島　重廣（九州大学大学院）………………………第1編
杜下　淳次（九州大学大学院）………………………第2編
市川　勝弘（金沢大学医薬保健研究域）……………第3編
宮地　利明（金沢大学医薬保健研究域）……………第4編
片渕　哲朗（岐阜医療科学大学）……………………第5編
椎名　　毅（京都大学大学院）………………………第6編
荒木　不次男（熊本大学）……………………………第7編
奥村　泰彦（明海大学）………………………………第8編
小倉　敏裕（群馬県立県民健康科学大学大学院）…第9編
大倉　保彦（広島国際大学）…………………………第10編

医用画像に関連する精度の高い情報をまとめ上げたハンドブック！

　医用画像に関して、モダリティに共通する基礎と、DR、CT、MR、核医学画像などモダリティ別のハードウェア概要、画像生成理論、画像特性の評価、画像処理・解析などを体系的に幅広くその分野を漏洩なく網羅し、かつ、わかりやすくまとめたハンドブック。
　診療放射線技師、医師、歯科医師、臨床検査技師、看護師、医療機器メーカの技術者、研究者、工学系の研究者など、医用画像を扱う方、そして医用画像を学ぶ学生のために、わかりやすく記述してある。

主要目次
第1編　医用画像の基礎
第2編　X線画像
第3編　X線CT画像
第4編　MR画像
第5編　核医学画像
第6編　超音波画像
第7編　放射線治療の画像
第8編　歯科領域の画像
第9編　さまざまな医用画像
第10編　画像情報システム
付　録　画像データベース・画像処理ライブラリ

このような方におすすめ
○診療放射線技師　　○看護師, 臨床検査技師, など
○医師, 歯科医師　　○医学部学生, 診療放射線技師養成校学生

もっと詳しい情報をお届けできます。
◎書店に商品がない場合または直接ご注文の場合も右記宛にご連絡ください。

ホームページ　http://www.ohmsha.co.jp/
TEL/FAX　TEL.03-3233-0643　FAX.03-3233-3440

E-1103-134

放射線に関する諸単位

物理量	名称	記号	内容
エネルギー	電子ボルト	eV	$1.602\,176\,462(63)\times10^{-19}$ J
断面積	バーン	b	1×10^{-28} m^2
放射能	ベクレル	Bq	$1\,\text{s}^{-1}$ （$1\,\text{Bq}=2.703\times10^{-11}$ Ci）
放射能	キュリー	Ci	$3.7\times10^{10}\,\text{s}^{-1}$
吸収線量	グレイ	Gy	$1\,\text{J/kg}$ （$1\,\text{Gy}=100\,\text{rad}$）
吸収線量	ラド	rad	$1\times10^{-2}\,\text{J/kg}$ （$1\,\text{rad}=1\times10^{-2}\,\text{Gy}$）
照射線量	クーロン毎キログラム	C/kg	$3876\,\text{R}$
照射線量	レントゲン	R	$2.58\times10^{-4}\,\text{C/kg}$
線量当量	シーベルト	Sv	$1\,\text{J/kg}$ （$1\,\text{Sv}=100\,\text{rem}$）
線量当量	レム	rem	$1\times10^{-2}\,\text{J/kg}$ （$1\,\text{rem}=1\times10^{-2}\,\text{Sv}$）

単位の接頭語

倍数	記号	読み		倍数	記号	読み	
10^{24}	Y	yotta	ヨタ	10^{-1}	d	deci	デシ
10^{21}	Z	zeta	ゼタ	10^{-2}	c	centi	センチ
10^{18}	E	exa	エクサ	10^{-3}	m	milli	ミリ
10^{15}	P	peta	ペタ	10^{-6}	μ	micro	マイクロ
10^{12}	T	tera	テラ	10^{-9}	n	nano	ナノ
10^{9}	G	giga	ギガ	10^{-12}	p	pico	ピコ
10^{6}	M	mega	メガ	10^{-15}	f	femto	フェムト
10^{3}	k	kilo	キロ	10^{-18}	a	atto	アト
10^{2}	h	hecto	ヘクト	10^{-21}	z	zepto	ゼプト
10^{1}	da	deca	デカ	10^{-24}	y	yocto	ヨクト